TONGQI XIANSUN JIANCE ZHILI
GONGZUO SHOUCE

同期线损监测治理工作手册

国网鹤壁供电公司　组编
苗晓阳　主编

中国电力出版社
CHINA ELECTRIC POWER PRESS

内 容 提 要

为深化应用一体化电量与线损管理系统，高效完成国家电网公司同期线损监测与管理指标任务，适应新时代台区线损率小于3%的要求，培养线损管理专业人才队伍，解决高（负）损治理等实际问题，作者结合上级相关要求及多年来的实践经验，精心编写了本书。

本书面向基层、内容广泛、通俗易懂、操作性强。全书共分4章，以国家及国家电网公司最新标准、导则、规范、制度为依据，详释同期线损相关基本概念，阐述一体化电量与线损管理系统原理，剖析管理线损规律，掌握高（负）损治理方法和流程，助力线损治理。

本书是供电公司同期线损监测治理各级管理人员、班组长、线路长和台区经理的良师益友，也可供电力职业技术院校及培训机构进行高（负）损治理培训使用，对科研院所从事降损工作的人员也有较大的参考价值。

图书在版编目（CIP）数据

同期线损监测治理工作手册/国网鹤壁供电公司组编；苗晓阳主编．—北京：中国电力出版社，2022.12

ISBN 978-7-5198-7197-0

Ⅰ.①同…　Ⅱ.①国…②苗…　Ⅲ.①线损计算－手册　Ⅳ.①TM744-62

中国版本图书馆CIP数据核字（2022）第203950号

出版发行：中国电力出版社
地　　址：北京市东城区北京站西街19号（邮政编码100005）
网　　址：http://www.cepp.sgcc.com.cn
责任编辑：崔素媛（010-63412392）
责任校对：黄　蓓　朱丽芳
装帧设计：赵丽媛
责任印制：杨晓东

印　　刷：三河市航远印刷有限公司
版　　次：2022年12月第一版
印　　次：2022年12月北京第一次印刷
开　　本：710毫米×980毫米　16开本
印　　张：14.75
字　　数：245千字
定　　价：59.00元

编　委　会

主　编　苗晓阳

副主编　刘世伟　牛迎水

参　编　王洪亮　王秀倩　岳刚伟　孙爱民
王宇豪　杨　涛　郭孝忠　马学娣
刘英峰　李鑫路　常雪丹

前言

同期线损监测与管理是近几年来国家电网有限公司（以下简称国家电网公司）的重点工作之一，通过多年来深化应用一体化电量与线损管理系统，各省（自治区、直辖市）市县线损管理水平有了大幅度提升，台区线损率从大于10%下降至5%以下。目前台区线损管理进入攻坚期，线损管理步入台区线损率目标小于3%的新时代，迫切需要总结历史经验，厘清当前实际问题，编写培训教材，开展线损精益化管理攻坚，促进调度、运维、配电与营销各专业协同发展，使我国线损管理达到世界领先。为持续深化应用一体化电量与线损管理系统，高效完成国家电网公司同期线损监测与管理水平指标与任务，适应新时代台区线损率小于3%的要求，培养线损管理专业人才队伍，解决高（负）损治理等实际问题，作者结合上级专业管理与技术要求及多年来的实践经验，精心编写了本书。

本书共分为4章。第1章为基本概念和指标，详细介绍了电网、电量、线损、线损管理、线损监测指标等内容，为理解与学习本书后面的内容打下基础。第2章为一体化电量与线损管理系统，介绍了系统架构与功能、“四分线损”算法与验证、系统数据接入原理、系统数据集成、系统数据融合等内容。第3章为同期线损高（负）损治理，这是本书的核心内容，从高（负）损治理的组织措施入手，明确了各职能部门的职责分工与重点任务，讲述了高（负）损问题的排查思路和管理线损规律及其应用，重点剖析了计量作业标准化与存在问题治理、采集作业标准化与存在问题治理、档案存在问题治理等内容，对窃电行为及其排查进行了详细论述，帮助读者了解管理线损规律，掌握高（负）损治理方法和流程。第4章为技术高损治理，从负荷实测与线损理论计算入手，阐明了技术线损与理论计算的关系，重点推导与阐述了典型线路的损耗率规律、高损线路标准、高损原因分析及高损线路治理措施；推导与剖析了变压器的损耗率规律、高损变压器标准及高损变压器降损技术措施等。

本书是国网河南省电力公司鹤壁供电公司（简称国网鹤壁供电公司）2022 年同期线损监测与治理柔性攻坚团队实战经验与理论水平的高度提炼与结晶，是团队集体智慧的呈现。本书由国网鹤壁供电公司总经理苗晓阳、高级营销师刘世伟及团队专家编写。

在编写过程中，各专业部门提供了专业素材及典型案例，国网鹤壁供电公司互联网部对该书编写给予了大力支持，相关专家对本书进行了认真评审并提出了宝贵意见，在此表示衷心感谢。

由于作者阅历和水平有限，书中若有疏漏不当之处，还请广大读者和技术同仁提出宝贵意见。

作者

2022 年 9 月

目　录

第 1 章　基本概念和指标

电力泛指电能做功的能力，是一种以电网为载体驱动用电设备的高效、清洁的二次能源。进入 21 世纪以来，特高压、超高压技术创新发展，大规模风电、光伏等新能源基地及分布式电源迅速涌现，再加上信息化、网络化、自动化技术在电网的广泛应用，使得电网从以售电服务为主的传统电网步入电源点广泛互联、智能电网与微电网协同发展的新时代，同时电网损耗也呈现出新的特点。

1.1　电　　网

1.1.1　电网和电源

1. 电网及其电压等级

电力网简称电网，是指电力系统中输电、配电的各种装置（含二次测量、通信、监测、控制等）和设备、变电站、电力线路或电缆的组合。其主要功能是连接发电厂（站、点）与用电设备、变换电压、输送和分配电能、满足各电压等级客户用电需求。电网元件是系统或器件的构成部分，是在不失去其特定功能的条件下，不能再被分成更小的部分。如一条电力线路（架空线路、电缆线路）、一台电力变压器、一组电抗器、一组电容器等。

电网的电压等级规定如下。

（1）特高压（UHV）。指电力系统中交流 1000kV 及以上的电压等级。其中，直流±800kV 及以上的电压等级称为特高压直流（UHVDC）。

（2）超高压（EHV）。指电力系统中 330kV 及以上，并低于 1000kV 的交流电压等级。

（3）高压（HV）。指电力系统中高于 1kV、低于 330kV 的交流电压等级。

其中连接变电站的35～220kV交流电网称为高压输电网，连接专用变压器和公用变压器用于分配电能的10（20/6）kV电网称为中压配电网。电力系统中直流±800kV以下的电压等级称为高压直流（HVDC）。在实际工作中，供电公司将地方调度范围内35kV及以上电压等级连接发电厂、变电站的主干电网称为主网。

（4）低压。0.4（0.38/0.22）kV的电网称为低压电网。

2. 发电方式分类

根据发电资源不同，电源分为火力发电、水力发电、核能发电、风力发电、太阳能发电、生物质发电、地热发电等。

（1）火力发电。火力发电是利用煤、油、气等可燃物在燃烧时产生的热能（热蒸汽），通过汽轮机机械运转驱动发电动力装置转换成电能。

（2）水力发电。水力发电利用江河水流的动能及高处水流落低处的位能进行发电。

（3）核能发电。核能发电将反应堆（热源）内原子核裂变过程中释放出的大量热能转换成电能。

（4）风力发电。风力发电利用风能通过风轮机、传动变速机构、发电机产生电能。

（5）太阳能发电。太阳能发电有两种方式：①光伏发电利用光伏板（由单晶硅或非晶硅薄膜制成光伏电池，转换效率为10%～17%）将太阳能直接转换为电能；②太阳能发电是将太阳辐射能先转换为热能，再将热能转变为电能。

（6）生物质发电。生物质能发电是将农业、林业和工业废弃物直接燃烧或气化，常见的发电形式有秸秆等生物质焚烧或气化发电。

（7）地热发电。地热发电利用地下蒸汽或热水等地球内部热能资源发电。

3. 分布式电源

分布式电源是分布在35kV及以下电压等级电网、以就地消纳为主的太阳能、风能、生物质能等多种能源的电源。分布式电源年自发自用电量大于50%，优先采用低电压等级接入。根据分布式电源的装机容量确定接入电网的电压等级：①8kW及以下接入220V；②8～400kW接入380V；③400kW～6MW可接入10kV；④6MW以上可接入35kV。

1.1.2　负荷

负荷特指电力负荷，即在电力系统内产生、输送、分配或消耗的有功、无功或视在功率。

1. 最大负荷、平均负荷、最小负荷等

（1）按照负荷随时间变化的大小不同，分为最大负荷、平均负荷、最小负荷。

1）最大负荷。最大负荷是指电网或用户在某一段确定的时间（月、季、年）内所产生或消耗的各小时整点负荷最大值。工作中一般选最大负荷日 24 个整点（调度负荷曲线每 5min 一个点，中低压线路上的表计每 15min 一个点），负荷的最大值作为最大负荷。

2）平均负荷。平均负荷是指电网或用户在某一段时间内平均一小时的用电量。

3）最小负荷。最小负荷是指电网或用户在某一段确定的时间内所产生或消耗的各小时整点负荷最小值。

（2）最大需量。最大需量针对大工业用户，指在整月内每 15min 内电能消耗的最大值。一般地，最大需量设定值不得低于变压器容量的 40%。

（3）峰谷差。日最大负荷值与日最小负荷值之差称为峰谷差。

（4）最大负荷利用小时数。最大负荷利用小时数 T_{max} 是一年中负荷消费的电量 A_P 与一年中最大负荷 P_{max} 的比值，电网最大负荷利用小时数 T_{max} 越大，表明电网负荷特性越平缓。

（5）最大负荷利用率。最大负荷利用率是指最大负荷利用小时数 T_{max} 占一年小时数（8760h）的百分比。

2. 负荷系数、形状系数、波动系数

（1）负荷系数。一定时间（日、月、年）内的平均负荷与最大负荷之比称为负荷系数，用百分数表示时也称为负荷率。负荷系数是小于 1 的数，用符号 γ 表示。

（2）形状系数。某元件（或线路）代表日负荷曲线的方均根电流与其平均电流之比称为形状系数，用符号 k 表示。由于方均根值比平均值更精准，所以 k 系数大于 1，它是描述负荷起伏变化特征的一个参数，反映负荷曲线的陡急、平

缓程度。一般地，公用配电线路或变压器的 k 系数范围为 1.03～1.40，用电高峰季节可取小一些数值，用电低谷时段可取略大一些数值。

（3）负荷波动损耗系数。一定时间内，负载波动条件下的变压器负载损耗与平均负载条件下的负载损耗之比称为负荷波动损耗系数，用符号 K_T 表示。负载波动损耗系数与负荷曲线形状系数 k 的关系为

$$K_{\mathrm{T}}=k^2$$

3. 尖峰负荷、高峰负荷、平段负荷、低谷负荷

为加强日负荷均衡性管理，做好“削峰填谷”，提高电力资源利用效率，将一天 24h 划分成若干时间区段，并根据不同时间区段的负荷特点，将负荷分为尖峰负荷、高峰负荷、平段负荷及低谷负荷，对应时间区段的电费价格计算体系称为费率。

国家在电价政策方面以平段电价为基准，高峰、尖峰时段实施高电价，低谷时段实施低电价。下面是河南省的负荷时段。

（1）高峰负荷。生产用电和生活用电较集中的时间段（08：00—12：00，4h）内的负荷。

（2）尖峰负荷。生产用电和生活用电最为集中的时间段（18：00—22：00，4h）内的负荷。

（3）低谷负荷。生产企业休班、居民晚休时间区间（00：00—08：00，8h）内的负荷。

（4）平段负荷。高（尖）峰、低谷时间段以外的时段（12：00—18：00、22：00—24：00，8h）内的负荷，这个时段的生产用电与生活用电基本平稳，综合负荷水平接近日平均负荷状态。

4. 有功负荷与无功负荷

按负荷性质的不同，可将其分为有功负荷和无功负荷两类。

（1）有功负荷。有功负荷是指在电能与其他形式能量相互转换的过程中真正消耗的功率。如发电厂中，发电机组做功把机械能转换为电能所消耗的功率，称为发电机组的有功负荷；用户电气设备把电能转换为其他形式的能量（如机械能、光能、热能等），带动其负载做功所消耗的功率，称为用电设备的有功负荷。

（2）无功负荷。无功负荷是指用电设备工作时，在电磁元件（如变压器、

电动机等）中建立电磁场所需用的电功率。这个功率仅存在于电源和磁场的能量相互转换过程中，总体上并不消耗电源的有功功率，但无功功率占用整个功率（即视在功率）的容量，且无功在电网中输送流动时会增加线路的有功损耗。

5. 发电负荷、供电负荷、用电负荷

按电能的生产和销售环节分类，可将负荷分为发电负荷、供电负荷和用电负荷。

（1）发电负荷。发电负荷是发电厂或电力系统某一瞬间实际承担的发电工作负载，即发电机实际出力。地区供电负荷加上相同时刻发电厂厂用电消耗的功率就是各发电厂的发电负荷。

（2）供电负荷。供电负荷是供电企业、供电地区或电力网在某一瞬间实际承担的供电工作负载，是发电厂对外供电时所承担的全部负荷。供电负荷等于电力系统中用电负荷和同一时刻网络损耗（线路和变压器的功率损失）功率之和。

（3）用电负荷。用电负荷是指电力系统中各用电设备在某一时刻消耗的功率，等于各电力用户在某一瞬间所耗用的电力之和。电网用电负荷无法直接计算，一般按供电负荷减线损负荷计算。

6. 线性负荷、非线性负荷、冲击负荷

按照负荷特性分，可将负荷分为非线性负荷、线性负荷和冲击负荷。

（1）非线性负荷。非线性负荷是指伏安特性不保持线性关系的电气设备。

（2）线性负荷。线性负荷与非线性负荷相对，指伏安特性保持线性关系的电气设备。

（3）冲击负荷。冲击负荷是指生产（或运行）过程中从电网中取用快速大范围变动功率的负荷。

1.1.3　负载

1. 负载的概念与分类

负载的概念是：①用以吸收由另一器件或电力系统供应的功率的器件（吸收功率的器件）；②器件供出的功率，其同义词是负荷。其中器件（装置）是指为实现所需的功能的实体元件或此种元件的组合。通常把电能转换成其他形式能的装置叫负载，如电动机、电炉、电灯泡、扬声器等。

根据负载性质不同，可将其分为感性负载、阻性负载和容性负载。

（1）感性负载。感性负载是指与电源相比，当负载电流滞后负载电压一个相位差时的负载，如电动机、变压器等。感性负载具有电感性，磁场感应，其电流不能突变。

（2）容性负载。容性负载是指与电源相比，当负载电流超前负载电压一个相位差时的负载，如电容器、线路电容等。容性负载具有电容性，可以充放电，其电压不能突变。

（3）阻性负载。阻性负载是指与电源相比，当负载电流与负载电压没有相位差时的负载，如白炽灯、电弧炉等。

2. 负载的状态

负载的状态可分为有载、空载、满载和过载。

（1）有载。有载是指描述器件或电路供应功率时的运行状态，若输出功率是电功率，系指视在功率，器件或电路供出功率的运行称为有载运行。

（2）空载。空载是描述一个器件或电路不供应功率时的运行状态，在其他运行条件都正常的情况下，器件或电路无输出功率的运行称为空载运行。

（3）满载。满载是额定运行条件下所规定的最大负载值的运行状态。

（4）过载。过载也称过负荷，是超过额定负载的负载，即实际负载超过满载的超出量，以其差值表示。

3. 负载系数

负载系数通常指的是变压器的平均负载系数，指实际视在功率与额定视在功率的比值。用百分比表示时也称为变压器的负载率。

对于配电线路，其负载系数（负载率）是指线路首端的平均电流（或平均有功功率）与线路首端导线的连续载流量（或导线极限输送功率）之比。

4. 容载比

容载比是针对某供电区域的某个电压等级，在规定的统计期内配电网变电设备的总额定容量（单位为 kVA）与对应的统计期（年、月）最大负荷（最高有功功率，单位为 kW）之比值，其中最大负荷是指统计期内整点负荷的最大值。容载比反映变电设备的运行裕度，是电网规划中合理安排变电站布点和变电容量的重要依据和宏观控制指标。

1.2 电　　量

1.2.1　电能和电能计量

1. 电能与电量

电能是表示电流做功多少的物理量，电能转化为其他形式的能也叫电功，有多少电能发生转化，就说明电流做了多少功。在物理学中，电能单位用“焦耳”表示，简称“焦”，以英文字母 J 表示。手电筒照射 1s 消耗的电能大约是 1J。

在工程实践中，电能是指一定的时间内电路元件或设备吸收、消耗或发出的电能量，通称电量，电量分为有功电量和无功电量。有功电量等于有功功率对时间的积分，单位为千瓦·时（kW·h），即功率为 1kW 的供能或耗能元件在 1h 内所发出或消耗的电能量，俗称 1 度电，$1kW \cdot h = 3.6 \times 10^6 J$。

2. 电能量关口（关口计量点）

电能量关口是指进行电能交易结算及内部分析考核的电能计量点。关口通常以断路器位置或表计位置编号命名，以单个计量装置或电能表为载体，所以电能量关口也称为关口计量点。

电能量关口大致分为 4 类，第一类是与用电客户之间的贸易结算关口（售电关口）；第二类是与发电企业（或有发电性质的用户，如分布式电源）之间的贸易结算关口（购电关口）；第三类是不同电网经营企业之间有贸易结算关系的关口（售电关口）；第四类是企业内部用于经济技术指标分析、考核的关口，如上级电网转入电量关口、用于电量平衡的非计费关口、变电站站用电或生产办公用电关口等。

关口计量点一般设在产权分界点，或按照双方合同规定的计量点执行。

3. 电能计量装置

（1）电能计量装置。电能计量装置是由电能表或与计量用电压、电流互感器及其二次回路相连接组成的用于计量电能的装置，包括成套的电能计量柜（箱、屏）。计量装置各元件逻辑关系如图 1-1 所示。专用变压器电力用户计量柜或计量箱中装配回路状态巡检仪，能够对互感器二次回路运行状态进行监测，

同时能够与采集主站或手持设备进行数据交换。电能计量装置的综合倍率计算为

$$综合倍率 = 电流互感器(TA)变比 \times 电压互感器(TV)变比$$

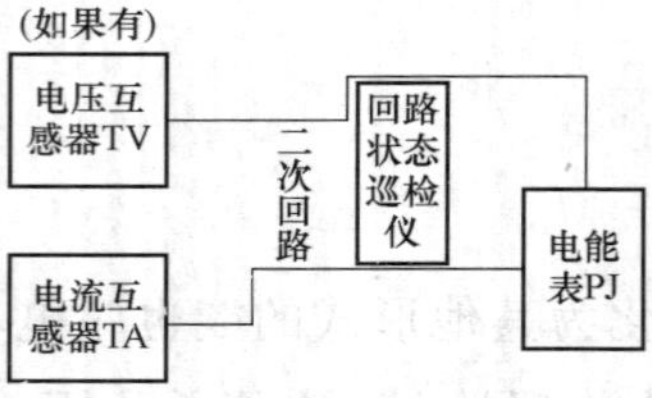

图 1-1　计量装置各元件逻辑关系图

(2) 互感器。互感器是电流互感器和电压互感器的统称，可分为 35kV 及以上变电站内的计量用互感器；10kV 配电室、环网室（箱）、开关站（所）内及配电线路计量互感器；10kV 以下计量专用互感器。

1）电压互感器。电压互感器英文缩写为 TV（也作 PT），是将一次接线系统的高电压换成标准等级的低电压（100V 或更低），向二次测量、控制与调节装置及仪表提供电压信号的装置。TV 变比指电流互感器的高电压与转换后的低电压数值的比值。

2）电流互感器。电流互感器英文缩写为 TA（也作 CT），是将一次接线系统的大电流换成标准等级的小电流（5A），向二次测量、控制与调节装置及仪表提供电流信号的装置。TA 变比指电流互感器的大电流与转换后的小电流数值的比值。

(3) 电能表。电能表是用来测量电能的仪表，俗称电度表、电表。目前最常见的是多功能电能表和智能电能表。

1）多功能电能表。由测量单元和数据处理单元等组成，除计量有功、无功电能量外，还具有分时、测量需量等两种以上功能，并能显示、存储和输出数据。

2）智能电能表。由测量单元、数据处理单元、通信单元等组成，内有微型计算机（微处理器）、输入输出接口、通信装置及显示屏幕等，具有电能量计量、信息存储及处理、实时监测、自动控制、信息交互等功能，可实现与用户之间双向通信、双向计费、分时计量、遥测遥控和节约用电管理。智能电能表可以做到每 15min 采集 1 次，每日采集 96 个点值，可存储日采集数据 1 个月，存储月末表计数据 1 年，是配用电管理的核心设备。

3）电能表的功率消耗。在参比电压、参比温度和参比频率下，电能表电压线路的有功功率和视在功率消耗不应超过 1W 和 8VA；在基本电流、参比温度和参比频率下，电能表电流线路的视在功率消耗不应超过 1VA。

4. 电能采集

当前，电能采集大致分为调度专业的变电站电能量采集系统和营销专业的用户用电信息采集系统两类，两类系统可实现数据的互通共享。

（1）变电站电能量采集。变电站电能量采集系统是针对变电站关口计量设计的自动采集、处理和实时监控电能量信息的系统，其采集终端兼容多种全电子式电能表通信规约，主要实现变电站、开闭所及电厂电能表数据的远程抄取，实时采集电能表数据，并对采集数据进行计算分析和保存，可对各种数据汇总、分析，打印输出报表。抄表器内置时钟，可实现分时计费。其抄表器通信采用 RS-485 接口方式，同时备有 RS-232 串行接口直接通信、RJ-45 以太网连接等方式。通信信道采取 SDH/EPON 光纤通道、4G 无线公网、GPRS/CDMA 等，其中 SDH 光传输设备是一种将复接、线路传输及交换功能融为一体的、由统一网管系统操作的综合信息传送网络，可实现实时业务监控、动态网络维护、不同厂商设备间互通等功能；EPON（以太网无源光网络）是基于以太网的 PON 技术，采用点到多点结构、无源光纤传输、在以太网之上提供多种业务的主流宽带接入技术。

（2）用户用电信息采集。用电信息采集系统是针对大规模用户（专用变压器、公用变压器和台区用户）设计的，具有自动采集、处理和实时监控用户用电信息等功能。用电信息采集系统的主要功能是自动采集用户用电信息、实时监测计量异常和电能质量、分析并管理用户用电信息、交互智能用电设备信息等。按结构可划分为采集终端设施、通信信道及系统主站（办公楼）三大部分。采集终端设施安装在变电站、公用变压器或专用变压器处，负责收集并输出用户用电原始信息，包括集中器、采集器、电能表和采集终端/配电设备终端等；通信信道连接系统主站与采集终端设施，有光纤专网、230MHz 无线专网、移动通信等，目前多用 4G 无线公网/GPRS/CDMA 与主站通信；系统主站（办公楼）是用电信息采集系统的核心，包括营销采集业务平台（业务逻辑管控）、数据采集平台（前置机，读取采集终端用户用电信息，协议解析处理）及数据库管理（用户用电信息数据应用，数据分析、挖掘和管理等）。用电信息采集逻辑关系如图 1-2 所示。

1）主站。主站是用电信息采集系统主站的简称，它是通过信道（4G/无线专网）对采集设备（集中器/采集终端）中的信息进行采集、处理和管理的装

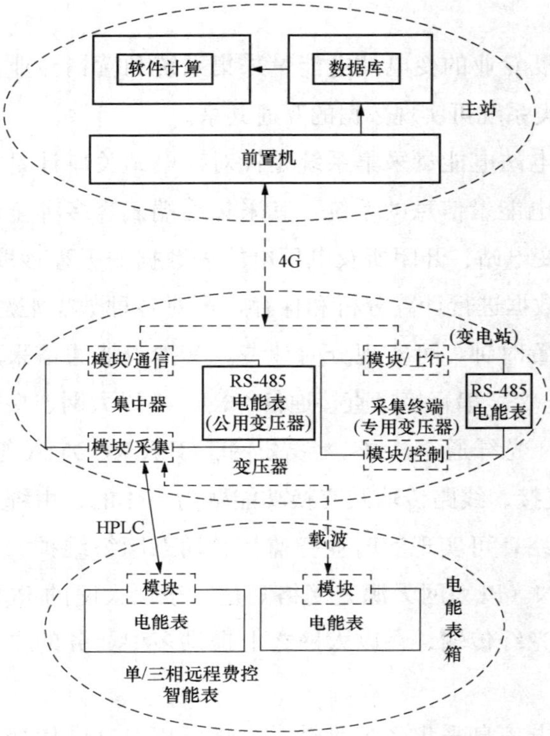

图 1-2　用电信息采集逻辑关系

备，包括前置机、数据库、电量信息数据计算机及其软件等。前置机是主站与集中器/采集终端连接的枢纽，主要负责采集系统数据的定时采集和处理，其功能为：①在指定条件下自动完成采集系统定义的任务；②响应分站及通信通道的故障报警，通知管理人员进行处理；③在线监视所有设备的运行情况。

2）采集终端。用电信息采集终端是对各测量点进行用电信息采集的设备，简称采集终端。可实现电能表数据的采集、管理、转发或执行控制命令。用电信息采集终端按应用场所分为厂站采集终端、专用变压器采集终端、集中抄表终端（包括集中器、采集器）、回路状态巡检仪等类型。其中厂站采集终端是应用在发电厂和变电站的采集终端，可实现电能表信息的采集、存储、处理和传输，安装方式有机架式和壁挂式两种；专用变压器采集终端是对专用变压器用户的用电信息进行采集的设备，可实现电能表数据的采集、电能计量设备工况和供电电能质量监测，以及客户用电负荷和电能量的监控，并对采集数据进行管理和双向传输。

3）集中器。集中器是对低压用户用电信息、低压考核表等进行采集，收集各采集器或电能表数据，并进行处理存储，同时能和主站或手持设备进行数据交换的设备。集中器负责收集具有低压电力线高速载波通信（HPLC）模块的智能电能表或各采集器及公用变压器考核表的电能量信息，并进行处理存储，同时和主站或手持设备进行数据交换。具有 HPLC 模块的智能电能表可实现高频数据采集、时钟精准对时、停电主动上报、台区主动识别、档案自动同步等，故推广使用；而采集器因其通过 RS-485 线连接电能表/窄带载波模块，流量小，正被逐步淘汰。

4）模块。模块即通信模块，指采集系统主站与采集终端之间、采集终端与采集器、集中器/采集终端与电能表之间本地通信的通信单元或通信设备。一般集中器/采集终端与采集器/电能表之间的通信单元使用窄带载波、微功率无线或宽带载波等通信方式；采集系统主站与采集终端之间多采用 GPRS（移动）/CDMA（联通）、230MHz 以及 4G 等通信方式。

5）电能表。电能表即单相或三相远程费控智能表，按通信接口不同可分为低压电力线高速载波（HPLC）接口型和 RS-485 接口型两类。HPLC 智能电能表能通过 220V 低压线与抄表集中器交换数据，RS-485 电能表通过 RS-485 方式的采集器与集中器交换数据。智能电能表可以按约定的时间及间隔实施电能量数据冻结，每天可存储两个月的日冻结零点时刻的电能量数据，可存储整点时刻或半点时刻有功总电能数据 96 个。

6）数据冻结。数据冻结是采集终端依照电能表通信规约规定向电能表发送的一条命令，电能表执行该命令后将这一时刻的数据保存在电能表缓存内。采集终端从电能表缓存中读取数据，并把该数据与时标一起封装后存储在采集终端。

7）规约。在系统中，规约指某种通信规约或数据传输的约定，低压用户抄表子系统中使用的规约有自定义规约和多种电能表规约两种。

8）上传。上传是指主站向集中器发送请求数据命令后，集中器将数据传送到主站的过程。其中主动上传指不需主站发送指令，集中器主动向主站传输数据的方式，一般主动上传信息为事件类（终端参数变更、采集失败、终端停/上电、电能表时钟超差等）信息。

1.2.2 供电量、购电量及过网电量

1. 供电量

供电量是电网经营企业在报告期内可用于供电生产经营活动的全部受入电量，是报告期内净流入本供电区电网的电量，包括上级电网净输入电量、相邻电网净输入及购电量 3 部分。供电量是反映企业规模大小的重要指标之一，其计算公式为

供电量＝上级电网净输入电量(入－出)＋相邻电网净输入

$$（入－出）+购电量$$

其中，上级电网输入电量指高于本供电区域管辖电压等级（通常为220kV及以下）的电网输入到本供电区的电量，通常是经电网经营企业上级主管单位批准的、对本地区电网输入（下灌）的净电量之和；相邻电网净输入电量是指有互联关系的同类供电企业电网间净流入到本供电区电网的电量，该类关口计量点若经上级单位批准为考核计量时，不纳入购电量。

供电量的报告期通常为月、季和年。统计月供电量时，从每月1日00：00起至月末日（如2月份的28日、大月的31日、小月的30日）24：00止期间的供电量。

2. 购电量

购电量是指电网经营企业经上级主管单位授权购买电厂（发电上网法人）发电上网的电量。上网电厂的下网电量（即电厂用公网电量）纳入供电公司售电量统计管理。

3. 过网电量

当本供电区电力“供大于求”时，流入供电区内的电力就地平衡消纳不完，会出现通过本供电区流向相邻其他供电区电力的状况，这些电力只在本地区电网流动产生损耗而不被消纳，称之为过网电量。供电量算式中的相邻电网电量有可能包括过网电量，过网电量在供电量、售电量中均扣除计算，不产生统计线损，但会产生技术线损。

对地市供电公司，若没有过网电量和区域电网间无互联电量时，其供电量算式为

供电量＝上级电网净输入电量（入－出）+购电量

1.2.3 售电量、无损电量及线损电量

1. 售电量

售电量是指供电公司直供出售给终端用电客户的电量，包括缴费客户关口表抄见电量、客户追退电量、用户变损分摊电量等。售电量是供电企业负责人业绩考核关键基础指标之一。变电站电力基建、检修项目用电要装表计量，收取电费，应该统计为售电量。

2. 无损电量

无损电量是指既是供电量关口又是售电量关口的表计电量，中间不存在电能损耗。对于供电公司层面，当关口既是省公司对地市公司的供电关口，又是地市公司对客户的售电量关口时，该关口电量为地市公司层面的无损电量。对于某一电压等级（通常为 110kV、35kV、10/6kV），当客户售电关口直接安装在该电压等级母线输出端时，供电公司不承担母线连接客户专用线的损耗，则该关口电量为该电压层面的无损电量，而对全网而言则是少损电量。定义无损电量（少损电量），方便供电公司客观地进行电量和线损的统计、分析和比较，开展精细化线损管理，便于查清楚电网损耗的真正环节。

3. 线损电量

线损电量是指统计期供电量与售电量之差，线损电量占供电量的百分比称为线损率。线损电量不能直接计量，变电站站用电、为电力生产经营服务的办公用电纳入线损电量统计。

1.3　线　　损

线损是电能从发电厂传输到用户及电能购买、售出等营销过程中，即在“输—变—配—用”各环节所产生的电能损耗和损失。电力网输变电各环节的损耗如图 1 - 3 所示。

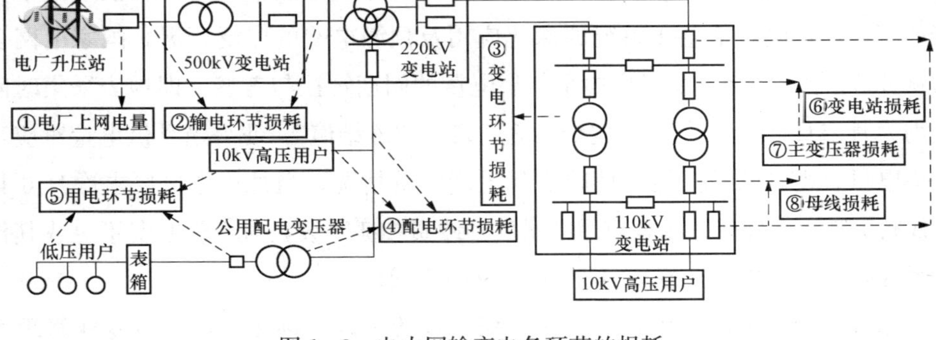

图 1 - 3　电力网输变电各环节的损耗

线损管理常用概念包括综合线损、同期线损、有损线损率、技术线损、管理线损、理论线损、经济线损、线损指标计划等，线损包括线损电量和线损率，其相互关系如下：

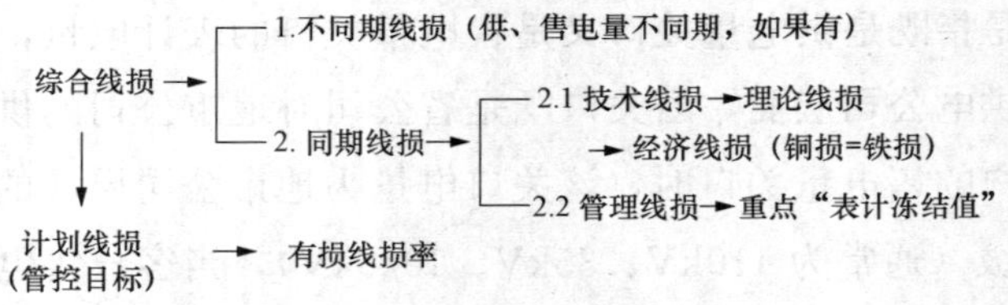

1.3.1　综合线损和同期线损

1. 综合线损

综合线损是供电公司发展策划部（简称“发展部”）填报企业负责人业绩考核报表的重要数据，通常用综合线损率指标来表述。综合线损率是指报告期净流入供电区的供电量与售电量之差占报告期供电区净流入供电量的百分比。报告期通常为月、季、年，供电量为所有供电关口的整月电量之和，售电量为报告期所有用电客户的营销发行收费电量，售电量周期要看采集装备条件和用户缴纳电费条件下所确定的对用户的采集抄表例日；如果当月营销发行售电量为上个月用户的实际用电量时，受天数和季节性负荷波动影响，会出现供电量与售电量不同期导致的月度线损率正负大的波动。“大月大”——大月（31 天）供电量对应小月（30 日或 28 日）售电量出现线损率值虚高；“小月小”——小月（30 天或 28 日）供电量对应大月（31 日）售电量出现线损率值负值（虚低）。因此，如果供电量与售电量不同期，统计出的综合线损率与实际线损率是不相符的。当前，随着信息化系统的深化应用及预缴电费的广泛开展，国家电网公司从 2022 年 4 月起开始了供电量与售电量的同期管控与考核，即抄表采集时间点均为月末日 24：00，采用这个时刻的表码“冻结值”，使得当月供电量对应当月售电量，得到的线损能够反映实际生产经营情况，当月售电量要求次月 6 日前发行完毕，6 日前完成客户用电量的预缴费扣缴手续，对于预缴费不足或其他原因导致的未缴电费，在 6 月 20 日前催缴完成。

综合线损率是供电企业负责人业绩考核的关键指标之一，通过专业管理系统进行供电量、售电量、线损电量和线损率的数据统计与上报，所以综合线损率是报表线损率，它与上级下达供电公司年度线损率计划值相对应。当前，企业负责人关键业绩指标中的综合线损率，重点考核线损计划执行和地市分区、

10kV 分线、台区同期线损管理情况，促进降损增效。

2. 同期线损

为了解决供电量与售电量不同期导致的月度线损率正负偏差波动大的问题，国家电网公司早在 2015 年就研发推出了“一体化电量与线损管理系统”（详见第 2 章），该系统是国家电网公司开展线损管理的主要技术手段，重点在于实现供电量与售电量同期比对计算线损率，即供电量采用考核月整月供电关口电量之和，售电量采用考核月整月售电关口、站（自）用电关口电量之和，售电量完全依靠相关采集系统中的整月表计表底码（月末日 24：00 冻结值）数据进行统计计算，规避了营销系统中发行时间不一的售电量，这种供电量与售电量均采用月末日表计 24：00 冻结值来进行计算的线损与线损率，称之为同期线损。

由于无损电量的存在，为了便于线损率真实水平的对比分析，往往把无损电量从供电量中扣除后计算其线损率，称为有损线损率，计算公式为

$$有损线损率(\%)=\frac{供电量-售电量}{供电量-无损电量}\times 100\%$$

同期线损能够反映供电公司基础管理水平和线损真实水平，是一项重要的综合性经济技术指标，包含技术线损和管理线损。同期线损与日常线损管理业务管理水平指标相对应，能综合反映电力系统规划设计、生产运行和经营管理的技术经济水平。

同期线损率是企业利润的重要组成部分，它的大小一方面取决于企业电网结构、技术装备水平、负荷水平、运行方式、潮流分布、电压及功率因数水平等多种因素，另一方面取决于供电企业生产经营活动中计量、采集、档案、系统计算等基础管理水平，是供电企业电力网规划设计、生产运行和经营管理水平的综合体现，也是电力主管单位及电力监管部门考核供电公司经营管理、技术管理和降损节能管理的一项重要内容。

1.3.2　技术线损和管理线损

1. 技术线损

技术线损是电力在流动过程中因电阻作用和磁场作用而产生的损耗，包含电阻损耗（铜损）和励磁损耗（铁损）。

（1）电阻作用。线路的导线和变压器、电动机的绕组等都是铜或铝材料制

成的导体。当电流通过时，对电流呈现一种阻力，此阻力称为导体的电阻。电能在电力网传输中，必须克服导体的电阻流动，因此会产生电能损耗，这一损耗表现为导体发热。由于这种损耗是由导体的电阻引起的，所以也称为电阻损耗，它与电流的平方成正比。由于变压器、电动机等绕组材料均为铜材质，故其电阻损耗也称铜损。

（2）磁场作用。变压器运行需要建立并维持交变磁场才能升压或降压。电动机需要建立并维持旋转磁场，才能运转而带动生产机械做功。电流在电气设备中建立磁场的过程，就是电磁转换的过程。在这一过程中，由于交变磁场的作用，在电气设备的铁心中会产生磁滞和涡流，使铁心发热，从而产生电能损耗。由于这些损耗是在电磁转换过程中产生的，所以称之为励磁损耗，它造成铁心发热，通常又被称为铁损。

2. 管理线损

电能在营销过程中，由于管理手段和技术条件所限，或管理不善、操作失误等造成的电能统计损失，均属于管理线损。产生管理线损的原因包括：①用户窃电或违章用电；②电子表超期失能或其他故障；③表计时钟超差；④计量设备表计精度超差失准；⑤计量接线松动或差错；⑥计量二次回路电压降超标、熔断器熔断；⑦采集终端掉线或不稳定；⑧采集抄表差错、倍率差错、计算差错、系统档案差乱等引起的电能损失；⑨带电设备绝缘不良引起的泄漏电流；⑩变电站直流充电、控制及保护、信号、通风冷却等设备电能消耗；⑪供、售电量抄表时间不一致等。其管控重点在于采取各种措施，使表计“冻结值”全面、准确地传输到系统后台进行电量计算。

窃电指在供电企业的供电设施上，擅自接线用电，绕越供电企业用电计量装置用电，伪造或者开启供电企业加封的用电计量装置封印用电，故意损坏供电企业用电计量装置，故意使供电企业用电计量装置不准或者失效，以及其他未经供电企业允许的盗窃电能行为。

1.3.3 理论线损、经济线损及线损计划指标

1. 理论线损

理论线损是指根据供电设备的参数、电力网运行方式、潮流分布及负荷等情况，由理论计算得出的电能损耗。其准确程度取决于电网设备参数的准确性、

代表日运行数据的完整性及理论计算模型选择的合理性。从损耗技术特性分，可理论计算的技术损耗分为固定损耗和可变损耗两部分。

（1）固定损耗。一般不随负荷变化而变化，只要设备带有电压，就有电磁转换的电能损耗称为固定损耗（励磁损耗）。固定损耗主要包括变压器的铁损及表计电压线圈损耗，因此，固定损耗也简称铁损。具体包括：①发电厂、变电站变压器及配电变压器的铁损；②电抗器、互感器、调压器、消弧线圈等设备的铁损；③绝缘子损耗；④接触器、继电器、电能表电感线圈损耗；⑤电容器和电缆的介质损耗；⑥高压线路的电晕损耗。严格来讲，固定损耗只是变化不大，却并不是固定不变，因为它与电压及电网频率有关，而正常运行工况下电网电压及电网频率也会发生较小变动。铁损包括磁性材料的磁滞损耗、涡流损耗和剩余损耗。当交流电流通过变压器时，通过变压器硅钢片的磁力线其方向和大小随之变化，使得硅钢片内部分子相互摩擦，放出热能，从而损耗了一部分电能，这便是磁滞损耗；当变压器工作时，铁心中有磁力线穿过，在与磁力线垂直的平面上就会产生感应电流，由于此电流自成闭合回路形成环流，且成旋涡状，故称为涡流，涡流的存在使铁芯发热，消耗能量，这种损耗称为涡流损耗；剩余损耗是指除磁滞损耗和涡流损耗以外的损耗，所占比重较小，可忽略不计。

（2）可变损耗。电流流过线路时须克服电阻，从而产生焦耳热量，散发到周围介质中去，这种损耗称为电阻损耗。它随负荷的变化而变化，与电流的平方成正比，电流越大则损耗功率越大，因此也称为可变损耗。电网中主要包括导线损耗和变压器的铜损，因此，也有将可变损耗简称为铜损的。具体包括：①发电厂、变电站变压器及配电变压器的铜损（电流流经线圈的损耗）；②输、配电线路的损耗（电流通过导线所产生的损耗）；③电抗器、互感器、调压器、消弧线圈等设备的铜损；④接户线的损耗；⑤电能表电流线圈的铜损。

（3）负荷实测与线损理论计算。为了弄清电力网经济运行水平，探明电力网在较高负荷水平工况下的高损元件、高损环节或薄弱线段，为电网公司制定电力网经济运行措施、降损节能技术改造方案及指导生产经营管理提供技术支撑，同时为上级管理部门确定下年度线损率计划指标提供决策参考，国家电网公司在每年的 7 月中下旬确定某一天，作为统一的负荷实测“代表日”，统一开展代表日线损理论计算。理论线损是在选择某一代表日的条件下，根据供电设备的参数和电力网当时的运行方式和负荷水平理论计算得出，它代表了“代表日”当天的电网技术线损水平，可见，它只是技术线损的一个点，而不能认为“技术线损就是理论线损”或“理论线损就是技术线损”，技术线损内涵较大，是个大概念。代表日理论线损计算公式为

$$理论线损率(\%)=\frac{理论线损}{供电量}\times 100\%=\frac{固定损耗+可变损耗}{供电量}\times 100\%$$

2. 经济线损

对于线路设备状况固定的线路或电网，理论线损（铁损、铜损）并非为一固定的数值，而是随着供电负荷大小变化而变化，当电网运行中的铁损与铜损相等时，会产生一个最低的线损率，这个最低的线损率及其对应的损耗称为经济线损。

3. 线损计划指标

根据代表日负荷实测与线损理论计算报告中所报告的综合理论线损率，结合当年实际完成线损率，考虑明年所采取的降损措施影响等，统筹确定的今后计划期（如明年、后 3 年）的线损率指标，称为线损计划指标。线损计划指标是供电企业负责人年度业绩考核责任书的重要指标之一。

1.4 线 损 管 理

线损管理是指为确定和达到电网降损节能目标所开展的各项管理活动的总称。线损管理从电力网各个环节出发，通过制定和实施一系列规划计划、降损方案、统计分析、考核奖惩等措施，达到“技术线损最优，管理线损最小”的目的。管理线损的本质就是“管电量”，包括转入、转出电量、售电量和线损电量等的管理。国家电网公司为了开展精细化线损管理，提出了线损“四分”管理，即“分区、分压、分元件和分台区”线损管理，其相互关系如图 1 - 4 所示。

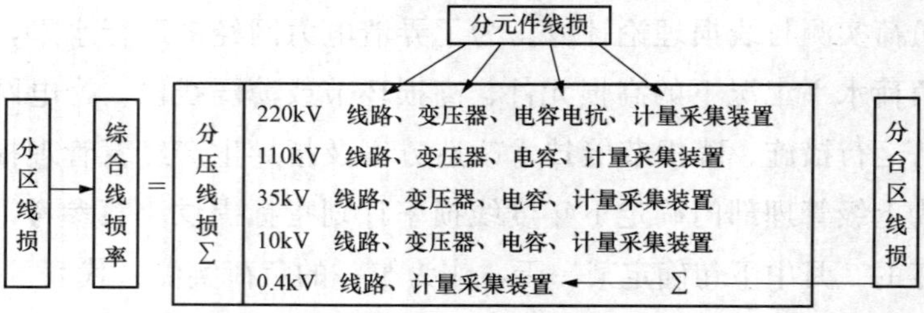

图 1 - 4 线损“四分”管理相互关系

分区线损对应于供电单位（或部门）的综合线损率指标，它等于供电区内各级电压等级分压线损之和；按照线路、变压器、电抗器、电容器、计量装置、采集装置等不同类型元件进行的线损管理称为分元件线损管理，方便排查高损元件；对每个台区都要进行责任到人的线损管理，称为分台区线损管理，所有台区线损之和构成 0.4kV 分压线损。当前，国家电网公司正在以“一体化电量与线损管理系统”深化应用为抓手，以深化线损“四分”管理为重点，实现从结果管理向过程管理的转变，切实规范管理流程，推动供电公司各项基础工作上台阶，线损管理水平进入了历史新高度。

1.4.1　分台区管理

台区是指一台或一组公用配电变压器的供电范围或区域。公用配电变压器点多面广，线路隐蔽复杂，管理困难。但随着信息化、智能化技术在台区电网的应用，我国台区线损率已经步入目标小于 3%的新时代。国家电网公司目前已经建立了基于“一台区一指标”考核评价体系，正在实施“一台区一指标”应用方案。对所辖每个公用配电变压器台区及其所辖用户的关口开展独立电量监测与统计，对每一个台区的线路损耗和电能损失独立核算、分析与考核管理，这就是分台区管理。该项业务归口营销管理部门，配电管理部门负责技术降损措施实施。

1. 统计线损

从统计角度出发，台区电量分为转入电量、转出电量、分布式电源电量（上网/供、下网/售）、售电量（用户电量）和线损电量，其相互关系如下

转入电量－转出电量＋分布式电源上网＝售电量＋分布式电源下网＋线损电量
（考核表 / 出）（考核表 / 入）（0.38/0.22 光伏）　　（居民、非居民、商业等）（用电量）

台区线损率是指一个台区低压网络的线损电量与台区供电量比值的百分率。台区供电量是净流入该台区的电量，包括上一个电压等级（简称“上级”）电网转入电量、分布式电源上网电量和转出电量（0.38/0.22kV 低压分布式电源就地消纳不了时反送到上级电网的电量），若分相装表，则供电量为 A、B、C 三相表计电量之和。台区售电量是该台区所有低压用户抄见电量之和，包括居民、非居民和商业用电电量，也包括分布式电源下网（发电户用电的下网部分）电量。

2. 技术线损

从技术层面出发，台区损耗包括低压线路（主干线、分支线、下户线）损耗、表计损耗、无功补偿装置损耗、采集及其他监测类装置损耗、低压线路绝缘老化漏电损耗等。其中，线路和电容器损耗可以理论计算，表计及其他电子式仪表损耗可以根据其功率损耗估算得出。台区技术线损水平可由代表日理论线损值表示，其计算公式为

$$理论线损率(\%)=\frac{理论计算损耗电量}{理论计算供电量}\times 100\%$$

3. 台区分相线损管理

台区线损三相负荷不平衡治理时，需要弄清楚 A、B、C 三相线路挂接负荷，从线路末端电能表箱处开始实施负荷平衡调整；也可以通过 A、B、C 三相线路线损率排查窃电相线路，这样的台区线损管理又称为分相线损管理。

分相统计线损，其供电量是该台区公用变低压侧 A（B或C）相电量，售电量是该台区 A（B或C）相所有低压用户抄见电量之和。

开展分相管理的条件为：①台区计量总表须 3 只单相电能表分开计量，或安装具备单相电量计量功能的三相四线电能表；②建立台区分相线路台账，使“线路编号、抄表卡号、电费结算号、用户表计档案卡号”四统一；③线损系统支持分相线损统计。

1.4.2 分元件管理

分元件管理指对所管辖电网中各电压等级线路、变压器、补偿元件等电能损耗进行分别统计、分析与考核的管理。主网元件（主变压器、输电线路）、变电站的线损管理归口电力调度监控中心，运行部门负责日常降损措施实施，检修部门负责技术改造措施实施。公用配电线路的线损管理归口配网管理部门，营销部门负责其管理降损措施实施。

元件损失率的计算公式为

$$元件损失率(\%)=\frac{元件损耗(输入电量-输出电量)}{元件输入电量}\times 100\%$$

1. 变压器

（1）变压器的统计线损。输入电量为高、中（如果有）、低压侧流入变压器

的电量之和，输出电量为高、中（如果有）、低压侧流出变压器的电量之和，损耗电量为输入电量与输出电量之差，损耗率为损耗电量占净输入电量的百分比。

（2）变压器的理论线损。供电量为输入变压器的电量之和，线损电量为铁损与铜损之和，损耗率为线损电量占输入电量的百分比。若变压器高、中（如果有）、低压侧有多个电压等级电源流入变压器，则流入侧均产生铜损，需要叠加计算。

2. 专用线路

专用线路包括 220、110、35kV 输电线路，10kV 及以上用户专用线，10kV 变电站或配电所联络线。

（1）专用线路的统计线损。输入电量为两端输入该线路的电量之和，输出电量为两端输出该线路的电量之和，线损电量为输入电量与输出电量之差，线损率为线损电量占输入电量的百分比。

（2）专用线路的理论线损。供电量为两端输入该线路的电量之和，线损电量为产生供电量的电流在该线路上产生的电阻损耗＋线路电晕损耗（如果有），线损率为线损电量占输供电量的百分比。

3. 公用线路

公用线路包括 20/10/6kV 属于国有资产线路和设备的多用户和/或多公用变压器线路。

（1）公用线路的统计线损。供电量为所有连接该线路的电源关口净流入电量之和，售电量为所有流出该线路的需缴纳电费的关口电量之和，线损电量为供电量与售电量之差，线损率为线损电量占供电量的百分比。中压线路电量平衡关系为

转入电量－转出电量＋分布式电源上网＝售电量＋分布式电源下网＋线损电量
（考核表/出）（考核表/入）（10/6kV 中压）　（大工业、农业、商业等）（用电量）

线路供电量包括上级电网（变电站或开闭所）转入电量、分布式电源上网电量和转出电量（6/10kV 中压分布式电源就地消纳不了时反送到上级电网的电量）。6/10kV 中压分布式电源有小水电、光伏发电、垃圾发电、余热发电等。线路售电量是指该线路所有用电户抄见电量之和，包括大工业、农业、一般工商业和商业用电电量，也包括 6/10kV 中压分布式电源下网（发电户用电的下网部分）电量。

（2）公用线路的理论线损。供电量为所有输入该线路的电量之和，线损电量为产生供电量的电流在该线路上产生的电阻损耗＋公用变压器损耗（铁损＋铜损）＋其他损耗（表计装置、无功补偿装置、采集及其他监测类装置），线损率为线损电量占输供电量的百分比。

1.4.3 分压管理

分压管理是指对所辖电网按照不同电压等级进行线损统计、分析与考核的管理。主网（220/110/35kV）分压线损管理归口电力调度监控中心管理，中压配网分压管理归口配网管理部门，低压分压管理归口营销部门管理。

1. 110kV 线损

110kV 线损是指 110kV 网络在输变电过程中所产生的损耗，主要由 110kV 输电线路、变压器、母线及相关元件所形成的电能损耗。

（1）统计线损。其输入电量包括上级电网输入到本电压等级的下灌电量、连接电厂的 110kV 上网电量、下级电网（10/35kV 电网）反送电量；其输出电量包括输出到下一个电压等级电网（35/10/6kV）的电量、110kV 专线用户售电量、反送至上一级电网的电量、电厂下网用电量。110kV 分压线损电量平衡关系为

转入电量 ＋ 电厂上网 ＝ 转出电量 ＋ 售电量 ＋ 电厂下网 ＋ 线损电量

（上／下级）（光伏／风电）（下级）（专线）（电厂用电）

可以看出，转入电量和电厂上网构成该电压层面的供电量；转出电量、售电量及电厂下网构成该电压层面的输出电量。转入电量是指 220kV 转入和下一级电网（35/10/6kV）反送电量；电厂上网是指连接 110kV 母线的大规模风电、光伏及垃圾、生物质（秸秆）发电等；转出电量是指 110kV 转出到 35/10/6kV 电压等级的电量；售电量是指连接 110kV 母线专线计量的大用户电量；电厂下网是指连接 110kV 母线电厂的下网用电量；线损电量为供电量与输出电量之差；110kV 分压线损率是指 110kV 的线损电量与对应电网供电量比值的百分率，110kV 分压统计线损计算公式为

$$110\text{kV 线损率} = \frac{\text{线损电量}}{\text{供电量}} \times 100\%$$

（2）110kV 分压理论线损。其供电量包括 220kV 转入、下一级电网（35/10/6kV）反送电量和电厂上网（风电、光伏及垃圾、生物质）3 方面电量。线

损电量包括输电线路、变压器、母线和其他等损耗，线路损耗主要是电阻损耗，变压器损耗包括铁损和铜损，其他损耗是指服务该电压等级的电容器装置、计量装置损耗及变电站用电。分压理论线损率为线损电量占供电量的百分比。

（3）实例。下面以一个简单的 110kV 网络为例，分别说明其供电量、输出电量关口及线损电量的构成。

案例 1-1 某供电区域有 n 个 220kV 变电站和 n 个 110kV 变电站。为方便起见，给出了 2 个 220kV 变电站和 2 个 110kV 变电站，其中 110kV 网络构成如图 1-5 所示。

1）供电量关口。图 1-5 所示网络中，供电量关口有：①220kV 变电站主变压器下灌到相应变电站 110kV 母线的关口，即灵 111、灵 112、泰 111 和泰 112；②连接 110kV 母线的发电厂上网关口，即水电站关口淮南 1、浚县生物发电上网关口淇浚 2。

2）输出电量关口。图 1-5 所示网络中，输出电量关口有：①110kV 变电站主变压器下灌到相应变电站 35kV、10kV 母线的关口点，如淇 351、淇 352、淇 101、淇 102、淮 101 和淮 102；②连接 220kV 变电站 110kV 母线电铁牵引站专线关口灵牵 2（售电关口）；③淇河变电站与外单位变电站联络线路关口点汤淇 2（考核关口）。

3）线损电量的构成。图 1-5 所示网络分压线损电量的构成为：①110kV 输电线路线损，包括 110kVⅠ、Ⅱ灵淮线路，110kVⅠ、Ⅱ泰淇线路，110kVⅠ、Ⅱ淮淇线路，灵山变电站至牵引站 110kV 线路，淇河变电站至浚县生物发电 110kV 线路；②110kV 变电站主变压器线损，包括淮 1 号、淮 2 号，淇 1 号、淇 2 号；③110kV 母线线损，包括 220kV 灵山、泰山变电站的 110kV 母线共 4 段，110kV 淮河、淇河变电站的 110kV 母线共 4 段。

2. 35kV 线损

35kV 分压线损是指 35kV 网络在输变电过程中所产生的损耗，包括 35kV 输电线路和一次电压为 35kV 变电站的变压器、母线及相关元件所形成的电能损耗。

（1）统计线损。其输入电量包括上级电网（220kV、110kV）输入到本电压等级的下灌电量、连接电厂的 35kV 上网电量、下级电网（10/6kV 电网）反送电量，其输出电量包括输出到下一个电压等级电网（10/6kV）的电量、35kV 专

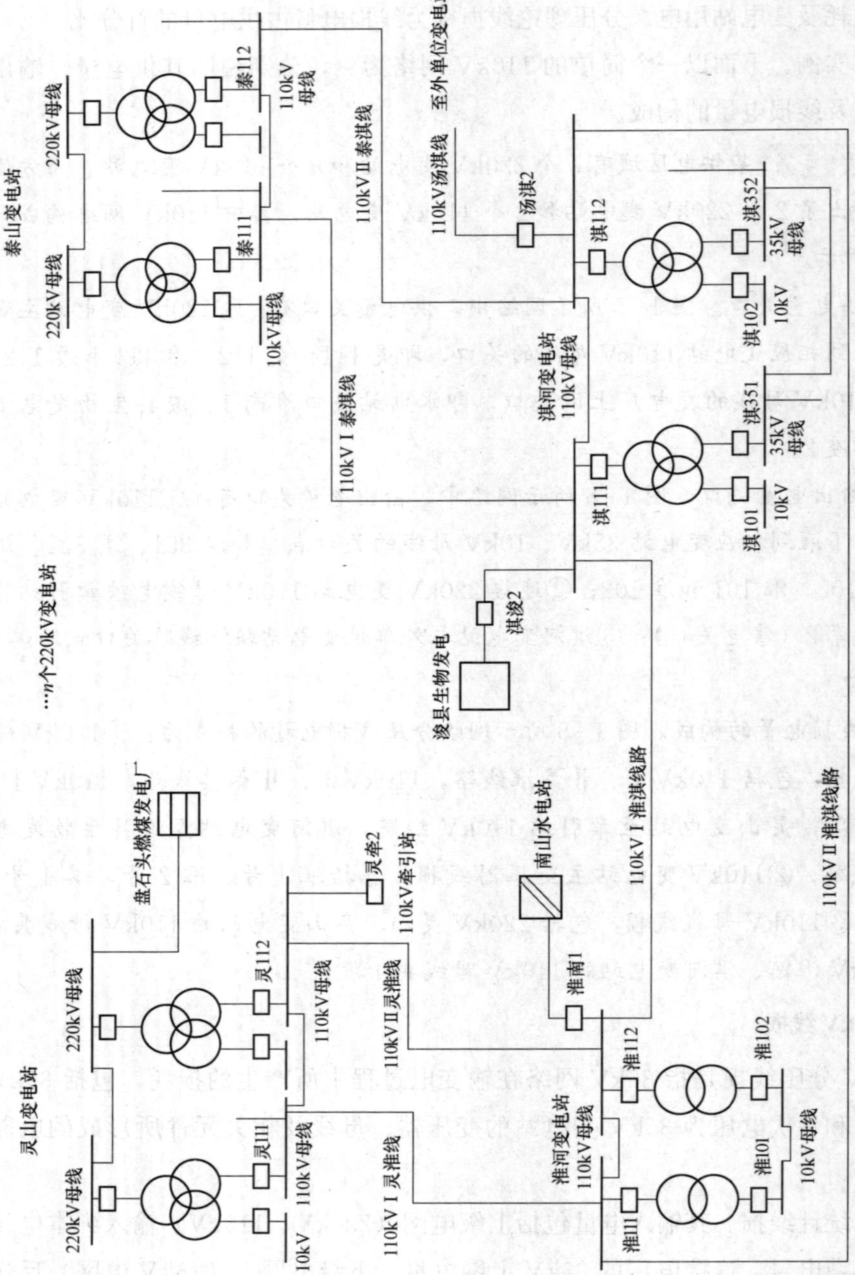

图 1-5　110kV 网络构成

线用户售电量、反送至上一级电网的电量、电厂下网用电量。35kV分压线损电量平衡关系为

转入电量＋电厂上网＝转出电量＋售电量＋电厂下网＋线损电量

（上/下级） （光伏） （下级） （专线） （电厂用电）

同样，转入电量和电厂上网构成该电压层面的供电量；转出电量、售电量及电厂下网构成该电压层面的输出电量。转入电量是指110/220kV转入和下一级电网（10/6kV）反送电量；电厂上网是指连接35kV母线的较大规模光伏、水电及垃圾发电等；转出电量是指350kV转出到10/6kV电压等级的电量；售电量是指连接35kV母线专线计量的大用户电量；电厂下网是指连接35kV母线电厂的下网用电量；线损电量为供电量与输出电量之差，35kV分压线损率是指35kV的线损电量与对应电网供电量比值的百分率。

（2）35kV分压理论线损。其供电量包括220/110kV转入、下一级电网（10/6kV）反送电量和电厂上网（水电、光伏）3方面电量。线损电量包括输电线路、变压器、母线和其他等损耗，线路损耗主要是电阻损耗，变压器损耗有铁损和铜损，其他损耗是指服务该电压等级的电容器装置、计量装置损耗及变电站用电。分压理论线损率为线损电量占供电量的百分比。

3. 中压10（6）kV线损

10（6）kV线损是指10（6）kV网络在供配电过程中所产生的损耗，包括配电线路、变压器、母线及相关元件所形成的电能损耗。

（1）统计线损。其输入电量包括上级电网（220/110/35kV）输入到本电压等级的下灌电量、连接电厂的10kV上网电量、下级电网（0.4kV电网）反送电量，其输出电量包括输出到低压电网（0.4kV）的电量、10kV专线用户售电量、反送至上一级电网的电量、电厂下网用电量。10kV分压线损电量平衡关系为

转入电量＋电厂上网＝转出电量＋售电量＋电厂下网＋线损电量

（上/下级） （水电、光伏） （低压） （专线） （电厂用电）

同样，转入电量和电厂上网构成该电压层面的供电量；转出电量、售电量及电厂下网构成该电压层面的输出电量。转入电量是指220/110/35kV转入和下一级电网（0.4kV）反送电量；电厂上网是指连接10kV母线的小型水电、光伏发电等；转出电量是指10kV公用变压器转出到0.4kV低压网电量；售电量是

指连接10k母线专线计量的大用户电量；电厂下网是指连接10kV母线电厂的下网用电量；线损电量为供电量与输出电量之差，10kV分压线损率是指10kV电网线损电量与对应供电量比值的百分率。

（2）10kV分压理论线损。其供电量包括220/110/35kV转入、低压电网（0.4kV）反送电量和电厂上网（水电、光伏）3方面电量。线损电量包括配电线路、配电变压器、母线和其他等损耗，线路损耗主要是电阻损耗，配电变压器损耗有铁损和铜损，其他损耗是指该电压等级的电容器装置、计量装置损耗及变电站用电。分压理论线损率为线损电量占供电量的百分比。

（3）实例。下面以一个简单的10kV网络为例，说明其供电量、输出电量及线损电量的构成情况。

案例1-2 某10kV分压电网有35、110、220kV变电站和10kV配电所各1个，其构成如图1-6所示。

1）供电量关口。图1-6所示网络中，供电量关口有：①220kV灵山变电站主变压器下灌到相应变电站10kV母线的关口，即灵101、灵102；②110kV淮河变电站主变压器下灌到相应变电站10kV母线的关口，即淮101、淮102；③35kV少林变电站主变压器下灌到相应变电站10kV母线的关口，即林101、林102；④连接淮河变电站10kV母线的同力余热发电厂上网关口淮12号。

2）输出电量关口。图1-6所示网络中，输出电量关口点有：①10kV华山配电所华1号变压器低压侧计量点、电信专线华电1计量点（售电关口）、京立医院专线华京1计量点（售电关口）；②110kV淮河变电站10kV公用配电线路淮16号所带公用配电变压器HP1、HP2、HP3、HP4低压侧计量点。

3）线损电量的构成。图1-6所示10kV网络线损电量构成为：①10kV配电线路线损，包括10kV联络线Ⅰ、Ⅱ灵华线路，10kV联络线少华线路、淮华线路，淮16号所带公用配电线路；②10kV变电站站用变压器电量，包括灵1号、淮1号，少1号；③10kV母线线损，包括220kV灵山变电站10kV母线2段、110kV淮河变电站10kV母线2段、35kV少林变电站的10kV母线共2段，10kV华山配电所10kV母线共2段；④10kV母线上的电容器、电抗器损耗，包括灵1号电容电抗器、淮1号电容、少1号电容。

1.4.4 分区管理

分区管理是根据行政区域不同对所辖供电区电网划分为若干区域，进行线

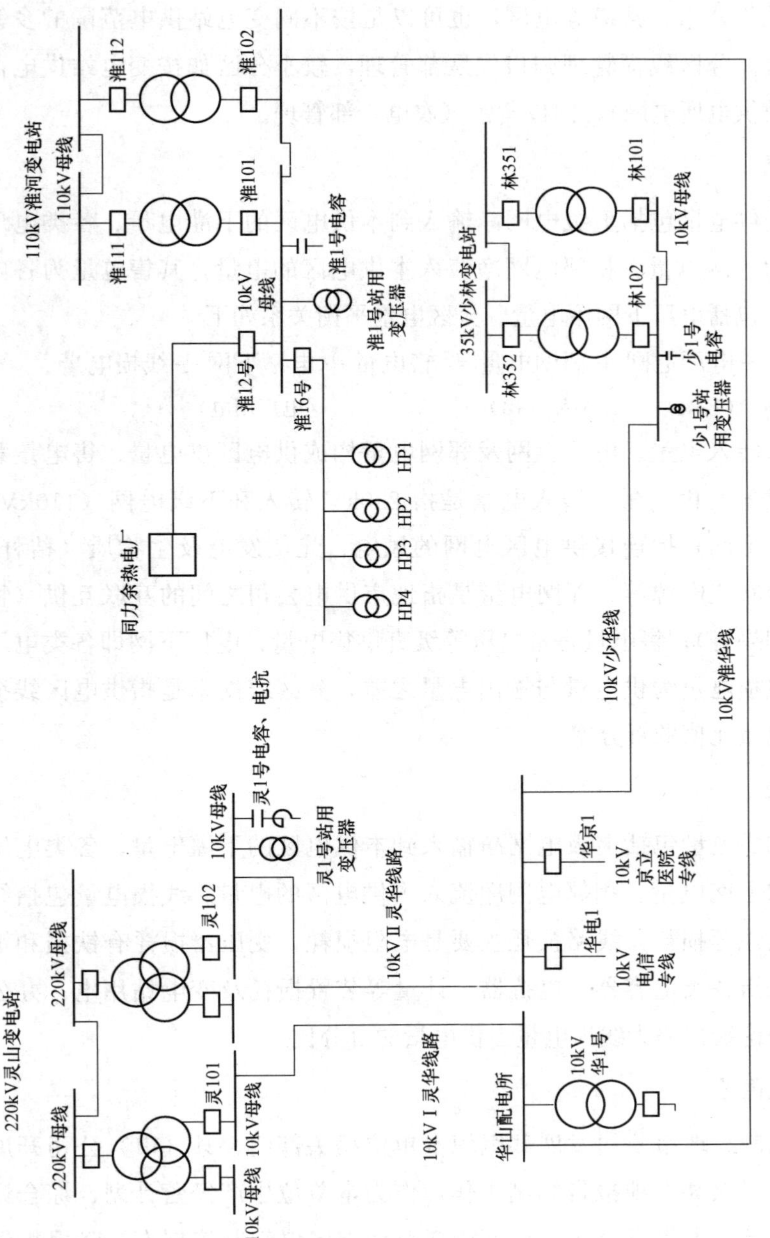

图 1-6　10kV 分压线损电网构成

损专业管理与考核，如地市级供电公司是省公司下属的分区，县级供电公司是地市级供电公司下属的分区，供电所是县级供电公司下属的分区等。区域可以是按行政区划的省、市、县级等电网，也可以是按不同变电站供电范围的乡镇供电所电网分区。分区线损管理归口发展部管理，较小分区如按变电站供电范围的分区（乡镇供电所电网），归口营销（农电）部管理。

1. 统计线损

统计线损的供电量包括上级电网净输入到本供电区的下灌电量、各类电厂流入到供电区的上网电量、相邻电网净流入本供电区的电量，其售电量为各电压等级售电量，包括电厂下网用电量。分区电量平衡关系如下

转入电量＋电厂上网＋邻网电量＝售电量＋电厂下网＋线损电量

（入－出）（各类）（入－出）（电厂用电）

可以看出，转入电量、电厂上网及邻网电量构成供电区供电量；售电量和电厂下网构成供电区售电量。转入电量是指220kV转入和下级电网（110kV）反送电量；电厂上网是指连接供电区电网的风电、光伏发电及生物质（秸秆）发电、水电、分布式电源等；邻网电量是指地市供电公司之间的互联互供（特殊运行方式，如果有）；售电量是各电压等级直供售电量；电厂下网即各类电厂下网用电量；线损电量为供电量与输出电量之差，分区线损率是指供电区线损电量与对应供电量比值的百分率。

2. 理论线损

理论线损的供电量包括上级电网净输入到本供电区的下灌电量、各类电厂流入到供电区的上网电量、相邻电网净流入本供电区的电量。线损电量包括线路、变压器和其他等损耗，线路损耗主要是电阻损耗，变压器损耗有铁损和铜损，其他损耗是指各类电容器、电抗器、计量等装置损耗及变电站用电、办公用电等。分区理论线损率为线损电量占供电量的百分比。

3. 线损计划管理

（1）计划编制。地市公司发展部组织本单位相关部门、县（市）公司开展线损率指标计划建议和专项报告编制工作，作为本单位生产经营计划、综合计划建议的构成部分，上报省公司。年度线损率计划建议编制依据有：降损规划报告中规划期内线损率目标；本年度线损率指标完成情况预测；本年度理论线损计算结果；计划年度负荷及电量预测情况；计划年度供电、用电结构变化情

况；计划年度电网建设及改造、降损措施成效预测等。

（2）计划调整。线损率计划下达后，原则上不做调整。若计划执行过程中受客观条件发生较大变化或国家政策调整等因素影响，指标实际完成和计划偏差较大，可以申请调整。调整建议由各级单位发展部提出，按照综合计划调整流程统一进行调整。计划调整因素有：不可抗力（如地震、台风等）；营业区发生重大调整；国家宏观政策调整；售电结构发生重大变化等。

1.5　线损监测指标

国家电网公司 2022 年版“同期线损监测治理工作评价指标体系”中划分了分区、分压、主网元件、配网线路、台区等线损监测、理论线损监测、监测治理 7 个方面，其核心内容是通过一系列指标监测、管控与考核，实现国家电网公司规划计划管理平台上的线损业务统计报表数据与一体化电量与线损管理系统中相关数据相一致，且实现数据归真。

1.5.1　分区线损监测

分区降损监测总原则为以月度同期线损与报表线损偏差最小及月累计同期线损比上年度线损下降为目标，开展线损监测过程管控，实现当年同期线损完成值（累计）比上年度同期线损完成值下降。

1. 月线损监测

重点考核供电公司同期月综合线损率与统计报表月综合线损率的偏差。

（1）对于已经实现了供电量、售电量同期管理的公司，其同期月线损率达标标准为

$$|\text{同期月线损}-\text{统计报表值}-X\text{占比}|\leqslant \min(20\%\times\text{上年完成值},1\%)$$

式中：X——电气化铁路运行时的反向电量、高供低计用户变损等电量（后同）。

若分区 $\dfrac{|\text{同期月供电量}-\text{统计报表供电量}-X|}{\text{统计报表供电量}}\times100\%>2\%$，则认定分区月线损异常。其他异常如分区（分压）模型异常、分级模型异常、与网上电网供电量偏差异常等，则分区月线损异常。

说明：该项指标重点考核同期月线损与报表线损偏差率不得超过 1% 或更小，由于高铁牵引站存在反向上网小电量，高压供电用户变压器在低压侧安装

了计量装置（存在变压器损耗分摊问题），这些损耗在同期线损系统计算月线损时已经包含，而在报表统计线损中没有包含这些电量，因此在算式中进行了扣除。

（2）对于没有实现供电量、售电量同期管理的公司，其同期月线损率达标标准为

$$|同期月度线损-基准值|\leqslant \min(12\%\times基准值,0.5\%)$$

若分区$\dfrac{|同期月供电量-统计报表供电量-X|}{统计报表供电量}\times100\%>10\%$，则分区月线损异常。

说明：该项指标重点考核同期月线损与报表线损偏差率不得超过0.5%或更小。若上年完成值、基准值≤1%，允许偏差值取0.2%、0.12%。

（3）考核。设一定分值，分区月线损达标率在90%～100%线性得分，低于90%不得分。

2. 分区降损监测

（1）分区降损。供电公司本月同期线损累计值较上年全年同期线损月累计值下降。

（2）考核。供电公司达到分区降损目标得分，未达到降损目标不得分。

1.5.2 分压线损监测

1. 监测原则与考核

（1）监测原则。分压降损监测总原则为当月同期线损完成值与系统理论线损值偏差合格。分为主网（35～220kV）分压线损监测、中压（6/10/20kV）分压线损监测和低压400V分压线损监测3部分。其中，地市供电公司与县级供电公司的分值权重为

$$\begin{aligned}同期分压月线损合格率(\%)=&\ 地市供电公司月线损达标情况(60\%)\\&+县公司月线损达标情况(40\%)\end{aligned}$$

（2）考核。设一定分值，分压月线损合格率在90%～100%线性得分，低于90%不得分。

2. 主网分压线损监测

地市、县级供电公司35kV及以上电网（简称主网）的分压线损，主要包括

35、110kV 及 220kV。主网分压线损达标标准为

$$|\text{同期月线损}-\text{理论线损率}|\leqslant \min(40\%\times\text{理论线损},0.5\%)$$

说明：①若主网理论线损值≤0.5%，允许偏差值取 0.2%；②其他异常如分区（分压）模型异常、与网上电网供电量偏差异常等，则认定分压月线损异常。

3. 中压配网分压线损监测

10（6/20）kV 分压（简称中压）线损达标标准为

$$\text{月中压同期分压线损率}\in[0\sim5\%],|\text{线损率}-\text{基准值}|\leqslant A\%$$

式中：地市公司 $A=1.2$，县公司 $A=1.5$。

说明：①中压分压线损基准值≤0.5%，允许偏差值取 0.2%；②若前 6 月同期分压线损≥3 个月达标，则基准值=达标均值；若前 6 月同期分压线损达标低于 3 个月，则不统计与基准值偏差对比；③其他异常如分区（分压）模型异常、与网上电网供电量偏差异常等，则认定分压月线损异常。

4. 低压分压线损监测

低压分压线损（即 400V 线损）达标标准为

$$\text{月同期低压分压线损率}\in[0\sim6\%],|\text{线损率}-\text{基准值}|\leqslant A\%$$

式中：地市公司 $A=1$，县公司 $A=1.5$。

说明：①若理论线损值≤0.5%，允许偏差值取 0.2%；②若前 6 月低压分压同期线损≥3 个月达标，则基准值=达标均值；若前 6 月分压同期线损达标低于 3 个月，则不统计与基准值偏差对比；③其他异常如分区（分压）模型异常、与网上电网供电量偏差异常等，则分压月线损异常。

1.5.3　主网元件线损监测

主网元件线损监测内容包括变电站损、母线平衡、线路线损三大元件，监测考核指标为元件达标率，其算式为

$$\text{主网元件达标率}(\%)=\frac{\text{主网元件线损率达标数量}}{\text{主网元件档案数}}\times100\%$$

1. 不同元件的月线损达标标准

（1）变电站损耗率。变电站输入与输出电量之差称为站损电量，站损电量与输入电量的比率为变电站损耗率。变电站损耗率反映了变电站电能损耗情况，

其计算公式为

$$变电站损耗率(\%)=\frac{输入电量-输出电量}{输入电量}\times 100\%$$

220kV 及以上变电站损耗，月线损（%）∈［−1%，3%］；110kV 及以下变电站损耗，月线损（%）∈［−2%，5%］。

说明：变电站损耗包括站用电、电容器、电抗器等的损耗。其中，站用电是指变电站内部维持变电站正常生产运行的各用电设备所消耗的电能，包括：主变压器冷却系统用电；蓄电池充电机用电；控制室及设备间空调用电；保护、通信、自动装置等二次设备用电；监控系统及其附属设备用电；深井泵和消防水泵用电；生产区照明及冷却、通风等动力用电；断路器、隔离开关操作机构用电；设备检修用电等。

（2）母线电量不平衡率。母线输入与输出电量之差称为不平衡电量，不平衡电量与输入电量比率为母线电能不平衡率。母线电量不平衡率（简称母平）反映了电能平衡情况，其计算公式为

$$母线电能不平衡率(\%)=\frac{输入电量-输出电量}{输入电量}\times 100\%$$

220kV 及以上母平，月线损（%）∈［−1%，1%］；110kV 及以下母平，月线损（%）∈［−2%，2%］。

说明：母线是变电站中由铜排（管）、铝排（管）、大截面铝绞线等连接变压器和多回路断路器的低阻抗导体，用来汇集、分配和传送电能。

（3）输电线路损耗标准。

1）220kV 及以上线路，月线损率（%）∈［0，2%］。公司资产电厂线路时，月线损率（%）∈［−0.6%，0.5%］或月线损率（%）∈（0.5%，2%）且｜同期线损率−理论线损｜≤0.5%。

2）35～110kV 线路，月线损率（%）∈［0，3%］。公司资产电厂线路时，月线损（%）∈［−0.8%，0.5%］或月线损率（%）∈（0.5%，3%）且｜同期线损率−理论线损｜≤0.5%。

3）高损输电线路标准。220kV 线路线损率（%）≥2%且损失电量＞5.5 万 kWh；35～110kV 线路线损率（%）≥3%且损失电量＞3 万 kWh。

2. 考核

对变电站损耗、母线平衡和输电线路月线损达标率指标设定一定的分值，

达标率在 90%～98%之间线性得分。高损条数 0 条得满分，每发生 1 条高损线路，扣分 50%指标分值。

1.5.4　配电线路线损监测

配电线路线损监测所设置的指标旨在促进高（负）损线路条数减少。

1. 高（负）损定义

（1）高损配电线路。指月线损率（%）≥6%且损失电量≥5000kW·h 的配电线路。

（2）负损配电线路。指月线损≤−1%的配电线路。

2. 高（负）损线路监测指标

（1）监测指标。高（负）损线路下降率计算公式为

$$\text{高(负)损线路下降率(\%)}=\frac{\text{上年同月高(负)损线路数量}-\text{本月高(负)损线路数量}}{\text{上年同月高(负)损线路数量}}\times 100\%$$

（2）考核。设定分值按月考核：①各供电公司高损下降率从低到高进行排名，根据排名按照下降率 0～10%线性得分，无高损线路时得满分，2 条及以下高损线路或下降率超过 10%得分 50%，有高损线路且下降率小于 0 不得分；②各供电公司负损下降率从高到低排名，根据排名线性得分；当月负损线路数为 0 得满分，负损线路数≤2 条得分 50%，负损数>2 条不得分。

3. 配电线路月线损监测指标

（1）监测指标。配电线路月线损监测用线路线损达标率指标表示，计算公式为

$$\text{10kV 线路线损月达标率(\%)}=\frac{\text{10kV 线路月线损达标数量}+\sum(\text{10kV 线路日线损达标数量})}{\text{10kV 线路月档案数}+\sum(\text{10kV 线路日档案数量})}\times 100\%$$

线路月线损率∈［0%，6%］为达标，线路日线损∈［0%，10%］为达标。

（2）考核。设定分值，在省范围内各地市公司按照 95%～100%线性得分。

4. 配电线路经济运行监测

（1）监测指标。配电线路经济运行监测用经济运行月提升率指标表示，计算公式为

$$\text{配电线路经济运行月提升率}(\%)=\frac{\text{本月经济运行设备数量}-\text{上年同月经济运行设备数量}}{\text{本月经济运行设备数量}}\times 100\%$$

$$\text{经济运行占比}(\%)=\frac{\text{本月经济运行数量}}{\text{本单位线路档案数}}\times 100\%$$

线路月线损率∈［0%，3%］为经济运行，小电量白名单设备为非经济运行设备。

（2）考核。经济运行占比从高到低排名，按排名线性得分。经济运行提升率按照从高到低排名，按排名线性得分。

1.5.5 台区线损监测

1. 高（负）损定义

（1）高损台区。月线损率（%）≥7%且月损失电量≥500kW·h。

（2）负损台区。同时满足：①月线损率≤−1%；②月供电量>300kW·h或月售电量>450kW·h；③月损失电量<−90kW·h。

2. 高（负）损台区监测指标（高损台区数逐年下降）

（1）监测指标。高（负）损台区监测用为高（负）损下降率指标表示，其计算公式为

$$\text{高(负)损下降率}(\%)=\frac{\text{上年同月高(负)损数量}-\text{本月高(负)损数量}}{\text{上年同月高(负)损数量}}\times 100\%$$

$$\text{高损占比}(\%)=\frac{\text{本公司台区高损数}}{\text{本公司台区档案数}}\times 100\%$$

（2）考核。高（负）损下降率按照0～10%线性得分；高损占比从低到高进行排名，按排名线性得分，高损台区数量为0者得满分。

3. 台区月线损监测指标

（1）监测指标。台区月线损监测用台区线损达标率指标表示，其计算公式为

$$\text{台区线损达标率}(\%)=\frac{\text{台区月线损达标数量}+\sum(\text{台区日线损达标数量})}{\text{台区月档案数}+\sum(\text{台区日档案数量})}\times 100\%$$

其中，台区月线损率∈［0%，7%］为达标，线路日线损∈［0%，10%］为达标。

（2）考核。设定分值，全省范围内各地市 90%～98%线性得分，低于 90%零分，≥98%满分。

4. 台区经济运行监测

（1）监测指标。台区经济运行监测用经济运行月提升率指标表示，其计算公式为

$$\text{台区经济运行提升率}(\%) = \frac{\text{本月经济运行设备数量} - \text{上年同月经济运行设备数量}}{\text{本月经济运行设备数量}} \times 100\%$$

台区月线损率∈［0%，4%］为经济运行，小电量白名单设备为非经济运行设备，不统计非排灌期的农排台区。

（2）考核。经济运行占比=本月经济运行数量/本单位台区档案数。经济运行占比从高到低排名，按排名线性得分。经济运行提升率按照从高到低排名，按排名线性得分。

1.5.6　理论线损监测

理论线损监测分设备可算监测、基础数据监测、电量偏差监测、两率偏差监测 4 个部分。

1. 设备可算监测

（1）监测指标。设备可算监测用设备可算率指标表示，其计算公式为

$$\text{设备可算率}(\%) = \frac{\text{可算设备}}{\text{设备总数}} \times 100\%$$

该指标考核的是同期线损系统中具备理论计算条件的设备数量占比，当前只统计主网设备、10kV 线路、台区设备的理论线损可算率。理论线损可算要求各设备元件参数、拓扑关系、运行数据及计算模型等具有完整性。

（2）考核。可算率完成值在 95%～100%之间线性得分。

2. 基础数据监测

（1）常见的基础数据异常。基础数据异常往往导致理论线损不可算。常见的基础数据异常如下。

1）主变压器设备参数异常。变电站主变压器高、中（如果有）、低三侧电

压数据填写错乱；高、中（如果有）、低三侧绕组连接端点与所连接母线连接点不一致或未连接任何设备；变压器额定容量为0；变压器超容。

2）输电线路参数异常。额定容量等于0；投运容量大于额定容量；受电端电压高于供电端电压；开断标识为0时线路未连接任何设备；线路电阻或电抗≤0。

3）配电线路参数异常。线段长度之和小于20m；24个整点时刻的首端电压偏离额定电压大于10%；公用、专用变压器功率大于额定容量150%。

4）台区参数异常。区总表电流跳变（偏离大于10%）；6个月内，配电变压器投运日期、状态、资产性质等参数修改次数超过3次。

（2）考核。各供电公司异常率从低到高进行排名，根据异常率排名0～30%线性得分；异常率为0者得满分不参与排名，异常率超过30%不得分。

3. 电量偏差监测

（1）电量偏差异常判定。$\frac{|\text{同期日供电量}-\text{理论计算供电量}|}{\text{理论计算供电量}}\times 100\% \geqslant$ 20%或理论线损不可算的设备判定为电量偏差异常。

（2）电量偏差监测指标。电量偏差监测用电量偏差异常率指标表示，需分别统计主网设备、10kV线路、台区设备的电量偏差异常率，其计算公式为

$$\text{电量偏差异常率}(\%)=\frac{\text{异常设备数}}{\text{设备总数}}\times 100\%$$

说明：对于T接的输电线路，T接线路任意一段线段的电量偏差满足供电量偏差要求，则偏差合理；输电线路日同期供电量小于100MW·h（220kV）/30MW·h（66～110kV）/10MW·h（35kV）的轻载输电线路，纳入电量偏差白名单管理。10kV线路日同期线损已经列入白名单，同时纳入电量偏差白名单管理。对于台区，先统计系统中典型台区设备电量偏差异常率。

（3）考核。各单位偏差异常率从低到高排名，按照排名线性得分。异常率＜5%者得满分，不参与排名。

4. 两率偏差监测

（1）两率偏差。两率是指线损元件的同期日线损率与代表日理论线损率，两者偏差符合下列条件时，认定两率偏差合理。

1）主网元件。同期日线损率－理论线损率∈［－0.2%，0.5%］。

2）10kV线路。同期日线损率－理论线损率∈［－0.5%，3%］。

3）典型台区。同期日线损率－理论线损率∈［－0.5%，3%］。

说明：10kV线路日同期线损已经列入白名单，同时纳入电量偏差白名单管理。对于输电线路，日同期供电量小于100MW·h（220kV）/30MW·h（66～110kV）/10MW·h（35kV）的轻载输电线路，纳入电量偏差白名单管理。

（2）监测指标。两率偏差监测指标用两率偏差合理率表示，需分别统计主网设备、10kV线路、台区设备的两率偏差合理率，其计算公式为

$$两率偏差合理率(\%)=\frac{检查合理设备数}{设备总数}\times 100\%$$

（3）考核。两率偏差合理率按照70%～100%之间线性得分。

说明：理论线损主网设备可算率、两率偏差合理率、电量偏差异常停运设备白名单：①停运线路，一侧开断标识为断开且同期月输入电量小于10MW·h；②停运变压器，双绕组或三绕组变压器两侧或三侧开断标识为断开，且同期月输入电量小于10MW·h。

1.5.7 监测治理

监测治理重点在于管控与考核发生异常后的处理速度，包括异常设备（配线、台区）核实、异常设备（配线、台区）治理两个环节。

1. 异常设备核实监测

（1）监测指标。异常设备核实监测用异常设备如期核实率指标表示，其计算公式为

$$\begin{matrix}异常设备如期\\核实率(\%)\end{matrix}=\frac{已完成核实且核实期限在当月的设备数量}{当月需核实数}\times 100\%$$

（2）考核。设定一定分值，核实率从高到低进行排名，按排名线性得分。当前，异常设备如期核实率为50%～90%线性得分，低于50%不得分，超过90%得满分。

1）发展部。①持续高损异常，设备日线损率＞10%且存在天数≥5天为持续高损；②持续负损异常，设备日线损率＜－1%且存在天数≥5天为持续负损；③线路线损波动异常（风险告警），当日线损率较前一日超1.5倍标准差或较中位数超1倍标准差，且当日存在失压断相；④台区线损波动异常（风险告警），当日线损率较前一日超1.5倍标准差或较中位数超1倍标准差，且当日存在反向

电量或营配异常；⑤当月需核实数＝异常发布清单中核实期限为当月需核实的明细合计数＋历史未核实结转至当月数。

2）设备部、营销部。①持续高损异常，截止计算日，7 日内连续出现高损天数≥5 日的设备；②持续负损异常，截止计算日，7 日内连续出现负损天数≥5 日的设备；③线损波动异常（重点核实），线损存在间歇异常且存在电压问题≥3 天；④当月需核实数＝异常发布清单中核实期限为当月需核实的明细合计数＋历史未核实结转至当月数。

2. 异常设备治理监测

（1）监测指标。异常设备治理监测用异常设备如期治理率指标表示，其计算公式为

$$\text{异常设备如期治理率}(\%)=\frac{\text{已完成治理且治理期限在当月的设备数量}}{\text{当月需治理数}}\times 100\%$$

$$\text{当月需治理数}=\text{异常发布清单中治理期限为当月需治理的明细合计数}+\text{历史未治理结转至当月数}$$

（2）考核。设定一定分值，治理率从高到低进行排名，按排名线性得分。当前异常设备如期治理率为 50%～90%线性得分，低于 50%不得分，超过 90%得满分。

第2章　一体化电量与线损管理系统

一体化电量与线损管理系统（简称同期线损系统），是国家电网公司下自班组“台区经理、线路长”上至国家电网公司总部主管部门开展一体化线损管理的唯一途径。

2.1　系统架构与功能

2.1.1　系统构架

1. 总体架构

同期线损系统是源头数据接入、电量与线损两级（总部、省级）计算、应用一级部署、实施“四分线损管理”、电量异动在线监控的多功能全业务线损管理系统。系统采用“应用一级部署、数据接入与储存二级部署、电量二级计算”方案，在总部部署应用系统与数据库服务器，在省级电力公司部署线损数据接入与存储服务器，构成省级电量大数据计算层。同期线损系统总体架构如图2-1所示。

图2-1中，设备接入层包括变电站电能量采集装置和公用、专用变压器、台区用户低压集中采集装置，通过变电站光纤、230MHz、无线通信方式传输到后台系统。各大系统功能分述如下。

（1）TMR系统。TMR系统指变电站电能量采集系统，也称为电采系统。用电信息采集系统是电力用户用电信息采集系统的简称。

（2）SCADA系统。SCADA系统指电力调度自动化系统，即电网数据采集与安全监控系统，通过计算机（数据处理与存储）、远动（数据采集）与人机联系系统，对断路器、发电机组与调相机组、带负荷调压变压器、补偿设施等实

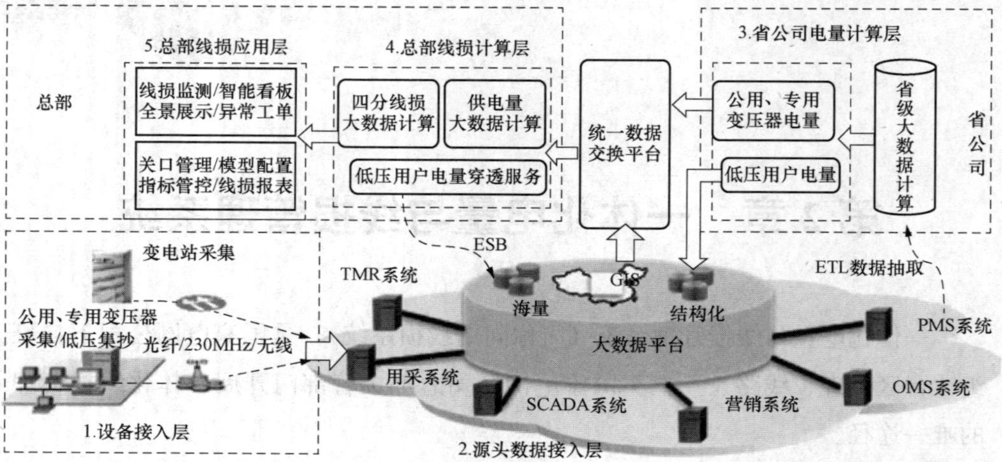

图 2-1　同期线损管理系统总体架构

现遥控与遥调，并发送时钟等指令。目前调度管理系统升级为“智能电网调控技术支持系统基础平台”（简称D5000），用来监控电网安全运行状态、实施经济调度、对电网运行实现安全分析和事故处理，实现调度自动化。

（3）营销系统。营销系统指电力营销管理系统，是支撑电力企业营销业务开展的信息化管理系统，系统以客户为中心，以工作流为纽带，以电费的计算与收缴为核心，对客户的开户、变更、计量资产、抄表、核算、收费进行全过程管理，并提供手机App、网站、短信等多种服务渠道及监控分析手段。管理内容包括客户服务、业扩报装、日常营业、电能计量、电量电费、用电检查、营销稽查、电力市场需求、综合分析决策等内容。

（4）OMS系统。OMS系统指电网调度信息管理系统，包含调度、计划、方式、继电保护、通信、自动化等调度各专业的业务内容，实现数据共享和各项调度业务在网上的快速流转，服务调度运行人员和管理人员的综合调控业务管理平台。

（5）PMS系统。PMS系统指设备（资产）运维精益管理系统，是以设备管理、资产管理和电网GIS为核心的企业级信息系统，是实现横向集成和纵向贯通的生产管理标准化系统。其业务覆盖国家电网公司总部、网省公司、市县公司多个层面，是贯穿电网输、变、配生产全过程的一体化生产管理信息平台，支撑电网生产集约化、精细化、标准化管理，在生产管理和一线班组广泛应用，通过标准规范、流程监控、安全监控等手段，实现对生产管理的风险预控与辅助决策。

（6）电网 GIS 系统。电网 GIS 系统将供电企业的变电站、电力设备、输配电网络、电力用户、电力负荷与生产及管理等核心业务连接，形成电力信息化的生产管理的综合信息系统，包含各类设备和用户的地理信息。它提供电力设备信息、电网运行状态信息、电力技术信息、生产管理信息、电力市场信息，可与山川、城镇、道路，及气象、水文、地质等自然环境信息集中于统一系统中。通过 GIS 可查询有关数据、图片、图像、地图、技术资料、管理知识等。

（7）ETL。ETL 是将业务系统的数据经过抽取（Extract），再在转换（Transform）之后加载（Load）到数据仓库的过程，目的是将源头数据中的分散、零乱、标准不统一的多系统数据整合到一起，为企业的决策提供分析依据。

2. 业务架构

同期线损系统以公司企业级应用平台为目标，全面支撑发展专业关口管理、电量管理、线损管理和规划计划业务，与调度、运检、营销相关业务融合互动，实现线损全过程闭环管理。同期线损系统涉及各个业务部门的关联关系及业务架构如图 2-2 所示。

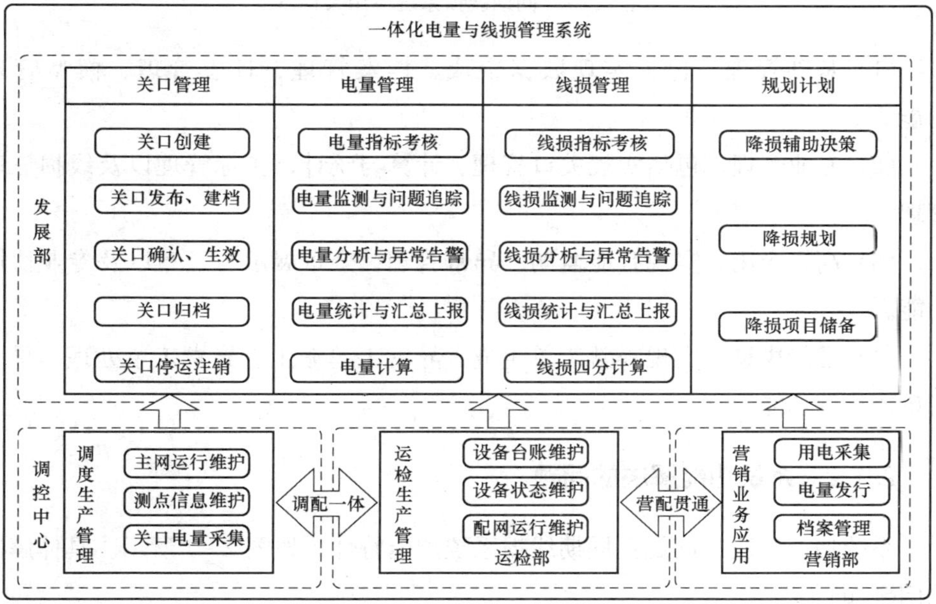

图 2-2　同期线损系统涉及各个业务部门的关联关系及业务架构

3. 应用架构

系统功能分为基础管理、专业管理、高级应用、智能决策四大类，其应用架构如图 2-3 所示。

图 2-3　同期线损系统应用架构

（1）基础管理。包括实现数据集成、档案管理、日志管理、模型管理功能。

（2）专业管理。包括实现关口管理、计算与统计、指标管理以及线损三率管理功能。

（3）高级应用。实现智能监测、异常管理、全景展示与发布以及专业协同功能。

（4）智能决策。实现异常工单生成、异常工单派工、异常工单处理、异常工单统计等功能。

2.1.2　系统功能解决的问题

系统功能解决的问题见同期线损系统功能特性，如图 2-4 所示。具体解决的问题如下。

（1）同期线损系统具有上述六大系统涉及生产、配电、营销（计量、采集）、调度等多个专业数据融合的功能，实施过程中，专业间必须横向协同、纵

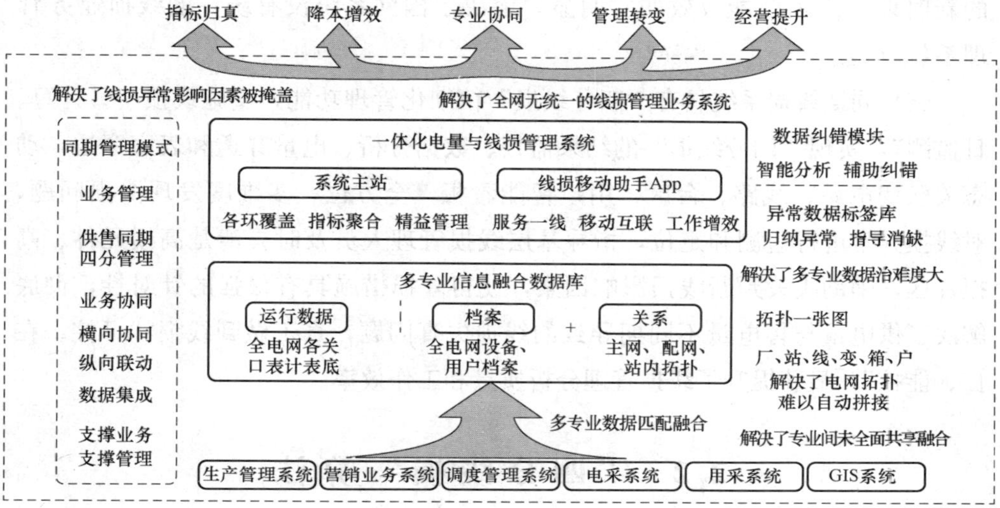

图 2-4　同期线损系统功能特性

向联动，它的深化应用促进了多专业数据匹配融合，实现了数据横向集成与纵向贯通，有效解决了专业间海量数据信息未全面共享融合问题。

（2）同期线损系统具有电网元件拓扑关系“统一化”的功能，它的深化应用，促使主网与配网，营销与生产等全面梳理专业档案，按照“拓扑一张图”原则，彻底梳理“站（变电站）—线（输电、配电线路）—变（变压器）—箱（分支箱、电能表箱）—户（用户表计）”关系，首次构建贯穿发输变配用全过程、营配调全环节的大数据链条，规范业扩报装、电能表换装、计量箱换装、线路切改、公用变压器换装、分装等营配异动交互流程，自动生成线损模型，解决了电网拓扑难以自动拼接问题。

（3）同期线损系统具有“数据纠错、异常标签”警示功能，系统设计有数据纠错模块、异常数据标签库等，智能判断并每日派发错误数据或异常信息工单，由互联网部牵头督促治理，促使多个专业协同治理，尤其是基层一线营配末端业务融合，形成了多专业信息融合数据库，有效解决了多专业数据治理难度大问题。

（4）同期线损系统具有“大统一”的功能，它的成功应用与实践，改变了各级省、市、县公司线损管理系统各自为战、标准不一、可比性差、重复投资、效果差等局面，提升了多专业的横向协同能力，传统的纵向管理模式得到转变，提升了经营管理水平，台区线损率由 10%以上降至目标小于 3%

的新时期，降损节能成效非常明显，解决了国网系统没有统一的线损业务管理系统问题。

（5）同期线损系统具有“四分线损”精细化管理功能，实施线损“日计算、日监测”，实现“四分线损”的结果监控、数据分析、电量穿透和表底穿透，动态关联变电站、线路、台区、用户智能看板，全方位、多维度发现线损问题，对线损异常进行监测和定位，指导基层线损管理人员及时弄清楚高损元件、高损片区，辅助决策判断线损影响因素，使得降损措施具有很强的针对性，彻底解决了供电量与售电量不同期导致的线损失真问题，真正做到线损“可控、在控、能控”，显著提升了线损管理分析质量和工作效率。

2.2 “四分线损”算法

同期线损系统从源端电量采集系统获取智能电能表采集数据，通过“关口、用户、台区总表—计量点—（测点）—电能表”模型关系关联电量与线损计算模型，由总部或省级配置计算任务，服务器采用轮询方式自动完成日、月电量与线损计算。统计线损和现有线损管理体制保持一致，供电量接入源头数据实现自动生成，售电量取自于营销月度发行电量，系统中统计线损率指标与大规划系统中线损报表数据保持一致。系统按照线损“四分”计算模型规则，结合基础设备档案变化和模型异动监测规则，每天 03：00 自动监测统计模型异动数据，提醒用户及时开展模型维护。用户可通过系统“电量与线损监测分析→模型异动监测分析”或“关口管理→模型异动管理”进入模型异动管理页面。

2.2.1 分区模型配置

基于调控 CIM/E 等系统文件生成的电网设备拓扑关系信息，实现“分区”“分压”“分元件”“分台区”线损（以下简称“四分线损”）四分计算模型、网损模型、手拉手计算模型、开闭所计算模型自动配置，满足总部、省（自治区、直辖市）、市、县、供电所各级单位线损多元化管理需求。“四分线损”模型如图 2 - 5 所示。

1. 分区模型算法

以东北电网为例，分区模型算法示意如图 2 - 6 所示，分区范围包括总部、

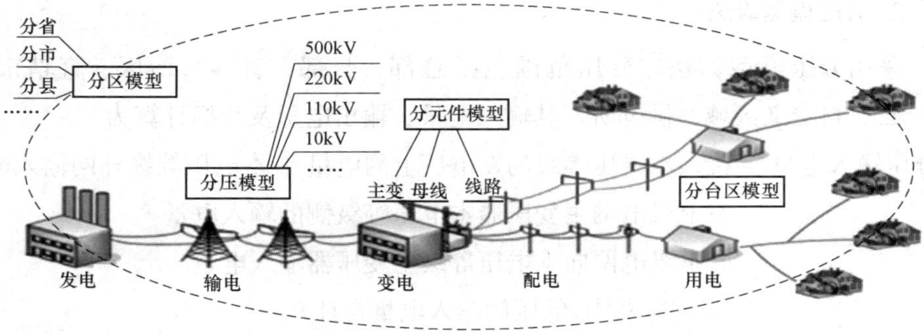

图 2-5　“四分线损”模型示意图

分部、省（自治区、直辖市）、市、县、自定义区域、供电所，其供电量、售电量及线损计算为

吉林分区供电量＝区域管辖电厂上网电量 K1
＋(同级区域之间联络线输入电量 K2
－同级区域之间联络线输出电量 K3)
＋(上级管理区域送入电量 K4
－向上级管理区域送出电量 K5)

分区售电量＝本区域售电量 K6＋售外区域电量 K7

$$分区线损率(\%)=\frac{分区供电量-分区售电量}{分区供电量}\times 100\%$$

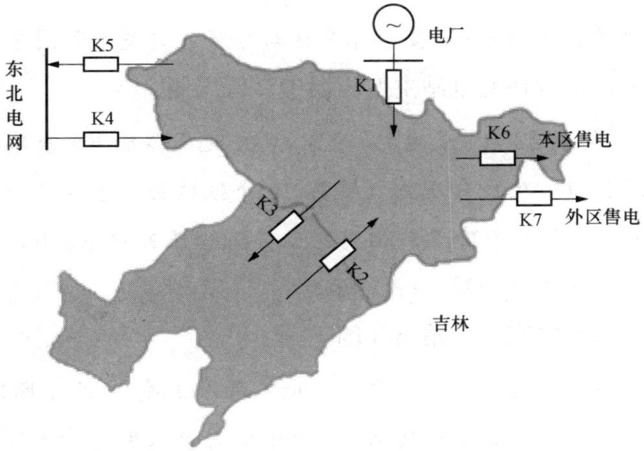

图 2-6　分区模型算法示意

2. 分压模型算法

采用分压模型算法，分压范围包括总部、分部、省（自治区、直辖市）、市、县、自定义区域、供电所，其输入电量、输出电量及线损计算为

分压输入电量＝接入本电压等级的发电厂上网电量＋本电压等级外网输入电量
＋上级电网主变压器本电压等级侧的输入电量
＋下级电网向本电压等级主变压器输入电量
（主变压器中、低压侧输入电量合计）

分压输出电量＝本电压等级售电量＋本电压等级向外网输出电量
＋本电压等级主变压器向下级电网输出电量
（主变压器中、低压侧输出电量合计）
＋本电压等级向上级电网主变压器本电压等级侧的输出电量

$$\text{分压线损率}(\%)=\frac{\text{该电压等级输入电量}-\text{该电压等级输出电量}}{\text{该电压等级输入电量}}\times 100\%$$

2.2.2 分压模型配置

1. 分区关口自动生成分压关口

（1）分区关口配置在变电站高压进线侧。

案例 2-1 阳泉 220kV 变电站 220kV 进线侧 K2 断路器为山西省对阳泉市省对地区域关口，生成分压关口规则：1 个区域关口 K2 生成 2 个跨单位相同电压等级分压关口 A、B。220kV 变电站分区与分压关口关系如图 2-7 所示。

（2）分区关口配置在变电站主变压器中、低压侧。

案例 2-2 阳泉 220kV 变电站，110kV 主变压器侧 K6 断路器为阳泉市对盂县地对县区域关口，生成分压关口规则：1 个区域关口生成 2 个本单位跨电压等级分压关口 C、D 和 2 个跨单位相同电压等级分压关口 E、F，220kV 变电站主变压器低压侧分区关口如图 2-8 所示。

（3）分区关口配置在变电站出线侧。

案例 2-3 阳泉 220kV 变电站，110kV 母线出线侧 K11 断路器为阳泉市对盂县区域关口，生成分压关口规则：1 个区域关口只生成跨单位分压关口，本单位分压关口仍在中低压侧配置（K5 和 K6 处）。220kV 变电站出线侧分区关口如图 2-9 所示。

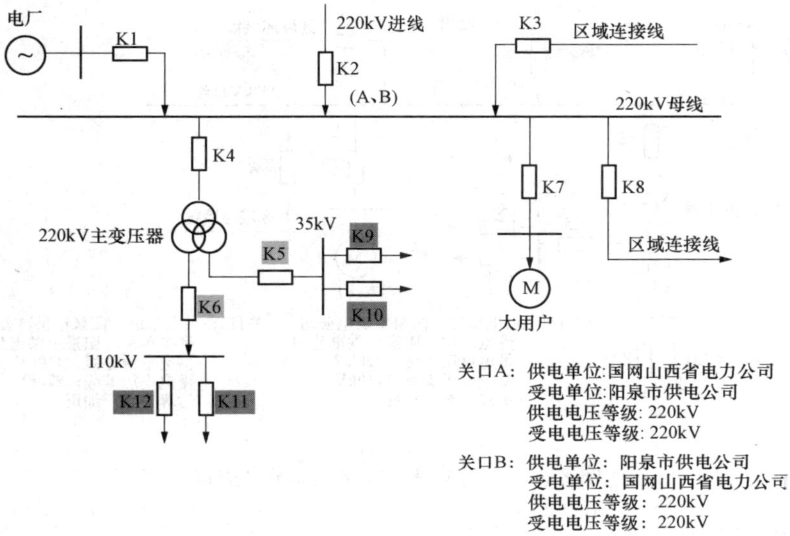

图 2 - 7　220kV 变电站分区与分压关口关系

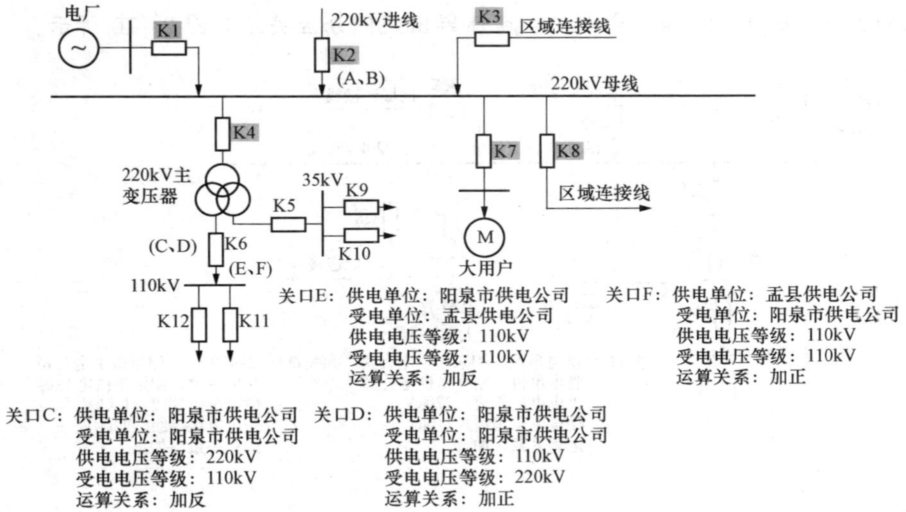

图 2 - 8　220kV 变电站主变压器低压侧分区关口

2. 主变压器中、低压侧自动生成内部分压关口

本单位变电站内主变压器中、低压侧断路器，会自动生成本单位跨电压等级的分压关口，生成关口之前，会判断是否为区域关口，如果为区域关口，则

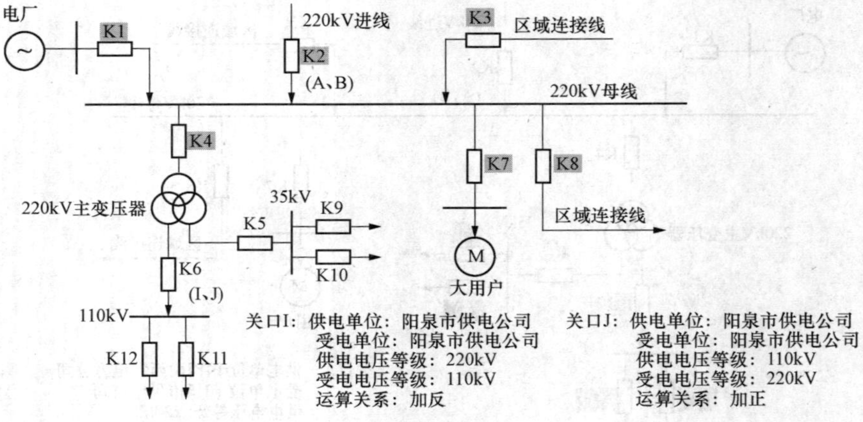

图 2-9　220kV 变电站出线侧分区关口

不再生成分压关口。

案例 2-4 阳泉 220kV 变电站，220kV 主变压器 110kV 侧 K6 断路器为中压断路器，非区域关口。生成分压关口规则：1 个断路器生成 2 个本单位跨电压等级的分压关口。220kV 变电站主变压器出线侧分区关口如图 2-10 所示。

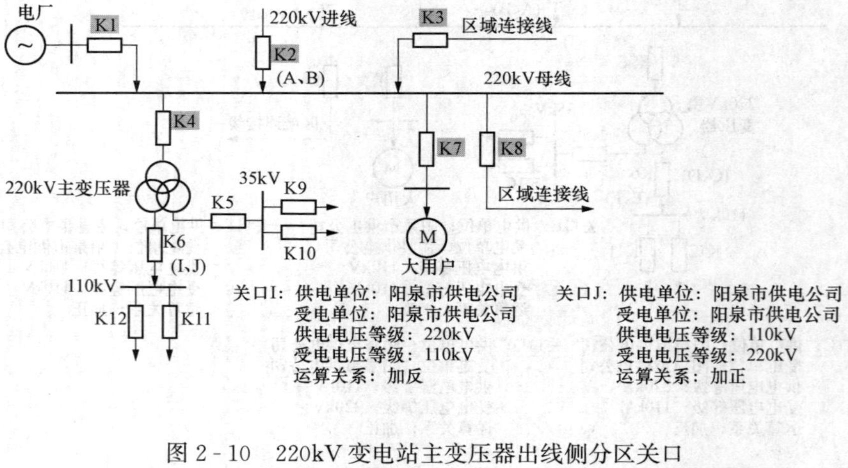

图 2-10　220kV 变电站主变压器出线侧分区关口

2.2.3　分元件模型配置

1. 分元件模型算法

分元件线损率计算公式为

$$分元件线损率(\%) = \frac{元件输入电量 - 元件输出电量}{元件输入电量} \times 100\%$$

比如，变压器输入电量是变压器高、中、低压侧流入变压器的电量之和，变压器输出电量是变压器高、中、低压侧流出变压器的电量之和。

分元件线损可以根据不同电压等级，制定线损异常阈值，实现站损、主变压器损耗、母线平衡在线异常监测。

分元件线损模型根据调度 CIM/E 文件自动生成，并从 PMS 系统获取设备参数数据。对于在运状态设备参数，系统自动生成分元件模型。

在正反向接线原则上，遵循“流出母线为正、流入母线为负”方式取分元件模型的正反向电量。分元件线损计算分为模型配置阶段与线损计算阶段，其数据来源与计算流程图如图 2-11 所示。

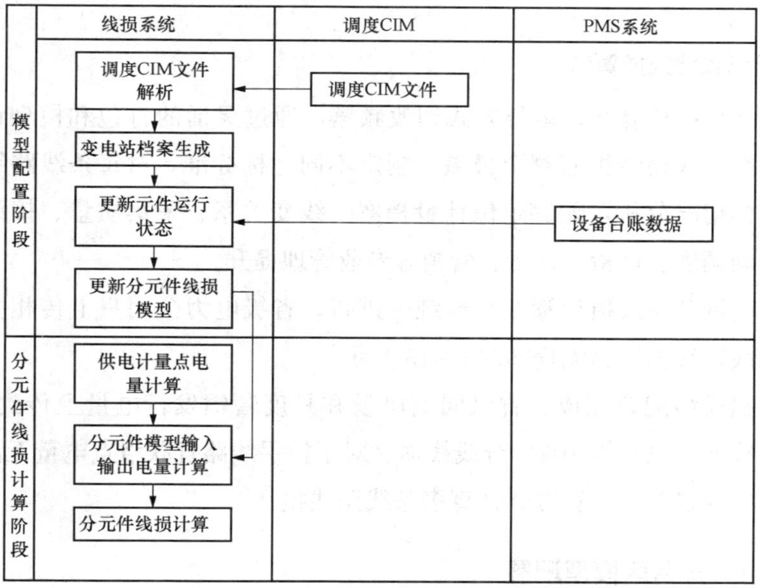

图 2-11　分元件线损数据来源与计算流程

2. 输电线路线损算法

线路线损率计算公式为

$$线路线损率(\%) = \frac{\sum(关联计量点正向电量) - \sum(关联计量点反向电量)}{\sum(关联计量点正向电量)} \times 100\%$$

图 2-12　变电站联络线关口示意图

输电线路线损计算范围包括电厂并网线路线损、变电站之间联络线线损、变电站至 35kV 及以上用户变电站线路线损。

图 2-12 所示为变电站联络线关口示意图。

AB 线路的线损电量为

$$\text{AB线路的线损电量} = \text{A断路器正向} + \text{B断路器正向} - \text{A断路器反向} - \text{B断路器反向}$$

$$\text{线损率}(\%) = \frac{\text{线损电量}}{\text{A断路器正向} + \text{B断路器正向}} \times 100\%$$

线损元件变压器损失和母线平衡的关口逻辑关系应参照该线路计算逻辑关系。

3. 配电线路线损算法

配电网架结构复杂，运行方式切改频繁，通过灵活的打包和模型设计，实现各电压等级线路线损监测全覆盖，制定不同达标标准，对每条线路线损进行计算与达标情况分析，能够定位计量档案、线变关系、采集质量、接线方式等问题，推动调度、运检、计量、营销等专业管理提升。

国家电网公司线损计算在总部统一进行，省级电力公司只上传相关计算数据，配电线路线损计算流程如图 2-13 所示。

在线损模型配置完成、省级同期电量和月度营销发行电量上传到总部后，系统根据线变关系计算 10kV 分线线损。对于拉手线路且联络点电量无法采集的线路，系统通过打包计算方式计算多条线路线损。

2.2.4　分台区模型配置

分台区线损率计算公式为

$$\text{台区线损率}(\%) = \frac{\text{台区总表电量} - \text{用户售电量}}{\text{台区总表电量}} \times 100\%$$

台区线损计算流程分为模型生成阶段和线损计算阶段，如图 2-14 所示，总部统一进行线损计算，省级电力公司负责数据上传，需要在 GIS 系统维护公用配电变压器与用户接线及电能表箱等相关信息，营销基础数据平台维护电能表箱与用户计量点之间的关系，上传用户发行电量。两台及以上变压器低压侧并

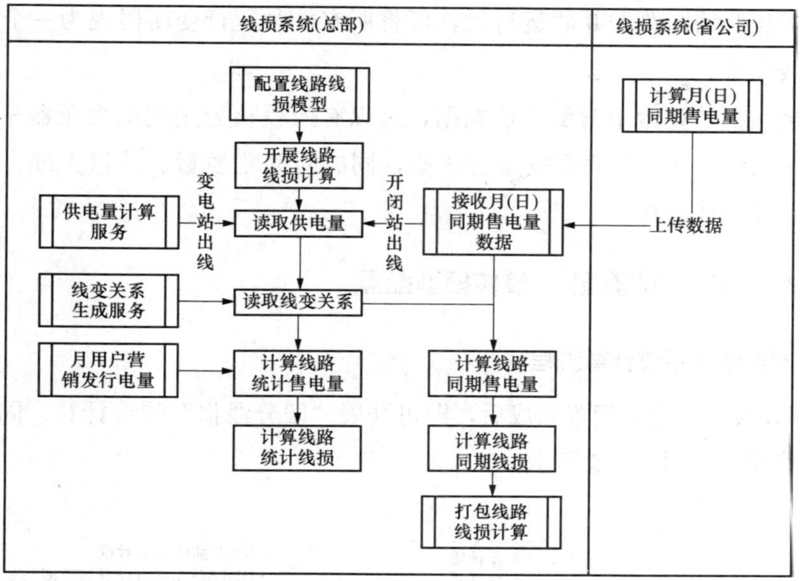

图 2-13　配电线路线损计算流程图

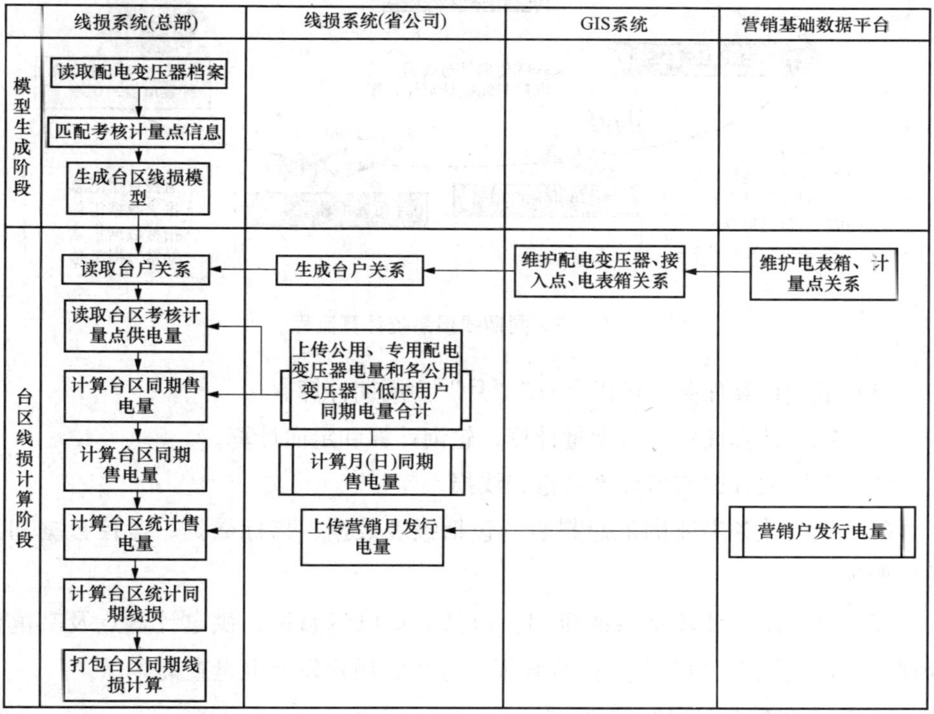

图 2-14　台区线损计算流程

联，或低压联络断路器并联运行的，可将所有并联运行变压器视为一个台区单元统计线损率。

台区线损计算运用营配贯通数据，可以有效校核公用配电变压器—接入点—表箱—表计—用户关系数据是否正确，同时对采集质量、计量失准、用户窃电能够实现在线监控。

2.2.5 用“能流图”校核模型配置

1. 同期线损系统计算流程

“四分线损”模型配置完成后，即可开展“四分线损”统计计算。同期线损系统计算流程如图 2-15 所示。

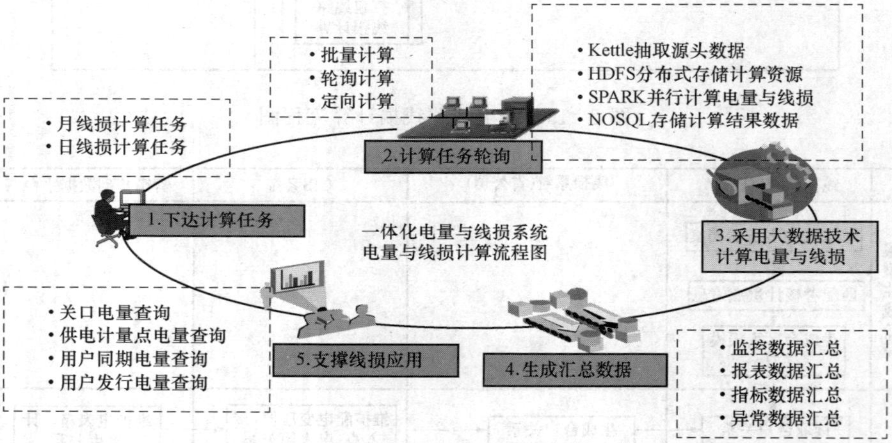

图 2-15　同期线损系统计算流程

（1）下达计算任务。可以“日”“月”为周期计算。

（2）执行计算任务。可批量计算、轮询计算和定向计算。

（3）采用大数据技术计算电量和线损。

（4）生成业务需要的汇总报表。包括报表数据、指标数据、监控数据和异常数据等。

（5）支撑线损计算结果的应用。包括关口电量查询、供电计量点及其电量查询、用户同期电量查询、“四分线损”查询、用户发行电量查询等。

2. 用“能流图”校核模型配置

模型配置后，通过同期线损系统计算流程可以算出各类电量与“四分线损”，其计算结果的正确性、实用性可以通过各层面的电能量流动平衡，即用“能流图”来校核。下面以图2-16所示的2018年鹤壁电网能流图来说明各层面的电能量流动平衡过程。

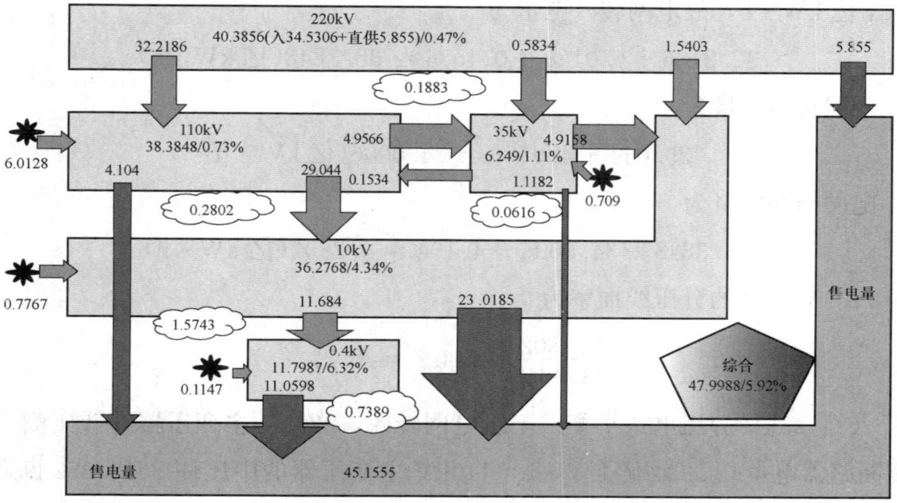

图2-16　2018年鹤壁电网能流图（单位：亿kW·h）

（1）220kV分压电量平衡。

1）供电量。上级电网转入（即221、222断路器电量）34.5306亿kW·h，220kV直供售电量5.855亿kW·h。

2）售电量。本层电网转出到110kV电网的电量32.2186亿kW·h，转出到35kV电网（本层变电站主变压器低压侧有的是35kV）的电量0.5834亿kW·h，转出到10kV电网（本层变电站主变压器低压侧有的是10kV）的电量1.5403亿kW·h，220kV直供售电量5.855亿kW·h，本期没有向220kV电网的反送电量，则本层电网损耗电量为

$$34.5306+5.855-32.2186-0.5834-1.5403-5.855=0.1883(\text{亿 kW·h})$$

220kV层面的分压线损率为

$$\frac{0.1883}{40.3856}\times 100\%=0.47\%$$

（2）110kV分压电量平衡。上级电网转入（即220kV主变压器的中压侧111、112断路器电量）32.2186亿kW·h，本层电网没有反向到220kV电网电量，110kV风力发电厂+光伏发电的电量为6.0128亿kW·h，35kV反向电量

0.1534 亿 kW·h，转出到 35kV 电网（本层变电站主变压器中压侧有的是 35kV 电压等级）的电量 4.9566 亿 kW·h，转出到 10kV 电网（本层变电站主变压器低压侧多是 10kV 电压等级）的电量 29.044 亿 kW·h，110kV 直供售电量 4.104 亿 kW·h，故电网转入电量为

$$32.2186 + 6.0128 + 0.1534 = 38.3848(\text{亿 kW·h})$$

电网转出电量为

$$29.044 + 4.9566 = 34.0006(\text{亿 kW·h})$$

电网损耗电量为

$$38.3848 - 34.0006 - 4.104 = 0.2802(\text{亿 kW·h})$$

110kV 层面的分压线损率为

$$\frac{0.2802}{38.3848} \times 100\% = 0.73\%$$

（3）35kV 分压电量平衡。上级电网转入，220kV 主变压器的低压侧 351、352 断路器电量 0.5834 亿 kW·h，110kV 主变压器的中压侧 351、352 断路器电量为 4.9566 亿 kW·h；35kV 光伏发电电量 0.709 亿 kW·h，本层电网反向到 110kV 电网电量 0.1534 亿 kW·h，转出到 10kV 电网（本层变电站主变压器低压侧多是 10kV 电压等级）的电量 4.9158 亿 kW·h，35kV 直供售电量 1.1182 亿 kW·h，故电网转入电量为

$$0.5834 + 4.9566 + 0.709 = 6.249(\text{亿 kW·h})$$

电网转出电量为

$$4.9158 + 0.1534 = 5.0692(\text{亿 kW·h})$$

电网损耗电量为

$$6.249 - 5.0692 - 1.1182 = 0.0616(\text{亿 kW·h})$$

35kV 层面的分压线损率为

$$\frac{0.0616}{6.249} \times 100\% = 1.11\%$$

（4）10kV 分压电量平衡。上级电网转入，220kV 主变压器的低压侧 101、102 断路器电量为 1.5403 亿 kW·h，110kV 主变压器的低压侧 101、102 断路器电量为 29.044 亿 kW·h，35kV 主变压器的低压侧 101、102 断路器电量为 4.9158 亿 kW·h，以上层面均为反向电量。10kV 光伏发电上网电量为 0.7767 亿 kW·h，10kV 的转出电量为 11.684 亿 kW·h，10kV 的直供售电量为

23.0185 亿 kW·h，故电网转入电量为

$$1.5403 + 29.044 + 4.9158 + 0.7767 = 36.2768(\text{亿 kW·h})$$

电网损耗电量为

$$36.2768 - 11.684 - 23.0185 = 1.5743(\text{亿 kW·h})$$

10kV 层面的分压线损率为

$$\frac{1.5743}{36.2768} \times 100\% = 4.34\%$$

（5）0.4kV 分压电量平衡。上级电网（中压线路公用变压器低压侧）转入电量为 11.684 亿 kW·h，台区低压光伏上网电量为 0.1147 亿 kW·h，台区用户用电量为 11.0598 亿 kW·h，故电网损耗电量为

$$11.684 + 0.1147 - 11.0598 = 0.7389(\text{亿 kW·h})$$

0.4kV 层面的分压线损率为

$$\frac{0.7389}{11.684 + 0.1147} \times 100\% = 6.32\%$$

（6）鹤壁分区电量平衡。

1）总供电量。上级电网转入（即 221、222 断路器电量和直供售电量）40.3856 亿 kW·h，其中，220kV 直供售电量 5.855 亿 kW·h。110kV 风力发电厂＋光伏发电上网的电量为 6.0128 亿 kW·h，35kV 光伏发电上网电量 0.709 亿 kW·h，10kV 光伏发电上网电量为 0.7767 亿 kW·h，台区低压光伏上网电量 0.1147 亿 kW·h，故总供电量为

$$40.3856 + 6.0128 + 0.709 + 0.7767 + 0.1147 = 47.9988(\text{亿 kW·h})$$

2）总售电量。220kV 直供售电量为 5.855 亿 kW·h，110kV 直供售电量为 4.104 亿 kW·h，35kV 直供售电量为 1.1182 亿 kW·h，10kV 的直供售电量为 23.0185 亿 kW·h，台区售电量为 11.0598 亿 kW·h。则总售电量为

$$5.855 + 4.104 + 1.1182 + 23.0185 + 11.0598 = 45.1555(\text{亿 kW·h})$$

3）线损电量校核。该步骤是核对模型配置正确与否的关键。以分区总供电量与总售电量之差计算，线损电量为

$$47.9988 - 45.1555 = 2.8433(\text{亿 kW·h})$$

以 220、110、35、10、0.4kV 各分压线损电量之和计算，线损电量为

$$0.1883 + 0.2802 + 0.0616 + 1.5743 + 0.7389 = 2.8433(\text{亿 kW·h})$$

可见，上述两种平衡线损电量相等，证明整个电网电量数据平衡。

4）分区综合线损率为

$$\frac{2.8433}{47.9988}\times 100\% = 5.92\%$$

2.3 系统数据接入原理

2.3.1 主网档案

35kV及以上主网档案接入，通过电网拼接技术实现35kV电网设备接入，以负荷等值最少为原则，确定不同电压层级变电站内设备由哪级调度（国调、分部、省、市）提供CIM/E文件，对同一调度层级的相同变电站进行合并，去重后再与PMS系统变电站信息进行关联比对，完成后将数据上传到总部系统。站内设备按照"设备双重命名＋PO互联关系数据"自动关联。主网档案接入流程及逻辑关系如图2-17所示。

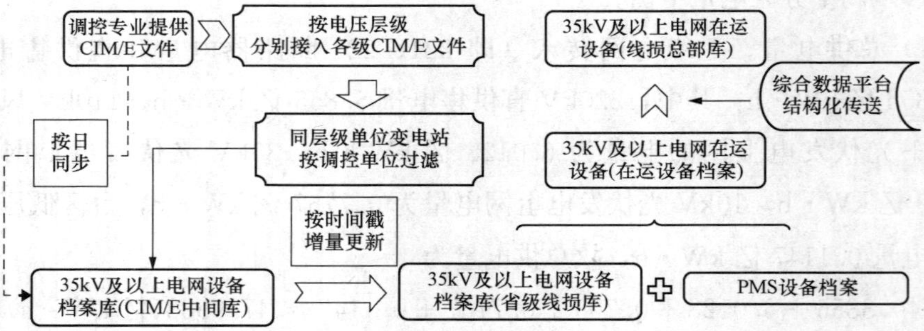

图2-17　主网档案接入流程及逻辑关系

2.3.2 中压配网档案

同期线损系统10kV配电线路、公用配电变压器数据来源于PMS系统，线变关系数据来源于GIS平台，数据传输交换采用定期方式。PMS系统、GIS平台定时将线路、公用配电变压器、线路与公用变压器关系数据推送到结构化数据中心，同期线损系统通过ETL工具定期抽取，在省公司完成10kV线路起始变电站、断路器关联匹配（与调度CIM/E解析出的电网设备信息）后，上传给总部。配电网档案接入流程及逻辑关系如图2-18所示。

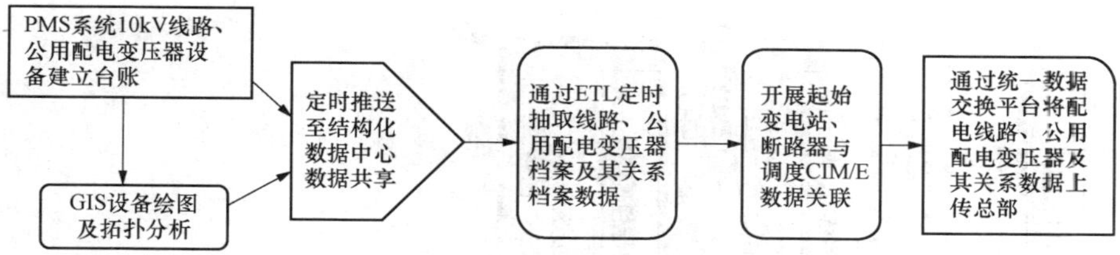

图 2-18　配网档案接入流程及逻辑关系

2.3.3　用户档案

营销系统通过 OGG 方式将关口计量点、用户信息、台区、专线专用变压器等数据共享给营销基础数据平台，同期线损系统通过 ETL 方式定时从营销基础数据平台获取此类数据，从 GIS 平台获取线路与专用变压器关系数据，并通过统一数据平台将关口计量点、高压用户、台区、专线专用变压器、线路与专用变压器关系数据传送到总部，低压用户及台户关系在省级存储。用户档案接入流程及逻辑关系如图 2-19 所示。

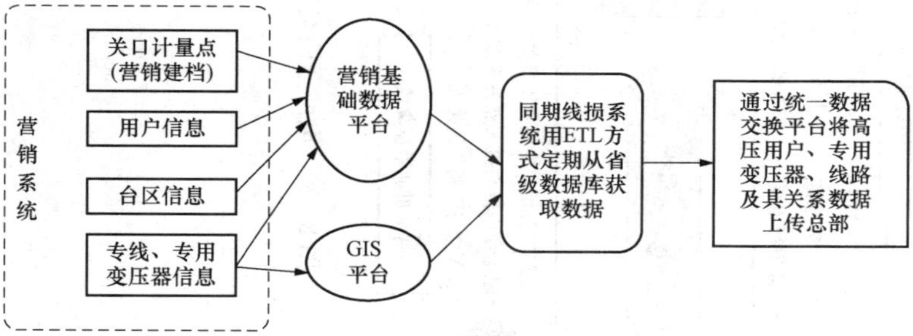

图 2-19　用户档案接入流程及逻辑关系

同期系统通过解析调度主网结构数据，集成 PMS 设备台账、营销用电、计量档案及 GIS 拓扑数据，完成电网基础档案接入，实现设备档案管理、设备连接关系管理、断路器计量关系管理。电网全档案信息 CIM 模型解析如图 2-20 所示。

1. 档案标签维护

同期系统构建了不断扩充的标签体系，提供设备、用户标签标识功能，能够手动或系统依据数据特征自动标识，便于线损异常排查治理。按标签类型可分为物理标签和状态标签，体现设备临时属性和长期属性，其中物理标签表示长期存在的客观情况，状态标签表示仅本次出现的异常情况。

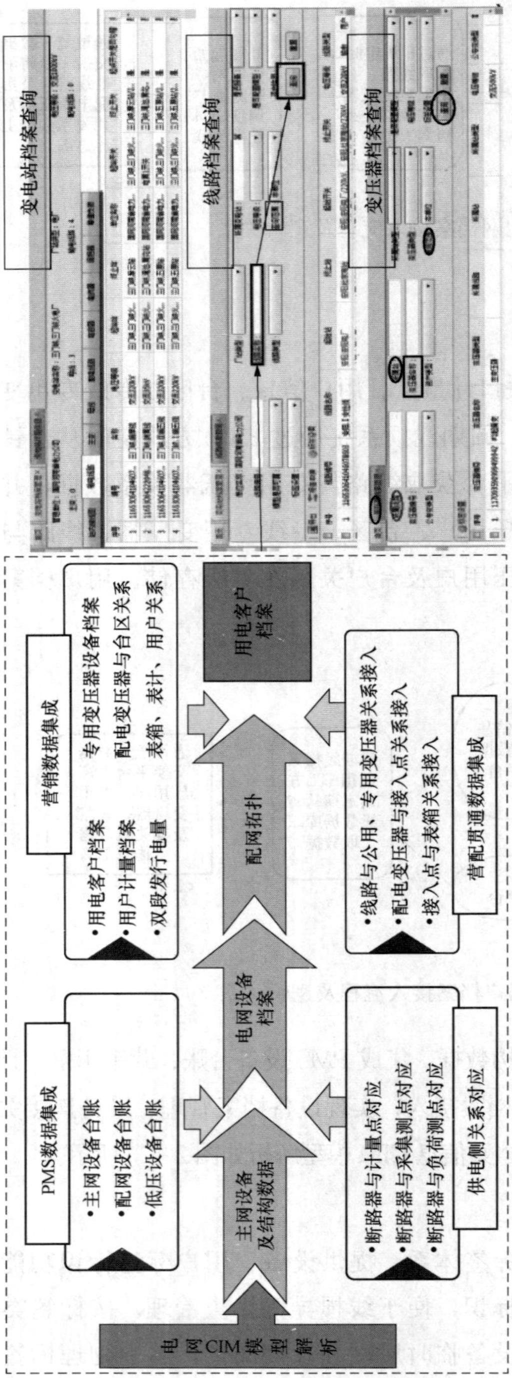

图 2-20　电网全档案信息 CIM 模型解析

2. 游离关口管理

对于电厂母线、升压变压器存在电网穿越电量的电厂，一厂多制的电厂，发电机出口及厂用变压器，作为保安电源的高压启备变压器，在同期线损系统中配置关口时无法配置到线路及母线模型中，影响线损率的计算，可通过游离关口配置界面进行关口配置。

3. 换表记录查询

台区、用户或者供电计量点换表，会导致换表前后表底不一，影响电量计算，通过换表记录查询，可查看换表的时间、换表前后的表底及倍率，以便电量与线损的正确计算，供电计量点换表记录查询在系统电量计算与统计模块中的供电计量点换表记录查询界面；台区或用户换表记录查询在系统电量计算与统计模块中的用户及台区换表记录查询界面。

2.3.4　供电量、售电量数据

供电量源头采集方式包括电能量采集和用电信息采集，电采系统的表底数据通过海量平台共享给同期线损系统，用电信息采集系统的表底数据通过营销基础数据平台共享给同期线损系统。同期线损系统接入表底后，对每条供电表底进行 MD5 加密，通过综合交换数据平台的非结构化上传把数据传送到总部，总部基于上传表底开展供电量计算。总部系统开展供电量计算逻辑关系如图 2-21所示。

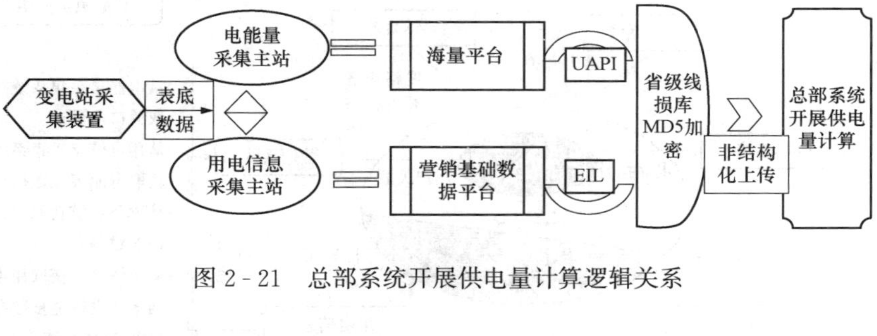

图 2-21　总部系统开展供电量计算逻辑关系

营销专业提供电量表底数据，由营销系统提供月发行电量，用采系统提供表底数据，并把数据推送给营销基础数据平台，针对在电能量系统中采集的高压无损用户，营销专业完成表底集成接入。同期线损系统抽取电量与表底数据后，在省公司按照需要计算用户日电量，汇总台区售电量，把高压用户和台区总表供售电量上传到总部。总部系统开展售电量计算逻辑关系如图 2-22 所示。

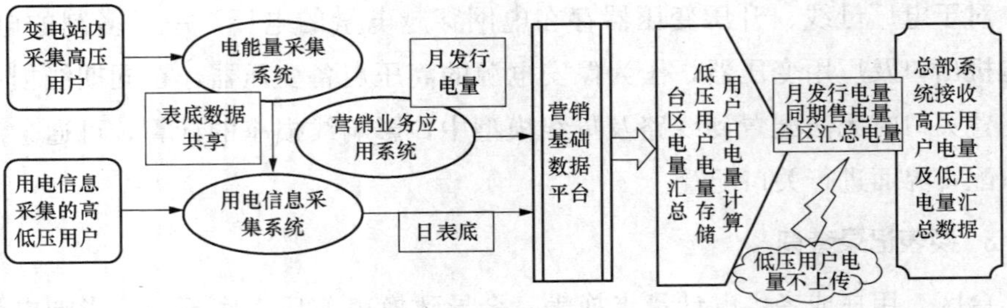

图 2-22　总部系统开展售电量计算逻辑关系

2.4　系统数据集成

2.4.1　数据集成范围与需求

1. 数据集成模型与范围

数据集成的范围包括一体化电量与线损管理系统和各业务系统在电网设备、电源设备、电网运行、地理信息、典型参数以及配网智能化等方面的数据集成需求。各个系统集成到同期系统的数据集成逻辑关系如图 2-23 所示，集成数据内容见表 2-1。

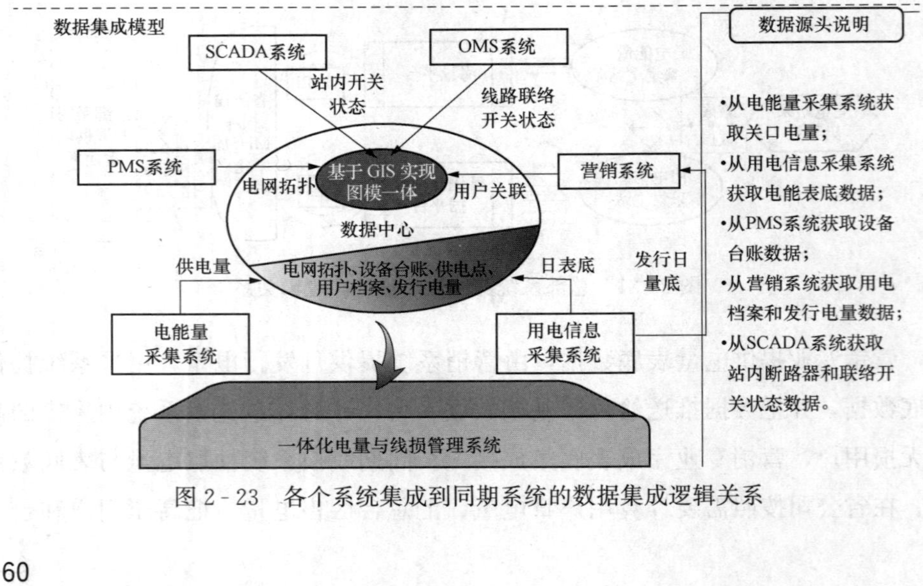

图 2-23　各个系统集成到同期系统的数据集成逻辑关系

表 2-1　　集成数据内容

对应系统	数据内容
门户系统	与门户系统进行界面集成
统一权限系统（ISC）	与 ISC 系统进行用户名、密码认证
运维监控管理系统（IMS）	实时监测线损系统运行状态、日志等信息
PMS 系统	电网设备台账信息
GIS 系统	地理信息、电网拓扑关系数据
营销业务应用	现状用户信息、发行电量数据、低压馈线信息、业扩报装
调度 SCADA 系统	设备运行数据、电源设备数据
用电信息采集	用户信息、用户表计信息、用户表计示数
电能量采集	关口负荷曲线数据、关口电量信息
规划计划系统	全社会用电量和供电量、全社会最大负荷和网供负荷、分网供电量和网供最大负荷
规划设计平台	设备台账信息、电网拓扑数据、电网运行数据

2. 数据集成需求

针对电量与线损管理的海量数据需求，根据营销、采集、调度等系统特点，制定行之有效的集成规范和接口标准，利用数据中心、Web 接口、接口等资源完成对海量数据高效抽取、转换和清洗工作。抽取数据指标见表 2-2。

表 2-2　　抽取数据指标

运行数据类			
序号	数据指标	来源系统	集成频度
1	高/低压用电计量点	用电信息采集系统	日
2	台区总表采集点	用电信息采集系统	日
3	线路关口（拉手）	用电信息采集系统	日
4	专用变压器、公用变压器负荷曲线数据	用电信息采集系统	日
5	营销高/低压表计发行抄见	电力营销系统	日
6	变电站关口	电能量采集系统	日
7	变电站关口负荷曲线数据	EMS/SCADA 系统	日
8	运行方式	EMS/SCADA 系统	日

续表

档案类			
序号	数据指标	来源系统	集成频度
1	高/低压计量点（一级）用电档案	电力营销系统	日增量/变更
2	台区总表档案	电力营销系统	日增量/变更
3	变电站关口计量档案	电能量采集系统	日增量/变更
4	电网模型	EMS/SCADA 系统	月增量/变更
		营销系统	
5	主网设备	PMS 系统	月增量/变更
6	配网设备	PMS 系统	月增量/变更
7	现场数据	调度管理系统	日
设备关系类			
序号	数据指标	来源系统	集成频度
1	设备关系	电能量系统/PMS 系统/手工维护	日增量/变更
		PMS 系统	日增量/变更
		电力营销系统	日增量/变更

（1）数据集成场景说明。

1）与营销系统的集成是通过营销基础数据平台提供的专用服务（SG-CIM）进行数据访问；用电信息采集的数据是通过海量数据平台提供的 UAPI 进行访问。

2）与运检的 PMS 集成是通过数据中心进行数据共享与融合。

3）与调度 SCADA 系统的数据集成是采用 E 文件的方式进行数据交互。

（2）获取 SCADA 系统详细数据。一体化电量与线损管理系统与调度接口采用定时方式，一体化电量与线损管理系统按照固定频率（日/月/年度）从调度 SCADA 系统已经组织好的 E 文件格式进行 FTP 或 HTTP 请求方式获取数据，然后对 E 文件进行统一解析入库。获取 SCADA 系统详细数据要求如下。

1）主网设备信息包括发电厂、变电站、输电线路、变压器、母线、断路器、输电线段、隔离开关（刀闸）、调相机、负荷、无功补偿等设备。

2）电网主接线图有主站、地理、潮流 SVG 图。

3）站内接线图拓扑模型有输电线段、母线、变压器、断路器、隔离开关（刀闸）、补偿器等。

4）电网运行方式数据有数字量、模拟量信息。

5）关口计量档案、关口月电量数据、关口日电量数据等信息。

2.4.2 数据信息需求分工

同期线损管理系统涉及与运检、营销和调度 3 个专业 6 大系统的数据集成，包括电网“发—输—变—配—用”各环节的基础档案及运行数据。同期线损信息需求与涉及部门分工见表 2-3。

表 2-3　　同期线损信息需求与涉及部门分工

序号	需求名称	配合部门	应用系统	需求描述	需求用途
1	用电档案信息	营销部	营销系统	包括用户档案、计量点档案、电能表档案	同期线损管理/理论线损管理
2	营销电量信息			包括营销用户月发行电量、调整电量、追补电量、用户计量点月电量、分区域月发行电量、分台区月电量	统计线损管理/同期线损管理
3	换表记录信息			包括用户换表和互感器数据	同期线损管理/理论线损管理
4	采集档案信息			采集点、计量点档案、测点档案信息	
5	业扩报表数据			各容量区间业扩数据	线损分析/线损报表
6	日冻结数据		用电信息采集系统	日冻结电能表示数	同期线损/理论线损
7	曲线数据			包括功率、电流、电压、功率因数、电能表示数	理论线损/线损监控/线损分析
8	事件数据			包括电能表时间超差、终端停/上电、电能表编程开关的操作次数	线损监控/降损决策
9	输变电数据	运检部	PMS系统	包括输电线路、导线、杆塔、电缆段、电缆终端、电缆接头、电站、间隔单元、主变压器、所用变压器、断路器、隔离开关、母线、电抗器、电力电容器、耦合电容器等设备档案信息	统计、同期、理论线损
10	配电数据			包括配电线路、导线、杆塔、柱上变压器、柱上断路器、柱上负荷开关、柱上隔离开关、电缆段、电缆终端、电缆接头、开关站、配电室、环网柜、箱式变电站、电缆分支箱、间隔单元、配电变压器、所用变压器、断路器、隔离开关、负荷开关、母线、电抗器、电力电容器等设备档案信息	

续表

序号	需求名称	配合部门	应用系统	需求描述	需求用途
11	低压数据	运检部	PMS系统	包括低压线路、低压导线、低压杆塔、低压柱上开关、低压电缆段、低压电缆终端、低压电缆接头、低压配电箱、低压电缆分接箱、低压配电箱、低压断路器等设备档案信息	理论线损
12	站内设备信息	调控中心	OMS系统	厂站、线路、主变压器、断路器、母线等设备信息	关口管理/理论线损
13	关口表计信息	调控中心/营销部	电采系统/营销系统	关口计量点档案和换表（互感器）数据	电量计算
14	电能量采集数据		电采系统	电能量采集测点信息、负荷测点信息、日冻结表底数据	
15	遥测数据	调控中心	SCADA系统	负荷24小时整点功率数据、24小时整点电压数据	电量计算/理论线损
16	遥信数据			断路器24小时整点开合状态数据	理论线损

2.4.3 数据集成方案

同期线损管理系统采用总部一级部署，各省级部署接入与存储的方式。总部一级部署接入存储、计算服务以及应用服务器，部署结构化数据库服务器存储基础档案、电量数据、异常数据、轻度汇总数据等；省级部署数据接入与存储服务，通过数据中心、营销基础数据平台或海量数据平台集成省（市）公司各业务系统的档案、拓扑关系、电量以及异常等明细类数据。规划计划管理信息系统等专业系统已经或即将采用一级部署方式，而营销、调度技术支持两个系统则为二级部署方式。方案针对不同业务应用系统特点，考虑实际业务数据标准化要求，从集成数据规范和数据集成技术设计两方面进行分析，确定不同业务需求的数据集成方案。

1. 与营销系统数据集成方案

营销业务应用系统集成数据规范之管理单位集成内容见表2-4。

表 2-4　　营销业务应用系统集成数据规范之管理单位集成内容

接口名称		管理单位		
数据流向		营销业务应用→一体化电量与线损管理系统		
发生频度		实时		
营销库表名称		O_ORG		
序号	数据项	字段名称	数据项类型	数据项说明
	供电单位编号	ORG_NO	VARCHAR2（16）	
	供电单位名称	ORG_NAME	VARCHAR2（256）	
	上级供电单位编号	P_ORG_NO	VARCHAR2（16）	
	供电单位类别	ORG_TYPE	VARCHAR2（8）	01 国家电网公司、02 省公司、03 地市公司、04 区县公司、05 分公司、06 供电所
		SORT_NO	NUMBER（5）	

类似上述集成表格的项目还有标准代码、客户信息、计量点信息、表计信息、计量点—电能表关联关系、台区信息、配电变压器档案、测点档案、采集点—计量点关系、电能表抄见电量、退补方案记录、追补电量、换表档案、省市县区域发行电量、用户月发行电量、调整电量、业扩报装报表等，均需要相应单位的数据集成。

2. **用电信息采集系统集成数据规范**

每日采集电能量冻结数据（居民及公用、专用变压器）集成信息见表 2-5。

表 2-5　每日采集电能量冻结数据（居民及公用、专用变压器）集成信息

接口名称		每日采集电能量冻结数据（居民及公用、专用变压器）	
数据流向		用电信息采集→一体化电量与线损管理系统	
发生频度		日	
序号	数据项	数据项类型	数据项说明
	抄表时间	日期	
	负荷点标识	字符型	
	正向有功总电能示值	浮点数	
	费率 1（尖）正向有功总电能示值	浮点数	
	费率 2（峰）正向有功总电能示值	浮点数	

续表

序号	数据项	数据项类型	数据项说明
	费率3（平）正向有功总电能示值	浮点数	
	费率4（谷）正向有功总电能示值	浮点数	
	正向无功总电能示值	浮点数	

用电信息采集系统中，15min ABC三相电流曲线数据（公用、专用变压器）信息集成见表2-6。

表2-6 15min ABC三相电流曲线数据（公用、专用变压器）信息集成表

接口名称		15min ABC三相电流曲线数据（公用、专用变压器）	
数据流向		用电信息采集→一体化电量与线损管理系统	
发生频度		日	
序号	数据项	数据项类型	数据项说明
	日期	日期	
	公用、专用变压器测点标识	字符	
	数据类型	字符	
	电压值	浮点数	

内容还包括：15min ABC三相电压曲线数据（公用、专用变压器）、15min正向有功电能示值曲线数据（公用、专用变压器）、15min电能功率曲线数据（公用、专用变压器）、15min功率因数曲线数据（公用、专用变压器）、电能表时间超差、终端停/上电、电能表断路器操作次数及时间等。

3. 数据集成技术设计

（1）与营销系统数据集成。一体化电量与线损管理系统与营销接口分定时方式和即时方式两种。

1）定时与营销系统数据集成。一体化电量与线损管理系统按照固定频率（季度/年度）从数据中心提取调度发送到数据中心（云计算与存储）的数据。采用数据中心路线，定时与营销系统数据集成场景如图2-24所示。

2）即时与营销系统数据集成。由营销系统发起，并将电网数据台账信息同步至数据中心（云计算与存储），通过配网设备信息（公用）通知服务通知一体化电量与线损管理系统，一体化电量与线损管理系统接到通知后，通过数据中

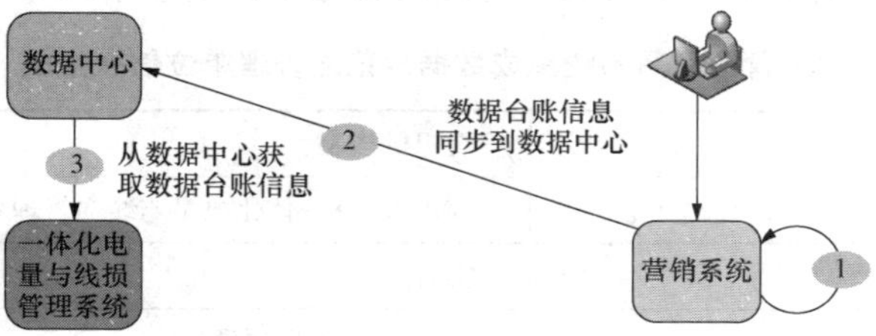

图 2-24　定时与营销系统数据集成场景

心获取数据台账信息，实现数据台账信息的共享。即时与营销系统数据集成场景如图 2-25 所示。

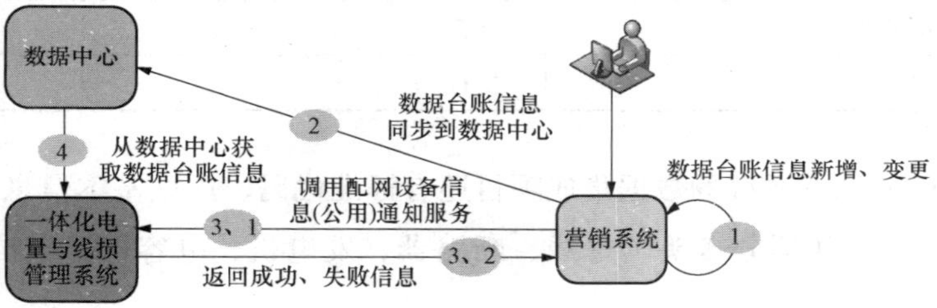

图 2-25　即时与营销系统数据集成场景

（2）与调度系统数据集成方案。通过对与调度技术支持系统数据集成需求的传输数据量、传输频率等要素的分析，对一体化电量与线损管理系统与省（市）层级横向集成数据，一体化电量与线损管理系统与调度接口采用定时方式，一体化电量与线损管理系统按照固定频率（季度/年度）从数据中心提取调度已经发送到数据中心（云计算与存储）的数据，采用数据中心＋E 文件路线，定时与调度技术支持系统数据集成场景如图 2-26 所示。

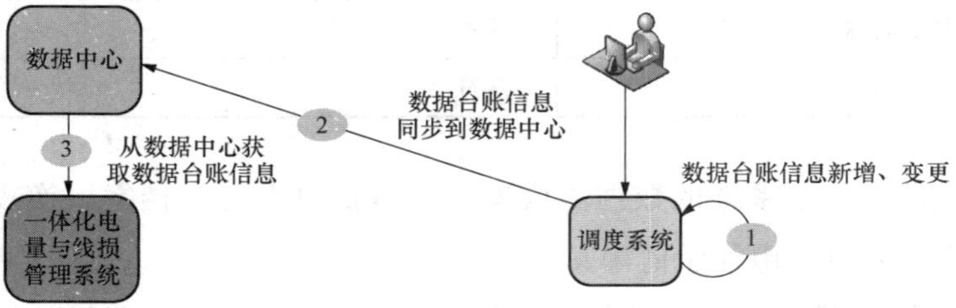

图 2-26　定时与调度技术支持系统数据集成场景

1）调度管理应用系统集成数据规范之管理单位信息集成见表 2-7。

表 2-7　　调度管理应用系统集成数据规范之管理单位信息集成

接口名称		组织机构表	
数据流向		OMS2.0→一体化电量与线损管理系统	
发生频度		实时	
序号	数据项	数据项类型	数据项说明
	组织机构编码	字符	唯一标识
	组织机构名称	字符	
	组织机构类型	字符	
	上级组织机构编码	字符	
	单位级别	字符	
	单位性质	字符	

来自 OMS2.0 系统的数据集成项目还有标准代码、厂站基本信息、变压器、变压器绕组、变压器分接头、母线、断路器、发电机、电容器、电抗器、输电线路等。

2）电能量采集系统集成数据规范之供电计量点档案信息集成见表 2-8。

表 2-8　　电能量采集系统集成数据规范之供电计量点档案信息集成

接口名称		供电计量点档案	
数据流向		电能量采集→一体化电量与线损	
发生频度		实时	
序号	数据项	数据项类型	数据项说明
	计量点标识	字符	唯一标识
	计量点编号	字符	
	计量点名称	字符	
	断路器标识	字符	

来自电能量采集系统的数据集成项目还有供电电能表档案、换表记录、旁代信息、测点日冻结电能示值等。

3）SCADA 系统集成数据规范之测点 15min 总电能示值曲线数据集成见表 2-9。

表 2-9　SCADA 系统集成数据规范之测点 15min 总电能示值曲线数据

接口名称		测点 15min 总电能示值曲线数据	
数据流向		电能量采集→一体化电量与线损管理系统	
发生频度		日	
序号	数据项	数据项类型	数据项说明
	采集时间	日期	
	测点编号（标识）	字符	
	正向有功总电能	浮点数	
	反向有功总电能	浮点数	

来自电能量采集系统的数据集成项目还有测点 24h 瞬时功率曲线数据、测点 24h 功率因数曲线数据、测点 24h 电压曲线数据、测点 24h 电流曲线数据、电抗器 24h 投运容量、电容器 24h 投运容量、变压器 24h 运行挡位、断路器运行状态、数据集成技术设计等。

（3）与运检系统数据集成方案。

设备（资产）运维精益管理系统集成数据规范之组织机构表集成见表 2-10。

表 2-10　设备（资产）运维精益管理系统集成数据规范之组织机构表集成

接口名称		组织机构表	
数据流向		PMS2.0→一体化电量与线损管理系统	
发生频度		实时	
序号	数据项	数据项类型	数据项说明
	组织机构编码	字符	唯一标识
	组织机构名称	字符	
	组织机构类型	字符	
	上级组织机构编码	字符	
	单位级别	字符	
	单位性质	字符	

来自 PMS2.0 系统数据集成项目还有：①标准代码、输电线路、导线、杆塔、电缆段、电缆终端、电缆接头；②电站、间隔单元、主变压器、所用变压器、断路器、隔离开关、母线、电抗器、电力电容器、耦合电容器；③配电线路、导线、杆塔、柱上变压器、柱上断路器、柱上负荷开关、柱上隔离开关、电缆段、电缆终端、电缆接头、开关站、配电室、环网柜、箱式变电站、电缆

分支箱、间隔单元、配电变压器、所用变压器、断路器、隔离开关、负荷开关、母线、电抗器、电力电容器；④低压线路、低压导线、低压杆塔、低压柱上开关、低压表箱、低压电缆段、低压电缆终端、低压电缆接头、低压配电箱、低压电缆分接箱、低压断路器、电系铭牌运行库。

（4）数据集成技术设计。一体化电量与线损管理系统与PMS接口分定时方式和即时方式两种。

1）定时与PMS数据集成。定时方式的一体化电量与线损管理系统按照固定频率（季度/年度）从数据中心提取PMS已经发送到数据中心（云计算与存储）的数据。采用数据中心路线，定时与生产管理系统数据集成场景如图2-27所示。

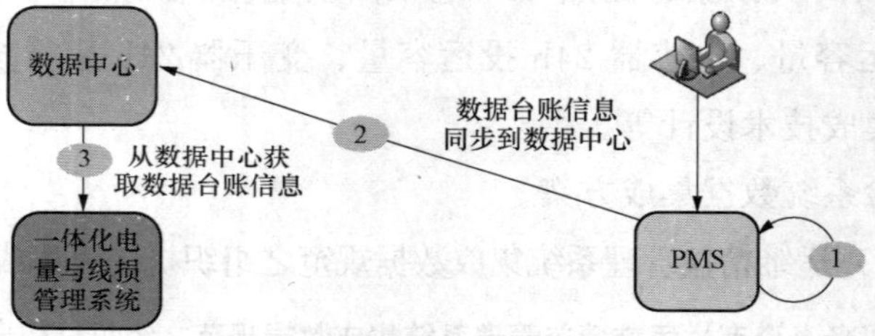

图2-27　定时与生产管理系统数据集成场景

2）即时与PMS数据集成。由PMS发起，并将数据台账信息同步至数据中心，通过配网设备信息（公用）通知服务通知一体化电量与线损管理系统，一体化电量与线损管理系统接到通知后，通过数据中心（云计算与存储）获取数据台账信息，实现数据台账信息的共享。采用数据中心＋企业服务总线（ESB）路线，即时与生产管理系统数据集成场景如图2-28所示。

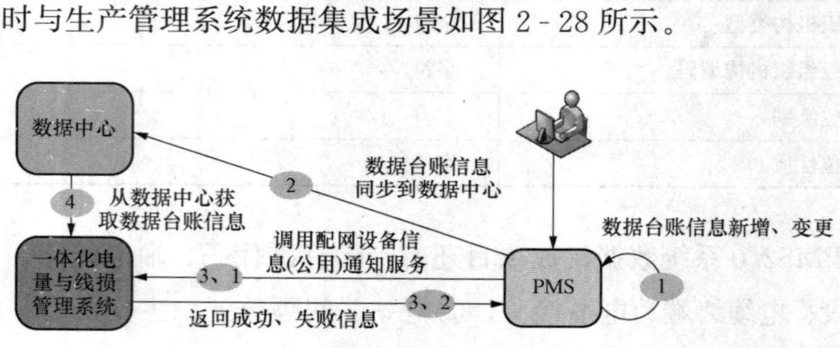

图2-28　即时与生产管理系统数据集成场景图

2.4.4 平台集成方案

1. 与营销基础数据平台集成方案

营销基础数据平台提供主数据管理平台和营销数据共享交换服务平台两种存储访问，平台数据存储分为主数据存储区和共享交换数据存储区。

（1）主数据管理平台。主数据存储区存储营销各业务系统的档案数据和营销编码数据，数据访问服务分为主数据访问服务和共享数据访问服务。主数据访问提供营销主数据管理的访问服务接口，共享数据访问服务提供营销及外围各业务系统应用集成需要的共享数据交换服务。主数据访问服务提供基于统一语义模型的 CIS 接口服务、消息接口服务，基于业务定制的业务定制接口服务。

（2）营销数据共享交换服务平台。营销基础数据平台的共享数据访问服务以 WebService、SQL 访问服务、数据库 API 访问等方式提供一体化电量与线损管理系统集成需要的数据服务。即时电量类和小数据量的访问接口以 WebService 方式通过业务定制接口直接访问营销基础数据平台的数据；大数据量访问类的访问接口，通过 SQL 访问服务、数据库 API 接口服务的方式直接访问营销基础数据平台的共享交换数据库。为提高大数据量访问类的访问接口的效率与性能，营销基础数据平台提供共享交换数据区，为共享数据访问服务的大数据量交换提供数据缓存存储空间。共享交换数据区分为临时共享交换数据区与周期数据共享交换区。临时共享交换数据区作为大数据量的即时交易类数据的缓存存储区，周期数据共享交换区作为历史类交易数据的长期缓存存储区（有生命周期特性、根据数据共享交换的需求归纳）。

2. 与 GIS 数据集成方案

一体化电量与线损管理系统和 GIS 数据集成分定时方式和即时方式两种。

（1）定时与 GIS 数据集成。一体化电量与线损管理系统按照固定频率（日/月）从 GIS 提取数据。定时与一体化 GIS 数据集成场景如图 2 - 29 所示。

（2）即时与 GIS 数据集成。由 GIS 发起，通过配网设备信息（公用）通知服务通知一体化电量与线损管理系统，一体化电量与线损管理系统接到通知后，通过 GIS 获取数据台账信息，实现数据台账信息的共享。

3. 与统一权限平台集成方案

统一权限管理平台集成关系如图 2 - 30 所示。

图 2-29　定时与一体化 GIS 数据集成场景

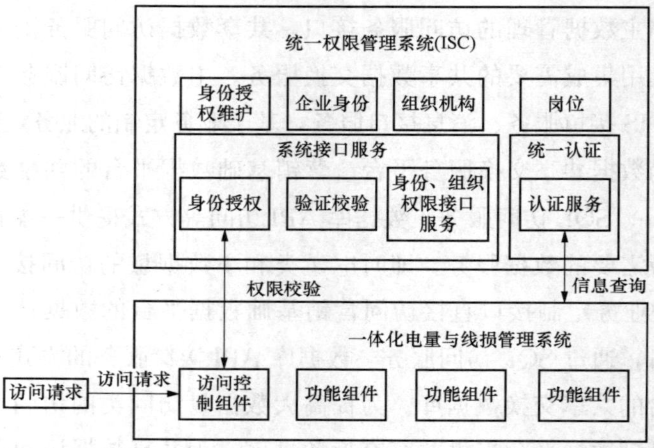

图 2-30　统一权限管理平台集成关系

（1）提供登录控制功能。支持在同一时刻只允许用户在同一个客户端登录、支持用户重复登录、支持用户替换登录。权限集成包提供配置入口。

（2）提供账号锁定功能。同一账户在重复登录错误前提下，当前账户会被锁定一段时间，登录错误次数和等待时间由业务系统自行决定，权限集成包提供配置入口。

（3）拦截访问请求。根据 URL、用户标识调用权限接口，获取该用户是否拥有当前页面的访问权限。

（4）实现权限系统基本信息查看页面。基本信息包括用户信息和角色信息，为便于业务系统应用当前权限基本信息查看页面，减少不必要的设置，权限集成包在启动过程中直接将当前实现的权限基本信息页面以菜单资源方式注册到当前业务系统下。

（5）提供页面白名单功能。配置页面不在认证控制和安全控制范围之内，满足类似游客访问的需要，目前权限集成包提供反向匹配模式、正向匹配模式、Pattern 匹配模式 3 种页面过滤认证方式。

（6）集成原则。

1）易用性。系统接口边界划分清晰，功能界定明确。

2）完整性。保证生产业务的连续和完整性。

3）安全性。从信息安全性角度考虑，符合相关标准。

4）适用性。按最大需求考虑，满足不同管理层面的业务需求。

5）便捷性。集成厂商所提供的数据同步接口可单独维护，升级操作时不需要一体化电量与线损管理系统进行服务重启，避免一级检修，提高问题修复速度。

2.4.5 数据源更新要求与流程

1. 数据源更新要求

为提升数据集成质量，从源端数据到数据中心、数据中心到本地线振库、本地线损库到总部线损库的同期系统数据源更新频度、技术、方式要求见表 2-11。

表 2-11　　同期系统数据源更新频度、技术、方式要求表

<table>
<tr><th rowspan="2">数据类别</th><th rowspan="2">源系统</th><th rowspan="2">中间平台</th><th colspan="3">源端到平台</th><th colspan="3">平台到本地线损库</th><th colspan="3">本地线损库到总部</th></tr>
<tr><th>更新频率</th><th>更新技术</th><th>更新方式</th><th>更新频率</th><th>更新技术</th><th>更新方式</th><th>更新频率</th><th>更新技术</th><th>更新方式</th></tr>
<tr><td rowspan="3">电网基础档案</td><td>OMS</td><td rowspan="2">结构化数据中心</td><td>日</td><td>ETL</td><td>增量</td><td>日</td><td>ETL</td><td>增量</td><td>日</td><td>ETL</td><td>增量</td></tr>
<tr><td>PMS2.0</td><td>日</td><td>ETL</td><td>增量</td><td>日</td><td>ETL</td><td>增量</td><td>日</td><td>ETL</td><td>增量</td></tr>
<tr><td>营销业务应用</td><td>营销业务平台</td><td>日</td><td>OGG</td><td>增量</td><td>日</td><td>ETL</td><td>增量</td><td>日</td><td>ETL</td><td>增量</td></tr>
<tr><td rowspan="3">电量、表底数据</td><td>电能量采集</td><td rowspan="2">海量数据平台</td><td>日</td><td>UAPI</td><td>增量</td><td>日</td><td>UAPI</td><td>增量</td><td>日</td><td>ETL</td><td>增量</td></tr>
<tr><td>SCADA</td><td>日</td><td>UAPI</td><td>增量</td><td>日</td><td>UAPI</td><td>增量</td><td>日</td><td>ETL</td><td>增量</td></tr>
<tr><td>用电采集</td><td>营销基础平台/海量数据平台</td><td>日</td><td>OGG
UAPI</td><td>增量</td><td>日</td><td>ETL/
UAPI</td><td>增量</td><td>日</td><td>ETL</td><td>增量</td></tr>
</table>

2. 数据源更新流程

同期线损管理系统数据源更新频度、技术、方式要求等逻辑关系如图 2-31 所示。

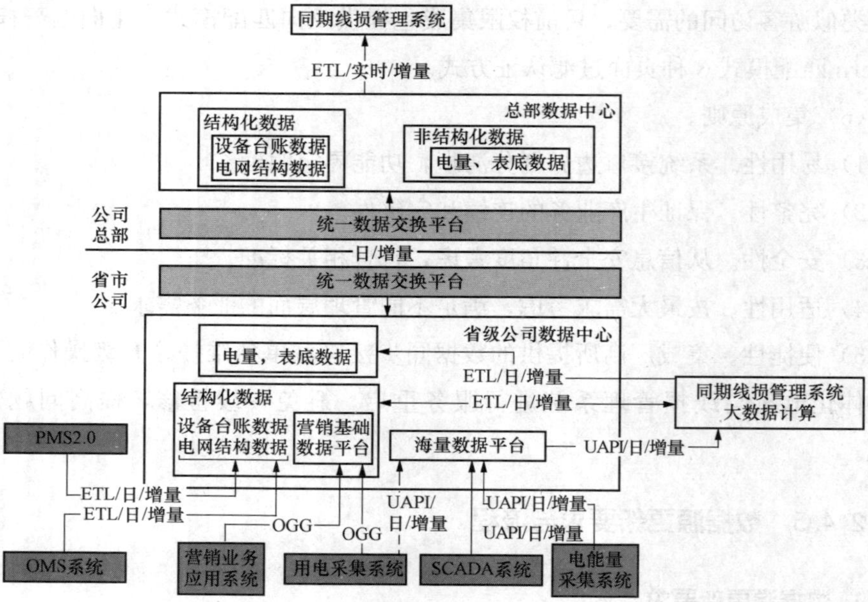

图 2-31　同期线损管理系统数据源更新逻辑关系

2.4.6　档案集成原则

同期线损系统通过解析调度主网结构数据，集成 PMS、营销和营配贯通数据，形成线损管理基础档案。集成原则为：①35kV 及以上线路、厂站及站内设备信息以调度 CIM/E 文件解析出的结果为准；②10kV 配电线路及公用变压器档案以 PMS 系统数据为准；③台区、专用变压器、用电客户档案以营销系统数据为准。数据集成关联关系如图 2-32 所示。

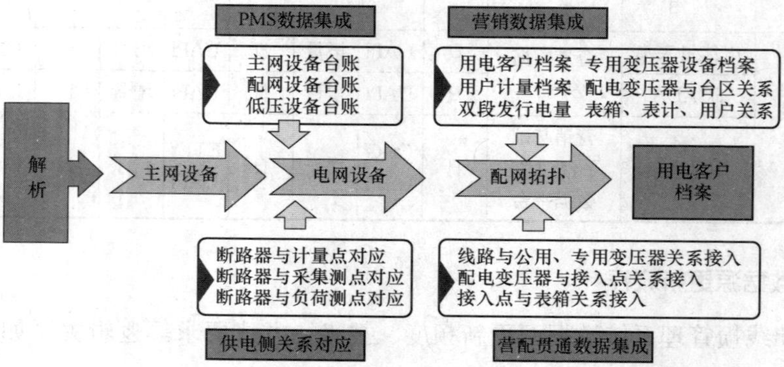

图 2-32　数据集成关联关系

2.5 系统数据融合

2.5.1 电网结构数据融合

电网结构数据、电能量采集数据、供电计量点数据分散存储，系统间没有横向数据集成，线损系统提供数据自动匹配和手工勾对功能，可以保障电网结构数据全量接入。变电站模型文件及其匹配关系如图 2-33 所示。

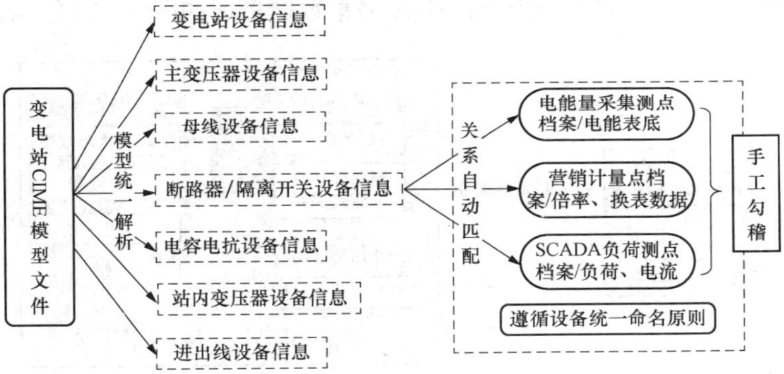

图 2-33 变电站模型文件及其匹配关系

系统根据档案关系实现计量点与电能表自动匹配，提供断路器与计量点手动勾稽功能，确定由断路器到电能表对应关系，为模型配置、电量计算、线损计算做准备。

2.5.2 与各业务系统融合

1. 调度 OMS 与运检 PMS

线损系统在开展调度与运检设备档案对应工作时，主要依据调度双重命名原则进行自动匹配，即通过提取双重命名中同一设备的数字编号进行匹配。如××变电站内 211 断路器，系统在两个系统的断路器档案中提取 211 这个数字串，如果两个系统中可以一一对应，系统认为可以自动匹配，否则转入人工治理。同期系统与调度 OMS、运检 PMS 数据融合关系如图 2-34 所示。

2. 与 SCADA 系统

线损系统在接入 SCADA 系统负荷测点时，通过断路器编号按照设备统一命

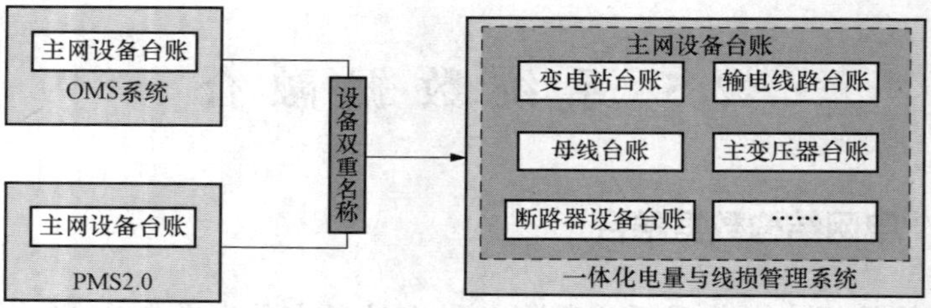

图 2-34　同期系统与调度 OMS、运检 PMS 数据融合关系

名原则实现断路器与负荷测点匹配，生成断路器与负荷测点关系，实现与 SCADA 采集数据贯通。同期系统与 SCADA 采集数据贯通如图 2-35 所示。

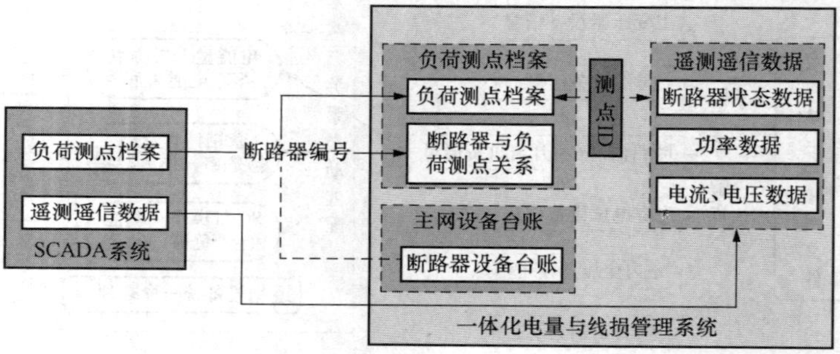

图 2-35　同期系统与 SCADA 采集数据贯通图

3. 与电能量采集系统

线损系统在接入电能量采集系统测点档案时，通过断路器编号按照设备统一命名原则实现断路器与采集测点匹配，生成断路器采集测点关系，实现与电能量采集数据贯通。同期系统与电能量采集数据贯通如图 2-36 所示。

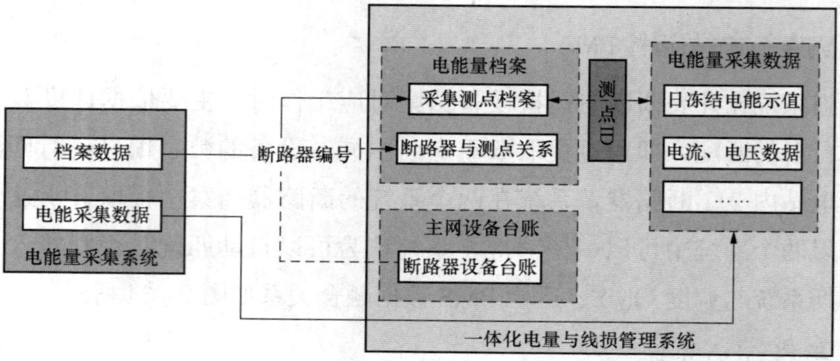

图 2-36　同期系统与电能量采集数据贯通图

4. 与营配数据贯通

线损系统在接入营销业务系统计量点档案时，通过断路器编号按照设备统一命名原则实现断路器与营销计量点匹配，生成断路器与计量点关系，实现与用电采集数据贯通。同期系统与营销用电信息采集系统贯通如图 2-37 所示。

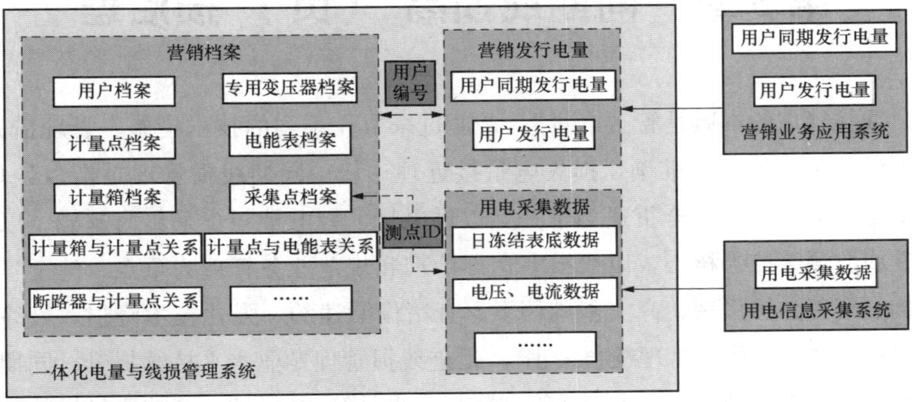

图 2-37　同期系统与营销用电信息采集系统贯通

利用营配贯通成果，实现配电网设备档案与营销业务应用系统电网设备档案数据贯通，同期系统与营销配电数据贯通如图 2-38 所示。

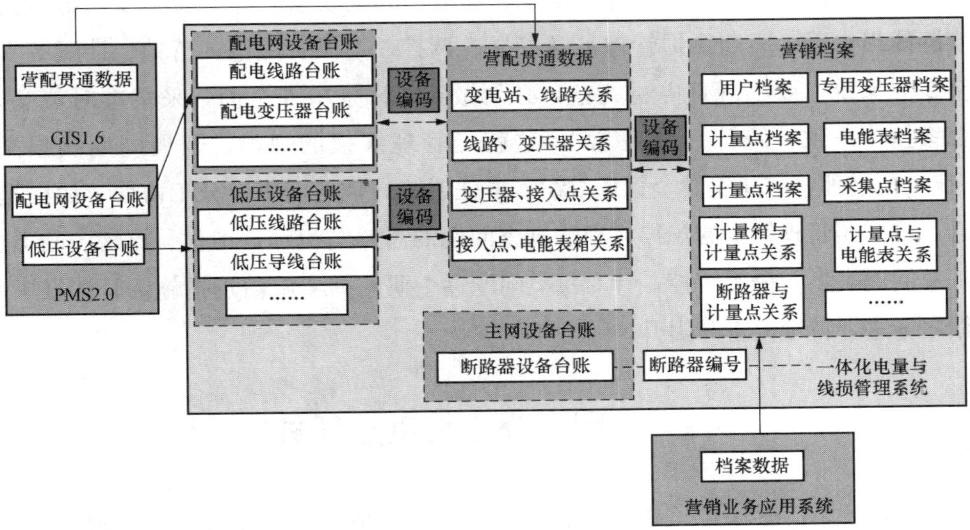

图 2-38　同期系统与营销配电数据贯通

第3章　同期线损高（负）损治理

线损管理的本质是管“电量”，是通过采取一系列的技术措施、管理措施，实现供电量、售电量准确，损失电量接近理论值。同期线损管理是指以计量、采集全覆盖和营配调全贯通为依托，以供电量、售电量同步采集为基础，以线损在线监测管控为核心，以线损率达标治理和规范业务管理为重点，健全管理架构、完善分析机制、夯实基础档案、查堵偷漏违约、强化技术降损，最终实现“技术线损最优、管理线损最小”，促进线损管理专业水平持续提升。同期线损高（负）损治理的核心内容是管理降损，也是管“电量”，其首要目标就是管理每日表计“冻结值”达到完整、准确。供电、售电任意一个关口表“日冻结值”在任意环节出现问题（如空白、差错），就可能引起高损或负损。只要供电、售电及考核等各类关口表计“日冻结值”能够全面、准确地传送到同期线损系统后台，满足线损四分计算要求，那么，同期线损就能够真实反映电网的实际线损水平。同期线损管理涉及发展、调控、运维、配电、营销、计量等多个专业系统，要实现日电量完整，必须做到“计量精准全面，采集准时流畅，档案拓扑一致、统计计算正常”，这就是管理线损的规律。开展同期线损高（负）损治理，应建立健全管理组织，责任明确，任务清晰，分工协作，协同提升；应按照管理线损的规律，理清排查问题的思路与流程，细化、提炼、归类、汇总问题类型，分类管控，针对每类问题逐个研究并实施治理措施，日清日毕，循序渐进，持续改进与提升。

3.1　职责分工与重点任务

线损管理应坚持统一领导、分级管理、分工负责、协同合作的原则，建立健全由分管领导牵头，发展、运检、配电、营销、调控、技术支撑等专业部门（单位）组成的线损组织管理体系，明确市、县、所（班组）、线路长/台区经理四级线损管理的主体责任，将同期线损监测责任指标分解落细到各专业、各岗位，责任到人，构建“责、权、利”一体的同期线损管理架构，督促督导完成阶段性重点任务，促进同期线损管理与各专业管理融合，形成管理合力，实现对线损的全过程管理。

3.1.1　发展策划部

1. 职责分工

发展策划部（简称“发展部”）是本单位综合线损的归口管理部门，履行以下职责。

（1）组织编制并实施本单位降损规划，开展线损管理专题研究。

（2）负责本单位线损率指标的计划管理，包括计划的编制（含调整）、上报、分解、下达、执行、考核等，制订降损管理和考核方案并监督实施。

（3）充分利用同期线损系统的在线监测数据，开展线损统计与分析。每周组织召开线损管理例会，分析、通报系统应用成效及存在问题，发布不达标清单与处理要求。指导、支持与督促线损不达标治理与提升，监督检查各专业部门及县公司线损指标计划执行和线损管理工作情况，协调推进降损措施落实。

（4）组织开展年度负荷实测及线损理论计算工作，编制理论线损计算分析报告。

（5）负责本单位发电上网、供电关口、内部考核关口电能计量点的设置和变更工作，参与关口电能计量方案的设计审查、竣工验收和故障差错调查处理等工作。

（6）组织开展同期线损系统功能应用及高（负）损治理工作培训与经验交流，协调解决线损管理中的问题。

2. 重点任务

（1）按时编制上报年度线损率指标计划建议。按照省公司要求，组织相关部门、县公司依据如下条款编制年度线损率计划建议并上报：①降损规划报告中规划期内线损率目标；②本年度线损率指标完成情况预测；③本年度理论线损计算结果；④计划年度负荷及电量预测情况；⑤计划年度购电、用电结构变化情况；⑥计划年度电网建设及改造、降损措施成效预测。

（2）组织分解并下达线损率指标计划。根据省公司下达的本年度线损率指标计划，结合各部门、县级公司上年度线损率指标完成情况、本年度上报计划建议，结合县市理论计算结果和相关线损指标影响因素，将省公司年度线损指标计划分解到各部门、县公司，将年度指标细化分解，落实到每个月计划，统一下达。线损率计划下达后，原则上不做调整，下列情况可例外申请调整：①不可抗力（如地震、台风、洪水等）；②营业区发生重大调整；③国家宏观政策调整；④售电结构发生重大变化。

（3）每日发布同期线损监测治理指标不达标清单及省公司考核失分项治理清单（月）。对于系统数据推送原因造成的日高（负）损问题，及需要在系统补录表底的关口表码材料，当日汇总上报省公司项目组并跟踪处理。组织学习月度考核加分多单位的先进经验，指导基层部门争取月度考核多加分。

（4）组织同期线损高（负）损治理例会。每周组织召开同期线损高（负）损治理工作会议，跟踪、检查、督导月度线损率指标计划执行情况，落实省公司、公司线损管理专业通报的问题，分析查找同期线损系统中日监测指标“高（负）损问题”产生的原因，研究确定治理或改进措施，督促措施实施；编写下发会议纪要，并将相关材料上报。

（5）组织负荷实测与线损理论计算。每年 7 月中下旬，按照国家电网公司、省公司相关文件要求，组织开展代表日负荷实测与线损理论计算工作，对各部门、县公司的理论计算报告材料进行汇总、整理与审核，梳理存在问题，组织制定解决措施，汇总编制公司线损理论计算分析报告，经主管领导审核后上报。

（6）供电关口日常管理。新增、变更的电厂上网、供电关口（含内部考核供电关口）电能计量点时，必须在项目初期明确关口新增或调整方案，提前下达“关口电能计量点设置和变更通知书”，作为交易结算、统计考核的依据，为相关部门留有充足的准备时间，保障计量装置带电之日、采集畅通、档案入系统、日线损计算正常。

3.1.2 运维检修部

1. 职责分工

运维检修部（简称“运检部”，也有单位称其为“设备部”）是本单位主网（35kV 及以上电网）技术线损的归口管理部门，履行以下职责。

（1）负责主网降损规划编制。执行省公司降损管理和考核方案。

（2）负责组织开展主网技术降损工作，提出技术降损方案措施，开展技术降损工作检查。负责应用节能新技术、新工艺、新材料、新设备。

（3）负责变电站无功补偿设备及电能质量管理。

（4）协助电力调度控制中心开展网损管理、主网负荷实测与线损理论计算等工作。

（5）参与变电站的发电上网、供电关口、内部考核关口电能计量点的设置和变更工作，参与关口电能计量方案的设计审查、竣工验收和变电站计量故障差错调查处理等工作。负责配合专业管理部门开展相关设备现场验收、更换、改造和维护。

（6）负责变电站（含开闭所、开关站等）站用电管理，制订变电站用电的管理与考核方案，严禁站用变压器转供变电站外用电。

（7）负责线损管理相关的主网设备基础台账建设与维护。

2. 重点任务

（1）按要求编报主网降损规划及年度线损率指标计划建议，执行主网线损指标计划。

（2）组织实施主网技术降损措施和重点工作，组织推广应用主网节能新技术、新装备，完成变电站线损率指标计划。

（3）参加同期线损高（负）损治理例会，开展主网元件高（负）损问题排查与治理，开展变电站无功电压设备问题排查与治理，满足电网无功电压优化协调控制的需要。

（4）协助主网负荷实测与线损理论计算工作，主网设备设施参数满足计算要求。

（5）开展变电站用电设备的节约用电管理，实施变电站用电定额管理，工程施工及变电站内非生产用电均应装表计量缴纳电费。

（6）协助变电站相关供电关口的管理。

3.1.3　配电网管理部

1. 职责分工

配电网管理部（简称“配网部”）是本单位中低压电网技术线损及10（6）kV分压线损的归口管理部门，履行以下职责。

（1）负责配网降损规划编制。执行公司降损管理和考核方案。

（2）负责组织开展配网技术降损工作，提出并组织实施技术降损方案措施。负责应用配网节能新技术、新工艺、新材料、新设备。配合查找台区线损异常原因，组织开展高损台区的技术降损改造。

（3）负责10（6）kV分压线损计划指标，参加线损管理工作例会，组织中压线路线损日、周、月分析报告编制与汇报；负责配电自动化开关电量功能模块应用于线损统计，指导、支持与督促基层部门开展线损不达标治理与提升。组织指标监控、统计与分析，制定并落实降损措施。

（4）负责配网无功补偿设备及电能质量管理。

（5）组织10（6）kV电网负荷实测及线损理论计算，编报理论线损计算分析报告。

（6）参与配网中的发电上网、供电关口、内部考核关口电能计量点的设置和变更工作。

（7）负责线损管理相关系统的配网设备基础台账建设与维护。

2. 重点任务

（1）按要求编报配网降损规划，参与编制配网线损率指标计划建议。

（2）分解下达配网月度线损率指标计划。组织编制与实施配网技术降损方案措施，推广应用配网降损新技术、新设备。

（3）组织中压线路日高（负）损原因分析与拟定治理对策，组织编制并监督执行配电线路综合检修计划、联络线路打包解包计划、配电自动化开关电量计量功能应用计划、联络断路器计量装置安装计划等，开展高损线路和高损台区分段计量计算，精准定位异常线损线段，支撑基层部门高效开展线损异常排查与治理。

（4）组织公用变压器配套无功补偿装置的应用与检查，满足无功就地平衡需要。

（5）参加同期线损高（负）损治理例会，跟踪、检查、督导配网月度线损率指标计划执行情况，落实省公司、公司配网线损管理通报的问题，分析查找同期线损系统中日监测指标“高（负）损问题”产生的原因，研究确定治理或改进措施，督促措施实施。

（6）组织开展配网负荷实测与线损理论计算。每年7月中下旬，按照公司相关要求，实施配网代表日负荷实测与线损理论计算工作方案，对各部门、县公司的理论计算材料进行汇总、整理与审核，梳理存在问题，组织制定解决措施，编报配网理论线损计算分析报告。

（7）参加配网中的供电关口管理，协助台区考核装置的维护、故障处理及改造。

（8）定期梳理“站（变电站）—线（线路）—变（配电变压器）”拓扑中的供电关口、台区计量、互感器等基础档案信息，组织相关系统线路、设备参数等档案信息的维护，采取措施保障系统档案信息及时、准确。

3.1.4　市场营销部

1. 责任分工

市场营销部（简称“营销部”）是本单位管理线损及台区线损的归口管理部门，履行以下职责。

（1）组织台区降损规划及线损率指标计划建议编报。

（2）组织管理降损工作，提出公司管理降损方案，执行公司降损管理与考核方案。涉及项目纳入营销项目年度计划并督导实施。

（3）组织营业区抄核收管理、营业普查与反窃电管理、电能计量管理、用户无功管理、办公用电统计等工作。负责影响线损业务流程的营销业务日常监督管理，监督每日发布采集失败、表计异常及反窃查违清单。

（4）组织开展台区与专线用户线损管理。负责台区线损指标监控、统计与分析，组织开展“一台区一指标”计算，制定并落实降损措施。组织开展同期线损日、周、月分析报告编制与汇报，指导、支持与督促分管部门或单位开展线损不达标治理与提升。

（5）协助开展 10（6）kV 线损管理，协助开展主网损管理，配合查找线损异常原因，提供专用变压器、公用变压器电量采集实时数据，及实时采集不成功数据。

（6）负责典型台区代表日负荷实测和线损理论计算工作，编制台区理论线损计算分析报告，协助公司开展负荷实测及理论线损计算工作。

（7）负责台区发电上网、供电关口、内部考核关口电能计量方案确定以及关口电能计量装置验收，组织开展关口电能计量装置故障差错调查处理等工作。

负责关口电能计量点台账管理，参与本单位关口电能计量点的设置和变更工作。

（8）监督与线损管理系统相关的计量与用户基础台账的建设与维护。

2. 重点任务

（1）按要求编报台区年度线损率指标计划建议及降损措施计划。

（2）组织分解下达台区月度线损率指标计划，督促各部门、县公司将线损率月度指标计划落实到供电所，落细到线路长、台区经理。

（3）跟踪与监督下列清单日处理进度，并公示：日采集失败、表计异常（失压失流和疑似低电压）清单；省公司派发的反窃查违工单（月）；班组（供电所）日高（负）损线路和台区治理明细清单；大电量（日电量超过100kW·h）高损（线损率超过4%）负损台区清单（周）；用采系统与一体化系统的台区线损率差异核查清单（周）等。

（4）参加同期线损高（负）损治理例会。跟踪、检查、督导月度台区线损率指标计划执行情况，督导开展“一台区一指标”管理，组织分析台区日线损异常情况，分析台区线损指标与专线用户线损情况，落实省公司、公司对口专业通报的问题，分析查找同期线损系统中日监测指标“高（负）损问题”产生的原因，研究确定治理或改进措施，督促措施实施。

（5）组织典型台区负荷实测与线损理论计算。每年7月中下旬，按照公司要求对各部门、县公司典型台区的理论计算材料进行汇总、整理与审核，梳理存在问题，组织制定解决措施，汇总编报台区理论线损计算分析报告。

（6）参与公司各类供电关口管理，保障计量装置带电之日、采集畅通、档案入系统、日线损计算正常。

（7）编制并执行计量装置的新装、定检、轮换、维护、拆除等工作计划，对计量异常的高风险用户进行防窃电改造，采取措施保障现场计量装置的接线正确规范。

（8）编制并执行供电区智能电能表全覆盖、HPLC全采集工作计划，对采集异常设备整改消缺，采取措施保障采集数据准确、可靠。

（9）编制并执行反窃查违行动方案，根据系统推送工单，结合高损台区或高损线路情况，现场核查与处理用电量异常问题，开展反窃查违工作。

（10）组织核查新装、换表、变更计量点后的表计信息录入和互感器新装、拆除、倍率变更等现场电能表底码录入，组织定期梳理“站（变电站）—线

（线路）—变（配电变压器），台（台区变压器）—箱（电能表箱）—户（用户电能表）”拓扑中的供电关口、用户表、互感器、终端等基础档案信息，采取措施保障系统档案信息及时、准确。

3.1.5　电力调度控制中心

1. 职责分工

电力调度控制中心（简称“调控中心”）是本单位主网线损的归口管理部门，履行以下职责。

（1）组织主网线损率指标计划建议及降损规划编制，配合开展线损管理工作检查。执行公司降损管理和考核方案。

（2）负责主网线损管理，组织开展网损及分元件线损统计、分析等工作。

（3）协助 10（6）kV 线损管理，负责组织确定配电线路的正常运行方式，提前或及时告知相关部门配网运行方式、配电线路的计划停电与故障处理引起的停电操作，负责监视变电站 10kV 母线电压，发现失压问题及时组织处理。

（4）负责主网经济调度、中枢点电压监测和质量管理，开展变电站及其母线、主变压器电量平衡的统计分析工作。

（5）负责主网负荷实测与线损理论计算工作，编报主网理论线损计算分析报告。

（6）参与主网中的发电上网、供电关口、内部考核关口电能计量点的设置和变更工作。组织开展电能量远方终端故障处理。

2. 重点任务

（1）按时报送主网降损规划、年度线损率指标计划建议，按要求提供负荷电量等基础数据信息。

（2）组织分解下达主网月度线损率指标计划，开展月度主网线损分析。

（3）及时进行日配电线路运行方式、周（月）停电计划、日故障停电信息通报。安排停电计划时，兼顾计量采集管理需要，采取措施（每日避开 00：00—01：00冻结时段再停电）保障日数据冻结成功。

（4）参加同期线损高（负）损治理例会。跟踪、检查、督导月线损率指标计划执行情况，落实上级对口专业通报的问题，分析查找同期线损系统中日监测指标“高（负）损问题”产生的原因，研究确定治理或改进措施，督促措施实施。

(5) 每年7月中下旬对县公司主网理论计算材料进行汇总、整理，梳理存在问题，组织制定解决措施，汇总编报公司主网理论线损计算分析报告。

(6) 跟踪、关注与监督主网供电类关口的新增与变更，采取措施保障新增与变更之日线损无异常。

3.1.6 供电中心

1. 职责分工

供电中心是城市电网营销管理的二级机构，也有单位称其为“分理处”或“供电部”。供电中心是分管辖区内中低压线损指标计划与高（负）损治理措施的具体执行部门，履行以下职责。

(1) 负责辖区线损指标计划及其降损措施方案的编制与实施，参与公司相关计划与方案的编制。

(2) 执行公司线损管理考核方案及部门管理降损工作方案，提出降损措施建议。涉及项目的，组织项目储备与项目计划实施。

(3) 负责营业区域抄核收管理、营业普查与反窃电管理、电能计量管理、用户无功管理、办公用电统计等工作。负责影响线损工作事项的营销业务质量监管与考核，每日安排处理采集失败、表计异常及反窃查违问题清单。

(4) 开展台区线损指标监控、统计与分析，实施“一台区一指标”计算，落实降损措施。组织开展同期线损日、周、月分析报告编写与汇报，开展线损不达标治理与提升。

(5) 开展10（6）kV线损管理，查找线损异常原因并治理。

(6) 负责辖区负荷实测及线损理论计算工作，编报部门理论线损计算分析报告。

(7) 负责辖区各类关口计量方案的确定、实施与验收，组织关口电能计量装置故障、差错调查处理等工作。

(8) 负责与线损管理系统相关的计量与用户信息基础台账的建设与维护。

2. 重点任务

(1) 按要求编报中低压线损指标计划与降损措施建议，将上级下达的指标计划及其降损措施落细到各个班组（供电所）。

（2）按要求执行线损指标计划，根据相关方案实施部门降损措施；有项目的，按计划执行项目施工与投运。

（3）参加同期线损高（负）损治理例会。汇报中低压同期线损监测指标计划执行情况，总结报告“一台区一指标”执行情况和日线损异常处理情况，报告公司对口专业通报问题的处理情况，分析查找同期线损系统中日监测指标“高（负）损问题”产生的原因，研究确定与实施治理或改进措施。

（4）开展辖区负荷实测与线损理论计算。每年7月中下旬，按照要求开展理论线损计算与报告编写上报，梳理存在问题，拟定高损元件治理措施计划。

（5）执行计量关口管理规定，采取措施保障计量装置带电之日采集畅通、档案入系统、日线损计算正常。

（6）执行辖区计量装置的新装、定检、轮换、维护、拆除等工作计划，对电量异常类高风险用户进行防窃电改造，采取措施保障现场计量装置的接线正确规范。

（7）执行辖区智能电能表全覆盖、HPLC全采集工作计划，对采集异常设备整改消缺，采取措施保障采集数据准确、可靠。

（8）执行辖区反窃查违行动方案，根据系统推送工单，结合高损台区或高损线路情况，现场核查与处理用电量异常问题，开展反窃查违工作。

（9）落实核查新装、换表、变更计量点后的表计信息录入和互感器新装、拆除、倍率变更等现场电能表底码录入，定期梳理“站（变电站）—线（线路）—变（配电变压器），台（台区变压器）—箱（电能表箱）—户（用户电能表）”拓扑中的供电关口、用户表、互感器、终端等基础档案信息，采取措施保障系统档案信息及时、准确。

3.1.7 供电所（班组）

1. 职责分工

供电所（班组）是线路线损和台区线损指标计划的基层执行班组，履行以下职责。

（1）负责落实线路线损和台区线损承包责任制，合理划分“线路长”和“台区（网格）经理”的责任范围，结合设备责任区划，按照“谁主管，谁负责”的原则，将线损指标分解到“线路长”和“台区（网格）经理”，变更管理人时要在各信息系统中动态更新“线路长”和“台区（网格）经理”承包绑定信息，保障管理职责有序衔接。

（2）负责组织执行部门下达的线损指标计划，参与编制并实施“一线路一指标、一台区一指标”管理方案，将线路和台区线损考核指标落实到人，保障部门线损指标计划的落地。

（3）负责组织班组高（负）损治理工作会，分析研究同期线损系统线损监测指标存在的问题，按上级工作安排和系统督办工单编制并实施高（负）损线路和台区的治理方案，协调解决线路长和台区经理反应的相关疑难问题，逐级上报、闭环管理。

（4）负责辖区各类表计及其采集管理，包括业扩报装、计量巡查、采集消缺、周期轮换和故障处理等工作；设备主人承担计量采集装置的现场巡视、装置验收、缺陷跟踪处理的主体责任，其他相关人员承担连带责任。

（5）负责辖区用户用电检查管理，积极宣传供用电政策，指导用户应用节能技术和节能型电气设备，严厉打击窃电及违约用电行为。

（6）负责技术高损线路和高损台区的降损项目储备建议，积极应用降损节能新技术、新设备，并跟踪项目计划的实施。

（7）负责对班组人员开展线损管理的指导、培训、评价和考核等工作。

2. 重点任务

（1）执行线路线损和台区线损承包责任制，以线路、片区、小区（台区）为单元，开展片区化、网格化管理，将每条线路和每个台区线损管理责任落细到每个责任人，并与各信息系统中填报的责任人相一致。

（2）按上级要求，编制落实“一线路一指标、一台区一指标”行动方案，将每个小指标的管理与考核落细到责任人。

（3）按上级要求，每周组织高（负）损治理工作会议，依据上级通报和系统信息数据，归类分析、查找问题，研究问题解决措施，及时反映疑难问题，并跟踪解决，闭环管理。

（4）严格执行计量、采集工作流程，参加计量采集装置新装、改造、更换、消缺等相关工作的验收，跟踪、监督计量装置缺陷处理过程，严把工作质量关，减少操作失误或差错带来的高（负）损。

（5）按要求开展辖区用户用电检查，结合高损线路和台区，针对性实施反窃电检查。

（6）针对技术高损线路和台区，到现场核查、绘制图形材料，弄清设备参数信息，提出技术改造项目储备建议。

（7）参加上级组织的专业培训。

3.1.8　后勤服务中心

后勤服务中心（也有单位称其为“综合服务中心”或“综合服务部”）是公司办公用电管理的归口责任部门，履行以下职责和任务。

（1）按照上级管理要求，制订公司办公用电管理方案；针对所有办公场所用电，联系营销部装表计量，开展公司办公用电的监督与管理。

（2）理清公司资产的公共建筑，包括为电力生产服务的调度大楼、行政办公大楼、营业厅或供电所办公楼、职工餐厅、汽车库、独立建造的水泵房、通风空调机房等，安装办公用电计量考核表，建立台账，开展节约用电管理。

（3）负责办公用电建筑及其用电设备的管理与节能改造。

（4）厘清为电力生产服务的各类租赁办公场所，包括独立建筑或组合建筑中租赁性质的各类行政办公楼、营业厅、抢修站点等，安装办公用电计量计费表，签订供用电合同，缴纳电费，建立台账，开展节约用电管理。

（5）参加公司线损管理专业会议，报告办公用电、设备用电及节能改造情况，指导与管理各部门、各类办公用电场所规范用电、节约用电等。

3.1.9　县级供电公司

县级供电公司的线损管理机制应与地市供电公司保持一致，应设置相应专业管理部门与市公司保持垂直对口管理，专业系统支撑人员应与市公司垂直协同、公司内部横向协同。县公司内部各职能部门、供电所等的职责分工与重点任务参考市公司对应的内容执行。

3.2　高（负）损问题排查

高（负）损是电网元件或台区由于各种原因所产生的统计线损超过规定线损值的简称，规定线损值既有上限正值又有下限负值，线损值高于线损规定值上限称为高损；线损值低于线损规定值下限称为负损。高（负）损问题排查应首先弄清楚不同阶段的高（负）损定义及其监管标准，理清排查流程，研究问题分类及其规律，然后分专业、分层次开展问题排查，结合实际问题，不断积累经验，不断更新内容，不断探索适合本单位、本部门的高（负）损问题高效排查之路，为针对性拟定问题治理措施奠定良好的基础。

3.2.1 高（负）损及一级问题排查

1. 高（负）损定义

根据国家电网公司2022年最新管理规定，现阶段分台区、分元件（线路、母线）、分变电站的高（负）损定义见表3-1。

表3-1 分台区、分元件（线路、母线）、分变电站的高（负）损定义

项目分类	高损	负损
台区	月线损率（%）≥7%且月损失电量≥500kW·h	同时满足：①月线损率≤-1%；②月供电量>300kW·h或月售电量>450kW·h；③月损失电量<-90kW·h
中压线路	月线损率（%）≥6%且月损失电量≥5000kW·h	月线损≤-1%。
输电线路线损率（%）	110kV及以下，月线损率≥3%且月损失量>3万kW·h；220kV及以上，月线损率≥2%且损失量>5.5万kW·h；或（同期线损率-理论线损）>0.5%	110kV及以下，月线损率<-2%；220kV及以上，月线损率<-1%
变电站母线电量不平衡率（%）	110kV及以下，月线损率>2%；220kV及以上，月线损率>1%	110kV及以下，月线损率<-2%；220kV及以上，月线损率<-1%
变电站损耗率（%）	110kV及以下，月线损率>5%；220kV及以上，月线损率>3%	110kV及以下，月线损率<-2%；220kV及以上，月线损率<-1%

2. 一级问题排查

一级问题是指按照管理线损的规律所列举的“计量不准、采集不全、档案不实、计算不对”四大类管理要素问题引起的高（负）损，加上“装备不足”技术原因导致的高损，即共有5个大类问题会引起高损，4个大类问题会产生高（负）损。

出现了高（负）损问题，应首先按照管理线损工作规律——“计量精准全面，采集准时流畅，档案拓扑一致、统计计算正常”——开展高（负）损问题排查。应按照一级高（负）损问题分类，安排相关专业、相关部门同时开展一级问题的延伸排查。其中计量专业负责排查“计量不准”的二级问题（引起不准的进一步问题及其原因称为二级问题，下同），采集专业排查“采集不全”的二级问题，相关专业（主网运维和调控专业、配网配电专业、用电营销计量专业）排查各自“档案不实”信息差错的二级问题，各系统的项目组支撑人员排查“计算不对”，即不可算或数据推送失败引起的二级问题（属于信息技术范畴）。设备主人（如“线路长”“台区经理”等）协助各专业开展问题核查，同时排查所辖设备“装备不足”可能导致高损问题的二级问题，如线路或变压器过负荷（线径细、变压器容量小等）、三相负荷不平衡超标、单相供电长距离重负荷运行、配电变压器功率因数低（无功装置缺失或故障停运）、长线路末端负荷重引起的低电压等技术性高损问题。

3.2.2 “计量不准”问题排查

“计量不准”是指由于多种原因导致的电能表计量不准确或丧失计量功能、互感器装置变比不准或丧失其功能、电能表和互感器接线差错等问题，包括私拉乱接、窃电等无计量问题。“计量不准”应重点从电能表、互感器（如果有）及其接线、二次回路等方面进一步排查问题，现场还要排查是否存在绕（无）表用电、私接乱挂等无计量窃电问题。

1. 电能表问题

（1）电能表配置差错（欠容、超容）。

1）问题与影响。电能表上标有两个电流值，如 10（20）A。其中所标 10A 为基本电流，反映电能表的电流特性，也称标定电流；括号内所标 20A 为额定最大电流，是仪表能满足标准规定的准确度的最大电流限值。居民电能表的启动电流约为其标定电流的 0.5%～1%，即基本电流为 10A 的电能表的启动功率约为 12～24W，如果运行功率小于启动功率，则电能表不启动不计量，称之为欠容。如果供电关口计量欠容，则会产生负损；如果用户计量欠容，则其直接影响售电量及电费收入，产生高损。同样，如果运行电流超过电能表最大电流限值，即额定最大电流 20A 的电能表的最大极限功率约为 4kW，运行功率超过

4kW，则电能表运行处于过饱和状态，此时，电能表对超出的功率部分将不能够得到准确计量，称之为超容。如果供电关口计量超容，则会产生负损；如果用户计量超容，则其直接影响售电量及电费收入，产生高损。在用电信息采集系统中，针对专用变压器用户，电能表超容指用电量超过“变压器（用户）容量×24×2×天数”的阈值，把这类用户状态设定为“电能表超容”。电能表超容是校核营销系统档案的一种经验算法。电能表精度低、电能表运行超容，均会引起用户部分电量无法计入用电量，电量流失造成线路或台区高损。如果用电量大于“台区（用户）容量×24×2×天数”阈值，则用电信息采集系统查询该用户状态为“电能表超容”，系统自动把其表计电量过滤，无法计入到台区电量中，导致高损。对于新增、变更的电能表，若超容运行，采集系统会将该用户电量视同错误数据，在电量计算环节予以过滤，导致其表计电量无法计入用电量，会导致突发高损。

2）准确度等级排查方法。应按照《电能计量装置技术管理规程》（DL/T 448—2016）的分类要求核查各类电能表准确度等级，发现超标者，纳入电能表失准处理。各类电能表准确度等级规定：Ⅰ类（≥220kV 的计费表）有功电能表≥0.2S，无功电能表≥2；Ⅱ类（110kV 计费表，220kV 考核表）、Ⅲ类（10、35kV 计费表，110kV 考核表）有功电能表≥0.5S，无功电能表≥2；Ⅳ类（380V 计费表）有功电能表≥1，无功电能表≥2。Ⅴ类（220V 计费表）有功电能表≥2。其中，0.2S 的“S”为特殊用途电能表的精度标准，是指电能表通过额定电流 1%～120%之间的某一电流时均能够准确计量，确保计量偏差在±0.2%。若不带 S 的普通型 0.2，则表示电能表通过额定电流 5%～120%之间的某一电流时均能够准确计量，电流在 5%额定电流以下没有误差要求；Ⅴ类电能表的准确度“2”，表示电能表在额定电压 220V，电流在额定电流的 10%～100%范围内，功率因数在 0.5～1 时，其误差才能不超过±2%。

3）电能表配置核查方法。首先应核准用户用电设备状况，弄清楚其最小负荷、最大负荷等运行参数，使得配置的电能表容量满足电器运行电流为电能表基本电流的 20%～120%；如果在排查过程中发现有超标的情况，则纳入电能表失准处理。对于居民用户电能表，由于大量节能灯的存在，会出现实际运行功率小于 24W 的情况，欠容运行时段非常频繁，所以一般家庭电能表基本电流不宜大于 10A。选用可过载 4 倍及以上的电能表，可以提高低负荷计量的准确性。经电流互感器接入的电能表，其额定电流宜不超过电流互感器额定二次电流的

30%，其最大电流宜为电流互感器额定二次电流的120%左右。低压三相用户的负荷电流大于60A时，使用经电流互感器接入式电能表，电流互感器额定二次电流为5A，电能表电流规格宜选用3×1.5（6）A；电流互感器额定二次电流为1A，电能表电流规格宜选用3×0.3（1.2）A。电能表的额定电流、电压及其接线方式选择见表3-2。

表3-2　　电能表的额定电流、电压及其接线方式选择

接线方式	用电设备容量	变压器容量	额定电流	额定电压
单相直接式	10kW及以下		5（60）A	220V
三相四线直接式	100kW及以下	50kVA及以下	3×5（60）A	3×220/380V
三相四线经电流互感器接入式	100kW及以下	50kVA及以下	3×1.5（6）A	3×220/380V
三相三线经电压电流互感器接入式	100kW以上	50kVA以上	3×1.5（6）A	3×100V

（2）电能表超期或超差。

1）问题与影响。

a. 电能表超期。一般情况下，普通电能表的寿命周期为6～8年，智能电能表的寿命为10年。如果超过上述使用周期在线运行，则称之为电能表超期。随着材料技术、制造工艺技术水平的不断提升，国家对新型智能电能表提出了≥16年的寿命要求，表计电池寿命为5年，即每5年要更换一轮电池，每16年更换淘汰一轮电能表。因此，在排查电能表运行周期时，应结合台区或线路的高（负）损情况，根据不同类型、不同批次的电能表进行排查，发现超期者纳入电能表失准处理。

b. 电能表超差。电能表超差是指随着电能表运行年限的增加，其计量误差范围超出了电能表的精度。引起电能表超差的主要原因为：①电能表自身电子元器件材质劣化、老化（如计度器老化）；②电能表长期运行在季节性高低温、风沙粉尘、烟气油气、磁场等恶劣环境；③由于外力撞击、震动、人为操动等。电能表超差有正超差和负超差，发现电能表超差者纳入电能表失准处理。电能表超期超差时，容易发生表计内部脉冲线脱焊、断线等脉冲信号故障，出现电能表飞走（表底跳变）、倒走、停走、电能表黑屏或死机等一类异常，引起计量失准，进而导致线路或台区的高（负）损。

2）排除方法。依据相关系统的线损统计数据，结合月度的高（负）损明细，通过用采系统，每日排查现场可能出现的超期或超差电能表计；根据表计档案和现场运行稳定情况，安排人员到现场开展计量装置检查和在线检测电能表误差，每日排查电能表计的电池欠压缺陷。

3）计量装置现场检查方法。

a. 验电。使用验电笔（器）对计量柜（箱）金属裸露部分进行验电，并检查计量柜（箱）接地是否可靠；应将不牢固的上翻式柜（箱）门拆卸，检验后恢复装回，防止柜（箱）门跌落伤害工作人员。

b. 外观检查。检查电能计量箱（柜）应有非许可操作的措施，封印完整。检查计量箱（柜）观察窗清洁完好，各电能表安装、运行环境条件符合要求。用温湿度计监测现场试验环境并记录。

c. 计量异常检查。检查现场计量装置应无违约窃电行为、故障隐患和不合理计量方式等异常现象，若发现违约窃电行为应停止工作保护现场，通知和等候用电检查（稽查）人员取证处理；如出现非窃电表计异常，应及时归类，纳入计量失准处理。

4）直接接入式电能表误差在线测试步骤。

a. 第1步，检验接线。①现场检验仪器接线，其顺序是先开启现场检验仪电源，再依次接入电压试验线和钳形电流互感器；②按用户容量（或电能表额定电流）选取合适的钳形电流互感器；③检验仪的钳形电流互感器，应夹接在被试电能表出线侧；④电压回路应接在被检电能表接线端钮盒相应电压端钮，严禁电压回路短路或接地；⑤现场检验仪通电预热；⑥采取措施，防止现场检测安全距离不够而引起触电。

b. 第2步，电能表时钟、时段检查。①检查电能表时钟应准确，若时差小于5min，应现场调整准确，若时差大于5min，则视为故障，应查明原因后再行决定是否调整；②检查电能表时段设置，应符合当前电价策略。

c. 第3步，检查电能表异常记录、故障代码等信息。①检查电能表电池状态，当电池电量不足时应现场及时更换；②检查电能表有无失压、断流等异常记录，有无当前故障代码；③出现失压、断流等异常记录和当前故障代码应查明原因，若影响计量应提出相应的退补电量依据，供相关部门参考。

d. 第4步，测量工作电压、电流及相位。用现场检验仪测量工作电压、电流及相位应正常、三相电压基本平衡，否则应查明原因。

e. 第5步，检查电能表显示的电量值、辅助测量值。①电能表的示值应正常，各时段计度器示值电量之和与总计度示值电量的相对误差应不大于0.1%，否则应查明原因，及时处理；②电能表显示功率、电流、电压值应和现场检验仪测量值偏差不大于1%，否则应查明原因，及时处理。

f. 第6步，检查计量接线。直接接入式电能表现场接线如图3-1所示，测定电能表运行状态的误差，其测量的误差应满足“交流电能表现场校准技术规范”要求。

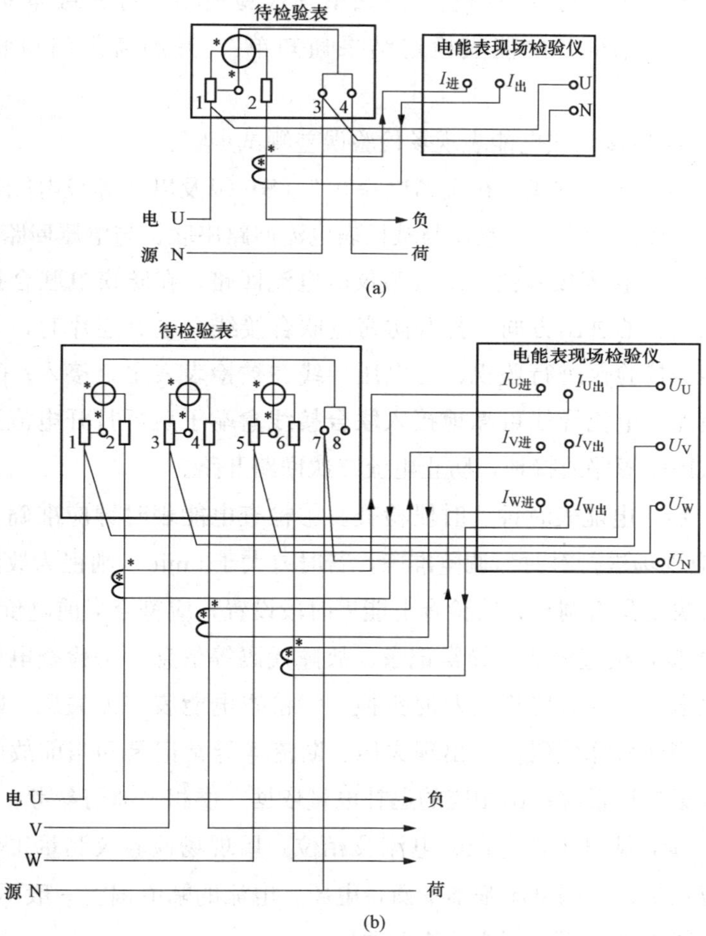

图3-1 直接接入式电能表现场接线

(a) 单相电能表；(b) 三相四线电能表

g. 第7步，测定电能表误差。①用现场检验仪实负荷测定电能表的基本误差；②按检测情况填写“电能表现场检验记录”，请客户签字认可；③误差测试后，填写“电能表现场检测结果通知单”留给客户保存，“电能表现场检验记录”存档；④测量结果是否合格按“交流电能表现场校准技术规范”判定。

h. 第8步，拆除检验仪接线。①拆除检验仪钳形电流互感器，电能表检验仪显示的电流值从实测值逐渐减少到零；②拆除检验仪电压接线，电能表检验仪显示的电压值从实测值全部变为零，严禁电压回路短路或接地；③关闭检验仪电源，整理试验接线。

i. 第9步，加封与客户回复，清扫整理检验现场，对拆封部位加装封印。若有必要，出具书面“电能表检定结果通知单”，并加盖部门检测专用章给客户。

5）经互感器接入式电能表现场检验误差测试步骤。

a. 第1步，接入方式。在现场检验0.5（S）级及以上等级电能表时，应采取检验仪直接接入方式，校验仪与被检表电流回路串联、与电压回路并联。

b. 第2步，接入校验仪。①校验仪的电流回路，在防窃电联合接线盒处接入，要注意电流的进出方向，打开防窃电联合接线盒电流连片时，应逐项打开并且用电能表校验仪进行监视；②电压导线在被检表表尾处接入；③直接接入式检验时应保证电流导线可靠地接入联合接线盒端子后再打开电流连接片，防止电压二次回路短路或接地，防止电流二次回路开路。

c. 第3步，电能表时钟、时段检查。①检查电能表时钟应准确，若时差小于5min，应现场进行对时、调整准确，若时差大于5min，则视为故障，应查明原因后再行决定是否调整；②检查电能表时段设置，应符合当前电价策略。

d. 第4步，检查电能表异常记录、故障代码等信息。①检查电能表电池状态，当电池电量不足时应现场及时更换；②检查电能表有无失压、断流等异常记录，有无当前故障代码；③出现失压、断流等异常记录和当前故障代码应查明原因，若影响计量应提出相应的退补电量依据，供相关部门参考。

e. 第5步，测量工作电压、电流及相位。用现场检验仪测量工作电压、电流及相位应正常、三相电压基本平衡，电压、电流的幅值偏差一般不大于10%，相位偏差一般不大于5°，否则应查明原因。

f. 第6步，检查电能表显示的电量值、辅助测量值。①电能表的示值应正常，各时段计度器示值电量之和与总计度示值电量的相对误差应不大于0.1%，否则应查明原因，及时更换；②电能表显示功率、电流、电压值应和现场检验仪测量值偏差不大于1%，否则应查明原因，及时处理。

g. 第7步，检查计量倍率。核对计量倍率，应与互感器实际倍率相符。

h. 第 8 步，检查计量接线。用校验仪检查计量接线应正确，当发现接线有误时应根据实际情况填写检查报告，告知客户认可。常见的经互感器接入式三相四线电能表现场检验接线如图 3-2 所示。

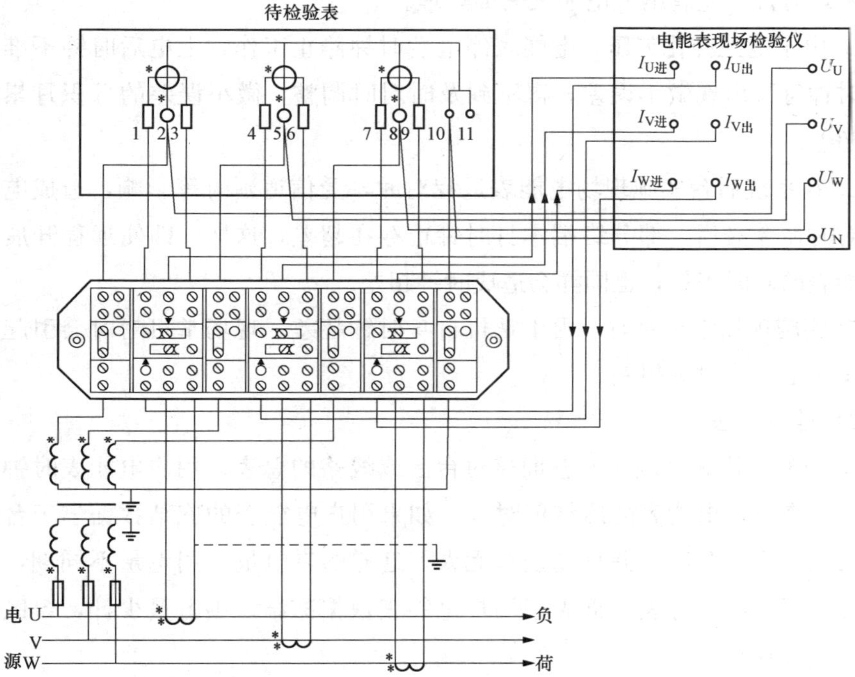

图 3-2　经互感器接入式三相四线电能表现场检验接线

i. 第 9 步，测定电能表误差。测定电能表运行状态的误差，其测量的误差应满足“交流电能表现场校准技术规范”要求。

j. 第 10 步，拆除校验仪接线。①恢复防窃电联合接线盒内电流连片至检验前状态，观察电能表检验仪显示的电流值从实测值逐渐减少到零后，拆除校验仪电流接线；②拆除校验仪电压接线，电能表校验仪显示的电压值从实测值全部变为零后，关闭校验仪电源，收纳整理试验导线；③防止电压二次回路短路或接地，防止电流二次回路开路。

k. 第 11 步，核对功率。检查被检验计量装置接线是否恢复正常，应将电能表显示的功率与客户实际功率（如控制屏盘表、监视仪表中功率值）核对，确保一致。

l. 第 12 步，加封。清扫整理检验现场，对拆封部位加装封印。

（3）电池欠压时钟超差。

1）问题与影响。在参比温度及工作电压范围内，时钟准确度不应超过0.5s/日，否则认定为时钟超差。因此，应结合下述3种情况和工作实际每日排查，发现时钟超差者纳入电能表失准处理。

a. 由于电池钝化欠压，电能表停电后时钟停止工作，上电后时钟不准或错乱，时钟每天出现微小误差，得不到及时对时调整，微小误差的日积月累引起时钟超差。

b. 在系统后台实施现场电能表远程对时，受信道延时等影响，造成电能表接受对时命令滞后，部分终端本身时钟也存在超差，这样，即使远程开展了现场电能表的对时工作，也同样会造成时钟超差。

c. 实施现场掌机对时，由于掌机自身时钟超差，现场掌机对时会引起同一区域多块电能表时钟超差。

2）排查方法。

a. 应通过用采系统每日查询核对台区或线路的总表、用户电能表时钟超差情况，排查对比电能表的冻结值时钟。如果用户电能表的冻结数据早于台区或线路的总表冻结时间，并现场复核无误，这样的供电量与用电量不同期，会导致台区高损；如果总表数据先于用户电能表数据冻结，供电量少计，台区或线路呈现负损症状。

b. 应定期统计分析台区或线路总表、分表与日历时钟的偏差，台区或线路总表时钟与台区或线路所属用户电能表时钟偏差。如果存在电能表时钟超偏差，会引起采集数据异常，造成供、用电量不同期，进而引起高损或负损。

（4）电能表黑屏或死机。

1）问题与影响。由于表计外部瞬间过电压大电流（雷击、线路故障）、高次谐波、进水、外力操动等原因，会引起电能表屏幕、电流电压取样线虚焊或断开、分压电阻断裂、脉冲线故障、PCB板上元件虚焊，表内光耦、排线、稳压芯片、主板、电源板等元件损坏，导致黑屏（上电无显示）或死机（上电后不工作）。用户电能表因外力、自然损坏等原因出现黑屏或死机，导致用户用电量少计量或不计量，进而引起线路或台区的突发高损。

2）排查方法。应通过用采系统每日排查电能表运行情况，及时发现和现场核对电能表黑屏或死机问题，纳入电能表失准处理。

（5）表底跳变。

1）问题与影响。受外来高强度不良信号干扰，电能表主控芯片与存储器间数据传输会产生强烈扰动与失真，时钟信号与数据线上拉电阻值不匹配会造成表码传输不稳定，时钟频率过高遭遇电压波动会造成数据传输混乱，主控芯片的 RAM 外溢造成数据失真，以上几个方面是表底码数值跳变的主要原因。表底跳变、飞走、倒走等均属于计量一类异常。用户电能表因外部干扰或自身原因发生电能表飞走，用电量失真，会导致突发负损。

2）排查方法。应通过用采系统每日排查电能表运行情况，及时发现和现场核对电能表表底跳变问题，纳入电能表失准处理。

（6）电能表烧毁、损坏或丢失。

1）问题与影响。用户电能表出现烧毁、损耗或丢失，得不到及时处理，将直接造成用电量少计，使得线路或台区高损；若台区总表、互感器故障或烧毁，会造成台区供电量无法被正确统计，台区呈现负损症状。

a. 电能表工艺、过载性能差会造成烧毁，自然灾害、绝缘受损、雷击会造成电压线圈烧毁，操作不当、接线错误或接触不良会造成电能表烧毁。

b. 受外力影响或蓄意破坏会造成电能表损坏或丢失。

c. 接线松动或脱落会造成电压缺相、断相、失压、不平衡，电流失流、不平衡。其中缺相是指三相电能表在运行过程中，由于接线松动、接触不良等原因造成的 TV 电压丢失或低于某一电压值（但不为零）的现象；断相是指三相电能表在运行过程某相电压为零的现象。

2）排查方法。应通过用采系统每日排查电能表运行情况，结合现场核查，及时发现电能表烧毁、损坏或丢失问题，纳入电能表失准处理。

2. 互感器问题

（1）互感器配置差错。

1）问题与影响。互感器配置差错主要是指互感器配置准确度等级及其二次回路负荷不达标引起的计量失准。用户互感器配置与现场用电负荷不匹配，电流互感器倍率配置过小，在用户负荷超过互感器电流限值时互感器会发生过饱和引起电能表少计电量；反之，电流互感器倍率配置过大，正常运行的负荷电流反映到计量二次回路的电流小于电能表的启动电流值，电能表不启动计量造成电量流失，以上情况，可能导致线路或台区高损。同样，台区或线路出口计量装置（总表）中电流互感器配置过大，或变压器所带台区负载达不到设计负荷的最低水平，可能引起计量回路电流低于电能表启动电流，或达不到互感器准确计量的要求，会造成台区供电量少计，台区出现负损。

2）互感器准确度等级核查方法。应结合高（负）损线路或台区所涉及含有互感器的计量装置明细，按照《电能计量装置技术管理规程》（DL/T 448—2016）的分类要求，逐个核查涉及电能计量装置的互感器准确度等级。Ⅰ类（≥220kV 计费表）、Ⅱ类（110kV 计费表，220kV 考核表）电能计量装置的电压互感器准确度等级为 0.2 级；电流互感器的准确度等级为 0.2S 级。Ⅲ类（10、35kV 计费表、110kV 考核表）、Ⅳ类（380V 计费表）电能计量装置的电压互感器准确度等级为 0.5 级；电流互感器的准确度等级为 0.5S 级。Ⅴ（220V 计费表）电能计量装置电流互感器的准确度等级为 0.5S 级。其中，电压互感器二次回路电压降应不大于其额定二次电压的 0.2%，若额定二次电压为 100V，则其压降应≤0.2V，即不得低于 99.8V。如果排查出不满足以上标准要求的互感器，则纳入计量互感器失准处理。

3）互感器回路及其负荷核查方法。应结合高（负）损线路或台区所涉及含有互感器的计量装置明细，应按照下列要求，对计量互感器回路及其负荷进行核查。

a. 电压互感器。二次回路接入静止式电能表时，线路计量专用电压互感器（或专用二次绕组）的额定二次负荷一般情况下不宜超过 10VA，下限负荷取 2.5VA。

b. 电流互感器。二次回路接入静止式电能表时，二次额定电流为 1A 的计量专用电流互感器的额定二次负荷不宜超过 5VA，下限负荷为 1VA；二次额定电流为 5A 的计量专用电流互感器，根据二次回路实际负荷计算值确定额定二次负荷及下限负荷，一般情况下，额定二次负荷不宜超过 15VA，下限负荷为 3.75VA；额定二次负荷功率因数为 0.8（滞后）～1.0。电流互感器额定变比，满足一次运行电流达到 0.6 倍的变压器额定电流，至少不低于 0.3 倍的变压器额定电流。

c. 二次回路。计量二次回路不得接入任何与电能计量无关的设备；连接导线应采用铜质绝缘导线；电压二次回路导线截面积应不小于 $2.5mm^2$，电流二次回路导线截面积应不小于 $4mm^2$。如果排查出不满足以上标准要求的计量装置，则纳入计量互感器失准处理。

4）互感器二次负荷测试方法。应按照专业测试方案，执行如下操作步骤

（专业流程）。

a. 第1步，进行二次负荷测试前检查。采用互感器二次负荷测试仪直接测试，测试前需使用验电笔对负荷测试仪金属部分验电，检查测试仪完好。

b. 第2步，进行电流互感器二次负荷测试接线。在线测量电流互感器实际二次负荷接线如图3-3所示。为保证准确度，测试电流互感器二次负荷时电流钳（测试仪配置）测点须在取样电压测点的前方（靠近互感器侧）。接线时应特别注意不能使电流互感器二次回路开路。引线必须有足够的绝缘强度，以防止对地短路，且接线前必须事先用绝缘电阻表检查绝缘情况。

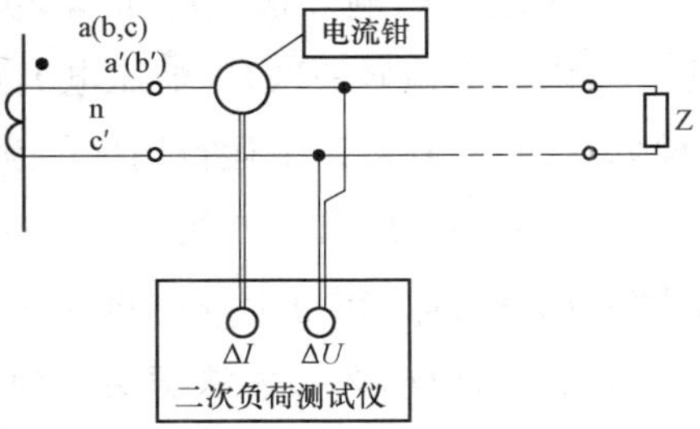

图3-3　在线测量电流互感器实际二次负荷接线

c. 第3步，进行电流互感器二次负荷测试。①测试时注意电流钳的摆放位置，不应有拉拽导线现象，造成电流二次回路开路；②被测二次电流应在二次负荷测试仪有效范围内，低于测试仪有效范围不予检测；③负荷如果低于或高于额定二次负荷范围应检查电流钳、电压线夹的接触是否良好，测试仪显示的电流各相是否基本平衡；④根据《电能计量装置技术管理规程》（DL/T 448—2016）的要求，对电流互感器实际二次负荷进行检测，电流互感器实际二次负荷应在25%～100%额定二次负荷范围内；⑤电流互感器额定二次负荷的功率因数应为0.8～1.0。

d. 第4步，进行电压互感器二次负荷测试接线。①接线前必须事先用绝缘电阻表检查引线绝缘情况；②接线时应特别注意不能使电压互感器回路短路；③测试电压互感器二次负荷时，测试中也应避免二次回路短路，电流钳（测试仪配置）测点须在取样电压测点的后方（远离互感器侧）。

e. 第5步，进行电压互感器二次负荷测试。①根据《电能计量装置技术管理规程》（DL/T 448—2016）要求对电压互感器实际二次负荷进行检测，电压互感器实际二次负荷应在25%～100%额定二次负荷范围内；②电压互感器额定二次功率因数应与实际二次负荷的功率因数接近；③负荷如果低于或高于额定二次负荷范围应检查电流钳、电压线夹的接触是否良好，测试仪显示的各相电压是否平衡。

f. 第 6 步，数据判断。对测试中不合格的数据进行复测，仍旧不合格的可判断其不合格，纳入互感器失准处理流程。

（2）互感器超期或超差。

1）问题与影响。根据标准规定，高压电流互感器至少每 10 年轮换一次（每 3 年内至少检修一次），低压电流互感器至少每 20 年轮换一次（每 5 年内至少检修一次），超过以上运行周期的互感器，称之为互感器超期。计量用电流互感器精度多为 0.2S 和 0.5 级，其标准误差要求分别不超过 0.2%和 0.5%，用于电费结算的依据，超过上述精度误差要求，称之为超差。计量用互感器超期服役、超期失检或损坏，无法满足计量要求，会引起总表供电量、用户电能表用电量计量差错，从而导致高损或负损。

2）互感器超期或超差排查方法。应结合高（负）损线路或台区所涉及含有互感器的计量装置明细，逐个排查其是否存在超期超差情况，检查电流互感器检修维护周期执行情况，如果排查出不满足标准要求的计量装置，则纳入计量互感器失准处理。

（3）互感器铭牌标注与实际不符。

1）问题与影响。由于高压用户的变压器及其计量用互感器均由用户出资建设，受利益驱动影响，为规避变压器容量电费，存在人为改小变压器铭牌、互感器铭牌变比的情况，这样变压器运行时，互感器长期运行在过饱和计量状态，导致计量失准，电量流失，形成高损。较大负荷的低压用户也存在电流互感器铭牌变比与实际运行大负荷不相符（变小）的情况，同样也会少计用电量，导致高损。营销业务系统、用电信息采集系统台区总表或用户电能表的倍率与现场实际情况不一致，用户互感器系统档案倍率小于现场实际倍率或台区总表互感器系统档案倍率小于现场实际倍率，或者互感器绕线匝数穿错，均会引起台区负损症状。

2）排查方法。应结合高（负）损线路或台区所涉及含有互感器计量的用户明细，通过系统档案与现场实测对比，逐个排查其是否存在互感器档案信息、铭牌标注与现场运行实际不符情况。对于排查出互感器铭牌标注与实际不符的问题，应纳入计量互感器失准处理。

（4）二次线压降超差。

1）问题与影响。电压互感器二次侧到电能表端子之间二次回路线路的电压降，简称为二次线压降（即 TV 二次电压降）。由于电压互感器多是户外式电压互感器，二次电压需要通过几十米至几百米的电缆及各种辅助接点接到控制室，受潮湿粉尘覆盖影响，二次接线表面会形成一个导电层构成回路，致使电压互感器的二次侧发生单相接地或电压降低；由于二次回路电缆导线和各种辅助接点直流电阻的存在，在电缆两端产生了电压降，使负载端电压低于 TV 端电压 U，产生了幅值（变比）和相角误差。电压互感器到电能表的二次回路线路压降是影响计量装置准确性的重要环节，是电能计量的综合误差的一部分。根据《电能计量装置技术管理规程》（DL/T 448—2016）规定，“Ⅰ、Ⅱ类用于贸易结算的电能计量装置中电压互感器二次回路电压降应不大于其额定二次电压的 0.25%；其他电能计量装置中电压互感器二次回路电压降应不大于其额定二次电压的 0.5%”，同时规定“当二次回路负荷超过互感器额定二次负荷或二次回路电压降超差时应及时查明原因”。当电压互感器二次线压降超过上述规定时，称之为二次线压降超差，直接降低了计量装置的精准计量，造成用电量减少，产生高损。

2）排查方法。应结合高损线路所涉及含有互感器计量的用户明细，通过系统档案与现场二次回路压降实测对比，逐个排查其是否存在二次线压降超差问题。对于排查出的二次线压降超差的计量装置，应纳入计量互感器失准处理。

3）二次压降测试操作程序。

a. 第 1 步，工作班成员进行测试设备准备。①测试前应检查二次压降测试设备各相对地绝缘状态及导线接触情况；②接线前应使用绝缘电阻表检查测量导线（包括电缆线车）的每芯间，芯与屏蔽层之间的绝缘电阻，确认测试导线绝缘完好，防止相间或对地短路，测量完毕后应将测试电缆进行放电；③连接互感器二次端子和二次压降测试仪之间的导线应该是专用的屏蔽导线，屏蔽层应可靠接地；④检查二次压降测试仪熔断保险是否正常可用，熔断器的熔丝如果烧断应进行更换。

b. 第 2 步，工作班成员接取工作电源。①电源从工作许可人指定的电源箱接取，电源引入处应配置有明显断开点的隔离开关（刀闸）和漏电保护器；②接取电源前应先对电源箱验电，用万用表确认电源电压等级和电源类型无误，从电源箱内出线隔离开关（刀闸）或空气断路器下桩头接出，接取临时电源时安排专人监护；③检查接入电源的线缆有无破损，连接是否可靠。

c. 第 3 步，工作班成员进行二次压降测试仪自校。在接线完成前，按仪器自校线路和操作方法进行自校操作，注意避免短路。

d. 第 4 步，工作班成员进行二次压降测试接线。①压降测试仪推荐放置于TV 端子箱侧，二次压降测试仪测试压降设备位置如图 3 - 4 所示；②从计量屏施放测试电缆至测试仪，施放电缆时设专人监护，从二楼控制室施放测试电缆至 TV 端子箱时，应注意不可用力拖拽，避免造成电缆外皮破损以及避免电缆因绷紧升高而距离上方高压设备过近造成事故；③按测试仪说明书要求进行接线，先接仪器端，再接 TV 二次端子和电能表端，试验端子接线必须注意牢固可靠准确，不能因为接线错误引起试验数据错误，严禁 TV 二次回路短路或接地；④接线时注意通过对讲机进行呼唱；⑤对于压变侧有熔丝或断路器的二次回路，应取其上桩头电压测试，接取时应有专人监护。

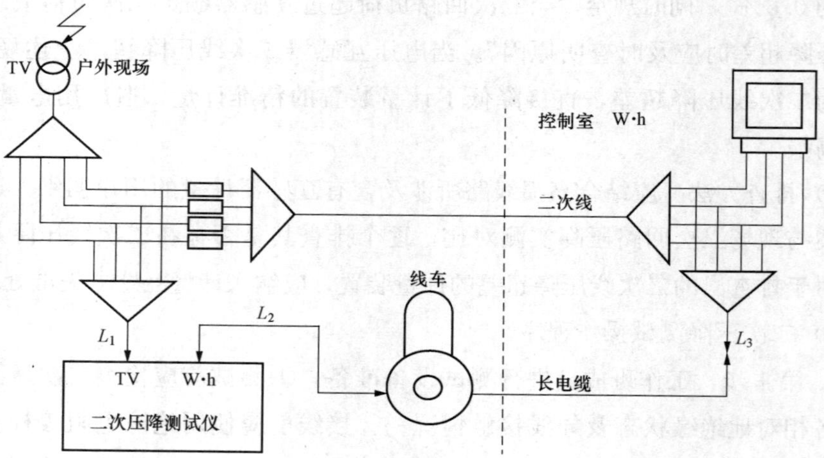

图 3 - 4　二次压降测试仪测试压降设备位置

e. 第 5 步，工作班成员进行二次压降测试。①用压降测试仪进行核相；②切换到压降测量功能进行压降测量，在测试电缆经过的可能有人员或交通工具经过的通道附近应设专人看护，三相三线计量方式下二次压降测试原理接线如图 3 - 5 所示。

f. 第 6 步，工作班成员进行数据判断。计量用电压互感器二次回路的压降应满足《电能计量装置技术管理规程》（DL/T 448—2016）的要求。试验数据出现不合格情况应进行接线检查，并进行复测，对复测仍旧不合格的可判断其不合格，纳入互感器失准处理流程。

g. 第 7 步，工作班成员拆除测试线路。①先拆除 TV 端子箱处和电能表表尾处接线，后拆除测试仪端接线；②收起测试电缆时应注意不要用力拖拽，避

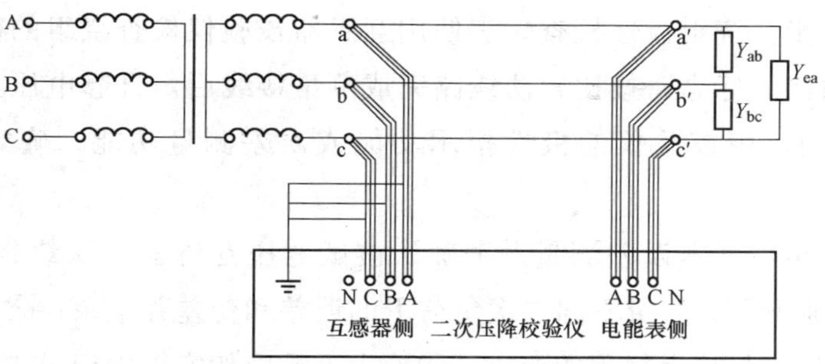

图 3－5　三相三线计量方式下二次压降测试原理接线

免造成电缆外皮破损以及避免因电缆绷紧升高而距离上方高压设备过近造成事故；③关闭测试仪电源，并小心取下测试仪工作电源。

（5）二次接线不同相。

1）问题与影响。假如互感器的一次绕组两端子为 P1 和 P2，二次绕组两端子为 S1 和 S2，且将 P1 与 S1、P2 与 S2 连接为同极性端，那么，电流方向从 P1 流入，就会从 S1 流出。电源端必须要从 P1 端穿入，从 P2 端穿出，互感器的二次侧从 S1 端流入电流表，从 S2 端流出，A、B、C 三相均相同，三相 S2 端短接并接地，这是电流互感器的典型接线，这样接线称为二次接线同相，否则为不同相接线。二次接线不同相会造成电能表指示数不准或反转，引起高损或负损。

2）排查方法。应结合高损线路所涉及含有互感器计量的用户明细，逐个现场检查二次回路接线极性的正确性。对于排查出的二次接线不同相的计量装置，应纳入计量互感器失准处理。

3）电压互感器绕组极性检查及误差测量步骤。

a. 第 1 步，试验接线。①接线前应检查装置电源在断开位置，接线时保持和相带电部位的安全距离，按试验接线图接好试验装置（调压控制器、升压装置、互感器校验仪、电压负荷箱、标准电压互感器）线路；②连接被试电压互感器一次和次端试验接线，注意辨识被试电压互感器二次计量专用绕组，一次升压试验导线和周边设备必须大于安全距离，并采取必要的固定措施；③检查调压器粗调、微调旋钮是否回零，试验接线必须逐根复核无误；④测试前和测试后电压互感器必须用专用放电棒放电；⑤登高防止坠落。

b. 第 2 步，开机预热与状态检查。工作班成员实施互感器校验仪开机预热，并检查工作状态是否正常。

c. 第 3 步，绕组极性检查。①使用互感器校验仪检查绕组的极性；②根据互感器的接线标志，按比较法线路完成测量接线后，升起电压至额定值的5%以下试测，用校验仪的极性指示功能或误差测量功能，确定互感器的极性。

d. 第 4 步，基本误差测量。①确认被试电压互感器二次绕组正确无误；②按规程要求升压，测量不同二次负荷下的误差和变差并记录；③被检电压互感器的误差应满足检定规程的要求；④检定人员应如实正确记录被检电压互感器的误差。

e. 第 5 步，降压、关闭试验电源。将试验调压控制器回至零位，断开升压电源，必须有明显断开点，并使用放电棒对电压互感器进行放电。

4）电流互感器绕组极性检查及误差测量步骤。

a. 第 1 步，试验接线。①接线前应检查装置电源在断开位置，接线时保持和相带电部位的安全距离，按试验接线图接好试验装置接线（升流控制器、升流器、互感器校验仪、电流负荷箱、标准电流互感器）线路，试验接线必须逐根复核无误；②检查调压器粗调、微调旋钮是否回零；③连接被试电流互感器一次和二次端试验接线，注意辨识被试电流互感器二次计量专用绕组；④除电流互感器计量用试验二次绕组外，其他绕组二次回路短路接地。

b. 第 2 步，开机预热与状态检查。工作班成员实施互感器校验仪开机预热，并检查工作状态是否正常。

c. 第 3 步，绕组极性检查。①使用互感器校验仪检查绕组的极性；②根据互感器的接线标志，按比较法线路完成测量接线后，升起电流至额定值的5%以下试测，用校验仪的极性指示功能或误差测量功能，确定互感器的极性。

d. 第 4 步，基本误差测量。①确认被试电流互感器二次绕组正确无误并与其二次回路完全断开，其余二次绕组应可靠短路。一次侧应形成闭合回路，一次电流应无别的旁路；②被检电流互感器，每个测量点只需测量电流上升时的误差；③被检电流互感器的误差应满足检定规程的要求；④检定人员应如实正确记录被检电流互感器的误差。

e. 第 5 步，降流、关闭试验电源。将试验升流控制器回至零位，断开升流电源，必须有明显断开点，并使用放电棒对电流互感器进行放电，防范升流控制器复位不完全或电源未断开造成的人身伤害。

（6）互感器烧毁、损坏或丢失。

1）问题与影响。电流互感器烧坏或缺失，造成用电量无法计量，产生高损。台区总表互感器等故障或烧毁，造成台区供电量无法计量，系统不能正确计算，台区呈现负线损。引起电流互感器烧毁、损坏的原因如下。

a. 电流互感器二次侧由于接线不牢固，造成开路，产生高压，使电流互感器烧毁或烧坏。

b. 用电设备长时间超负荷运行线圈发热，会使电流互感器烧毁或损坏。

c. 使用年限过长绝缘老化，局部发生击穿或放电，产生过电压，使电流互感器发热烧毁或烧坏。

d. 电流互感器一次连接铝排接触面氧化过重，接触电阻过大而发热，会使电流互感器损坏或烧坏。

e. 因外力或人为操动造成电流互感器损坏或丢失。

2）排查。应结合高损线路所涉及含有互感器计量的用户明细，现场逐个检查互感器是否存在烧毁、损坏或丢失。对于排查出的该类问题，应纳入计量互感器损坏处理。

（7）三相负荷不平衡导致小负损。

1）问题与影响。查看用采系统中的配电变压器三相电流平衡情况，统计期内台区总表某相电流大大超过额定值，达到饱和状态而计量失准；其三相电流不平衡度也远大于了标准值的 15%而长期运行，这样不仅导致台区低压线路技术高损，而台区总表由于计量失准而漏计电量，最终导致台区统计线损率反而是负线损。

2）排查。依托用采系统中的配电变压器三相电流在线监测功能，筛选三相电流不平衡度超标的低压线路，尤其是筛选相电流超过变压器额定电流的台区，作为三相负荷不平衡治理的重点。

3. 计量接线问题

（1）计量装置接线错误。

1）问题与影响。

a. 由于操作失误、业务不精、把关不严等原因，台区用户电能表进出线极性接反，单相互感器电流电压二次接线进出线反接，电量被计入反向，漏计电量造成高损。

b. 三相电流线与电压线接线不同相、零线公用、电流出线互串、三相电流互感器 S2 互连、电能表三相电流出线互连、电流极性接反、二次电压线虚接，导致表计少计、错计电量造成高损。

c. 台区总表接线错误、联合接线盒接线电流连接片连接错误，会导致电流短路、电量漏计，供电量少计，台区呈现负损症状。

2）排查方法。应结合高损线路、高（负）损台区所涉及计量装置的明细，现场逐个排查计量装置接线是否存在错乱。对于台区总表计量，可通过用采系统查询台区总表电压、电流的瞬时量，当出现电压缺相、电流失流、功率因数、相位角异常等情况时，需现场重点检查台区总表接线，检查进出线及零火线是否按照计量标准接线方式接线。对于排查出的该类问题，应纳入计量失准处理。

（2）接头松动、虚接或断线。

1）问题与影响。受环境温度、外力撞击、安装质量、运维缺失等影响，在计量装置连接线接口处往往出现接线截面小接触不良、连接节点螺丝松动、铜铝氧化、接线盒连接松动或损坏、联合接线盒螺丝长短不适等，形成接头松动、虚接或断线。该类问题若发生在台区总表时，供电量少计，导致台区呈现负损症状；若发生在用户计量表计，则直接造成电量流失，产生高损。

2）排查方法。应结合高（负）损线路、台区所涉及计量装置的明细，通过用采系统检查表计电压、电流瞬时量是否连续，电压是否缺相，功率因数是否异常。对于排查出的该类问题，应纳入计量失准处理。

4. 无计量与窃电问题

无计量与窃电直接造成电量缺失，引起高损。

无计量是指经过供电公司许可的因不便安装计量装置而按照核定电量缴纳电费的情况，如广播电视网络信号放大器，光纤到户园区光纤网络的信号放大器等。对于无计量用户，重点核查其耗电设备或器件的损耗功率，按照耗电器件的额定功率后测定值进行电量计算。

窃电是指以不交或者少交电费为目的，采用非法手段不计量或者少计量用电的非法占用电能行为。

（1）常见窃电手段。常见的窃电手段如下，可在现场反窃电排查中对照应用。

1）遥控器窃电。窃电用遥控器由两部分组成：①信号接收及控制部分，该部分是一个整体并且体积较小，由工作电源、信号接收、继电器控制等组成，一般安装在计量装置的计量回路、电能表内部或互感器箱内；②手持信号发射部分，与常见的车辆遥控相似。窃电用遥控器一旦安装，便可以手持信号发射器发出信号，使其接收、控制装置工作，对计量装置的某个部位进行控制窃电。

2）利用高电压放电窃电。利用高电压放电装置对电子式电能表进行高电压放电，使其因黑屏（死机）而无法正常计量。窃电用的高压放电装置很小，前端有一个放电小环，一般不用动封印，伸进表箱（视窗或散热缝）即可对电能表高压放电，使电能表黑屏（死机），一段时间后可进行掉电恢复，或用另一装置将电能表激活，使其恢复正常。

3）利用强磁铁窃电。强磁铁磁性极强，可吸附在表箱上一定的位置，利用强磁干扰互感器的磁通，使互感器因无法正常感应二次电流而无法正常计量。

4）利用干簧管窃电。干簧管是一个磁性管，外观仅麦粒大小，在外磁场的作用下有接通、断开的功能。一般将干簧管安装在电能表内、互感器上、联合接线盒内，或是串接在计量回路的导线（电缆）中，然后外加磁场使其工作，对计量装置的某个部位进行控制窃电。

5）改动接线、损坏保险管窃电。此类窃电方式伪造、开启复原封印，改动计量装置接线（相位）、将接线螺丝松动或故意烧坏保险管进行窃电。因伪造、开启复原的封印极难辨认，故窃电者往往以封印完好为借口推脱责任，或称保险管为自然烧毁，以此逃避窃电追责，追补电量困难。

6）注入谐波窃电。利用谐波注入装置，通过电能表零线向表内注入谐波进行窃电。可根据安装的电能表情况调整谐波发生装置的谐波发生量，分别对不同型号的电能表进行谐波注入，使其无法正常计量。

7）谐振窃电。将火柴盒大小的谐振波发生器放置到电能表附近，针对不同厂家、型号的电能表产生不同的谐振波，对电能表芯片谐振干扰窃电。

8）二次回路剥口窃电。将计量二次回路某个地方进行隐蔽性剥口，用表箱自身（导电）或一导线进行连接或接地分流窃电。该方法较隐蔽，遇到检查可随时恢复，甚至稍微一动就可恢复。特别是计量电缆在表箱的进口处，人为将二次线划破，用表箱自身导电分流，隐蔽性极强，一旦查出，利用表箱进线口自然划破为借口推脱责任，逃避窃电追责，取证较难，追补电量困难。

9）断开表前零线窃电。断开单相电能表的表前零线，使用其他零线、保护线或接地等用电，使该表零线悬空失压无法计量，检查时将零线从负荷侧返回，可使该电能表恢复计量。

10）表前零火线反接窃电。将表前零火线反接，使火线（相线）不经过电能表测量元件，窃电负荷电流经其他零线流回，不流过电能表窃电。

11）加装电子元件窃电。在计量装置的二次回路、联盒接线盒、电能表、互感器等处加装电子元件（如电阻、二极管等），使其产生分流、分压、改变相位等作用，增大计量装置的负误差，以此达到窃电目的。其中在接线盒的接线孔内、背后加装电子元件，可通过短接电流回路窃电；在互感器内加装电子元件更为隐蔽，如将互感器进行特制，浇注时将干簧管加装在 K1K2（S1S2）之间，可用强磁使其闭合分流窃电。

12）短接电能表采样回路窃电。用一个较细的导线短接电能表线路板上的采样回路，使其采样减少，增大电能表负误差，以此达到窃电目的。

13）改变单相电能表采样线位置窃电。调换单相电能表锰铜片上的电流、电压采样线的位置，使其采样减少，增大电能表负误差窃电。

14）电能表中性线上加其他电压窃电。将电能表中性线加上其他电压，改变电能表的正常电压值及其相位，使其无法正常计量。

15）表前接线窃电。除比较明显的私拉乱接外，表前接线窃电大都比较隐蔽，检查起来难度较大，需利用仪器设备对用户进行连续监测。

16）更换互感器倍率窃电。私自更换互感器倍率，使其倍率增大，达到窃电目的。

17）断开、短路连片窃电。断开、短路电能表、接线盒连片，使其分流、失压，以此达到窃电目的。

18）改变接线窃电。改变接线的方法较多，如一次线进互感器反串一到两相，调换电压、电流相位等，均是通过改变计量装置的正常接线来达到窃电目的。

19）短路电流互感器端子窃电。利用微细线、碳化等手段短路电流互感器端子使其分流，方法隐蔽，很难发现。

20）互感器一次套环窃电。将穿心电流互感器一次套金属环进行分磁，使其不能正常感应电流窃电。

21）短路电流二次回路窃电。在电流二次回路的某个位置用针穿、割缝等将其短接，进行短路分流窃电。

22）更换电能表窃电。将计量电能表私自更换为其他电能表，一段时间后再换回。

23）改变电能表参数窃电。采用破译盗取电能表密码等手段，改动电能表参数编程，如改变分时计费时段、脉冲、储存数据等窃电。

（2）窃电排查范围及要点。

1）窃电排查范围。主要是电源引入的接户线、电能计量装置、痕迹类物证，以及可能造成电能计量失准或失效的电气设备、用电设备、连接线缆、运行方式等。

2）窃电排查要点。①在供电线路及其附属设施上是否有私接的电线电缆；②计量电流互感器铭牌、端子、极性、二次回路阻抗等是否异常；③计量回路电压、电流、相位、接线盒铅封等是否异常；④计量箱（柜）铅封、锁具等是否异常；⑤电能表铅封、外壳、接线端子、内部采样电路等是否异常；⑥计量装置外部是否存在强磁、干扰器等；⑦用电设备是否产生直流、谐波等。

（3）窃电排查重点对象。通过相关信息系统筛选：①把反窃电平台日常派发的电量异常、存在窃电嫌疑用户作为重点核查对象；②把长期零电度户、微电量用户、电量突变用户、有表计开盖记录用户作为重点核查对象；③把歌舞、洗浴、宾馆、饭店等高耗电个体户作为重点核查对象；④排查台区总表前是否存在违规接电或临时用电。

（4）排查方法。常用的窃电排查方法如下。

1）用电信息采集系统数据分析法。利用采集系统数据，对负荷、电压、电流、功率因数等参数以及曲线图进行分析，查询是否有失压、断相、逆相序等情况；查看三相电流是否有失流情况；查看用户正向有功最大需量值与用电量是否有明显不匹配的情况。召测台区总表三相功率因数、两相功率因数偏低，可能存在跨相等接线错误问题；一相功率因数偏低，可能存在接线错误。在采集系统中查询台区总表、台区内用户电能表的日冻结电能示值，分析电量突增、突减时间点，并结合用户历史用电趋势，分析是否符合实际用电情况，剔除错误数据，避免因系统或电能表异常引起电量突变，造成台区线损异常。同时可以利用采集系统电能表开盖事件对疑似窃电进行核查。

2）经济分析法。主要是根据线路段、台区线损情况、产品单耗等进行分析，逐步排查，锁定目标。

3）电量比对法。根据现场测量负荷进行电量估算，对电量是否突变、使用的电气容量、用电季节以及主副表电量等情况进行分析比对。通过对台区历史线损合理期间用户用电量与当前线损率突增期间用户用电量进行比对分析，对电量差动大，诸如突然出现零度户、电能表示值不平、电能表反向电量异常等重点用户进行监控分析，确定台区线损异常原因。

4）仪器检查法。利用电流表、电压表、相位表、计量装置故障检查仪、倍率测试仪、瓦秒法等进行检查，最好是用遥控器扫描仪。

5）直观检查法。问、闻、视、听，着重痕迹检查（封印、封签、胶印、外壳、视窗等），以及盯守、放线、同型号电能表称重等进行检查。对电能表开盖事件记录可结合异常时间长短、频次以及最后一次异常记录前后的用电量变化情况分析，排除因电能表质量原因而造成的开盖误动。

6）相邻台区电量分析。结合高损台区发生时间，对地理位置相邻台区用电量情况进行同期比对分析，核查是否存在跨台区隐蔽窃电现象。对电能表费率设置异常、电费剩余金额异常的用户结合用户购电次数、时间以及现场开展综合判断是否存在窃电现象。

（5）窃电跟踪研判。

1）在采集系统中召测单相电能表相电流及零线电流数据，核对电流值是否一致，避免出现一线一地窃电情况。

2）分析电能表总示数不等于各费率之和、电量为零但功率不为零、电费剩余金额与购电记录严重不符、电流不平衡超阈值、电压不平衡超阈值、功率曲线全部为零、用电负荷超容量、总功率不等于各相功率之和、电量曲线有负值、功率曲线有负值、电能表零火线反接等情况。

3）定期梳理营销系统中电量为零的用户，分析比对近期用户用电量情况，并在采集系统中进行召测，避免出现因系统原因而造成的用户用电量为零情况。

4）在采集系统中召测电能表电压、电流曲线电能量示值数据，查看三相电流曲线是否有断续的情况，判断其是否符合实际用电规律，以此确定用户是否存在窃电嫌疑。

5）定期跟踪窃电用户的后续用电情况，对用电量进行比对分析，避免出现反复窃电。

（6）现场排查。

1）台区总表排查。外观检查台区总表液晶显示屏上显示的实时电压数值、电流数值、电压电流相位角及功率因数。利用相角仪、钳形电流表测量检测是否存在计量装置故障、接线错误及接线不良等情况。电能表显示逆相序在台区总表经互感器接入，接线正确情况下代表实际相序，接线错误时并不代表真实逆相序，要注意区别对待，也可辅助仪器判断接线正确性。同时检查电能表象限指示闪烁符号，若不存在反向送电可能的，电能表象限指示闪烁符号应出现在Ⅰ、Ⅳ象限，若在Ⅱ、Ⅲ象限出现闪烁符号，则可判断接线错误。

2）互感器运行情况排查。外观检查互感器接线是否正常、互感器外观是否有裂痕、烧毁现象。对三相不平衡、失压、断相、逆相序现象进行仪器检测，包括用钳形电流表分别测量三相低压一次侧电流（每相测量时，应对所有出线测量后相加），并查看台区总表表计显示的二次侧电流，换算是否和现场、各系统综合倍率一致。检查分相互感器的倍率是否一致、精度是否达到0.5S级；若是穿心式互感器则要核对穿心匝数与铭牌倍率匝数标识是否一致，确认与各系统综合倍率一致。

3）电压回路熔断器或小空气开关故障排查。检查台区总表表箱中联合接线盒是否有电压熔断器或小开关故障（熔丝的缺失、卡扣松动、损坏，会导致计量缺相）。若三相熔丝同时故障或电压回路小开关损坏、跳闸会导致台区总表失电，造成供电量少计。

4）单相电能表排查。

a. 外观检查。检查表箱有无人为破坏、电能表显示是否黑屏、有无报警、封印有无拆封痕迹，表前是否存在跨越供电，零火线是否接反。

b. 接线检查。对系统发现有开盖记录、零度户等异常电能表，应用万用表、钳形电流测量所获得的电压、电流数据，与电能表显示电压数值、电流数值、电压电流相位角及功率因数进行比对、判断。

c. 零线检查。排查是否存在“一火一地”用电情况。对于单相电能表、三相电能表同时入户的用户，若其在户内将两块电能表的零火线串用，则会造成电能表不计或少计。

d. 其他信息核对。核对电能表表号、地址、表计现场示值是否与系统一致。

5）三相电能表排查。

a. 外观检查。检查表箱有无人为破坏，电能表显示是否黑屏、有无报警，封印有无拆封痕迹，表前是否存在跨越供电。

b. 接线检查。对系统有开盖记录、零度户等异常电能表，或存在三相不平衡、失压、断相、逆相序现象的电能表，检查其电压接线是否存在虚接，造成一相或多相无电压；其电压电流线是否相序接反，造成电流电压不同相；进出线是否反接；是否存在零相不接表、电压回路接线不可靠等情况；互感器二次线经接线盒后，是否存在压片应打开的未打开、应短接的未短接等情况；是否存在电流回路接入其他用电，造成人为分流等情况。

c. 零线检查。检查是否虚接、电阻是否正常。

d. 其他信息核对。核对电能表表号、地址、表计现场示值是否与系统一致。

6）台户关系排查。针对线损异常台区，具备现场排查台户关系条件的，应对台区内所有用户逐一进行梳理，如遇到跨台区用户或采集关系不对应用户，应按实际归属关系进行调整，并监测调整台户关系后的台区线损率情况。排查台户关系可辅助运用台区识别仪等仪器设备，下行载波方式采集的居民用户需测到每个集中器位置，下行总线方式采集的居民用户需测到每一路进线，非居民用户应测到每个表位。

7）技术高线损排查。检查是否存在台区供电半径超过500m、配电变压器未设置在负荷中心、低压线路线径过小、配电变压器出口功率因数低于0.95、三相负载不平衡、配电变压器长期处于轻载或超载运行、线路电压（尤其是末端线路电压）过低、低压配网线路漏电等情况。针对此类问题，可通过GIS系统查询台区半径与电源设置位置、核查配电变压器出口地线电流值是否过大，现场检测或依据采集系统监测相线与零线电流，判断配电变压器三相负载是否平衡，比对采集系统监测到的配电变压器负载和配电变压器额定容量，依据采集系统监测配电变压器功率因数是否正常等进行技术线损原因判断，并采取针对性的整改措施。

3.2.3 “采集不全”问题排查

“采集不全”是指由于电能表的采集失败、集中器与采集终端失能、信号通道故障及系统档案不匹配等原因导致的采集系统后台电量信息缺失。用电信息采集系统逻辑框架结构大致分为3个层面：①系统主站，包括数据库、前置机和系统软件，前置机接收集中器传送来的公用变压器台区（包括台区内所有电能表箱内的单相表和公用变压器出口总表等）表计信息、接收专用变压器采集终端传送的专用变压器用电信息，将信息存入数据库，系统软件对信息进行归纳、整理与逻辑计算，得到各方面所需要的各类电量信息数据；②公用变压器集中器和专用变压器的采集终端，公用变压器集中器收集与传输台区总表电量信息以及台区所供用户的电能表内的用电信息，专用变压器采集终端通过模块采集接收与传输专用变压器电能表的电量信息，也可以是变电站母线电能表的采集终端，在变电站计量柜内通过RS-485线采集母线相连进出线电能表的表计信息，并且传输到前置机；③电能表箱（柜）采集模块，目前用户电能表多是单/三相远程费控智能表，内含低压电力线高速载波通信（HPLC）宽带采集模块，模块通过HPLC宽带通道能够将电能表计每15min间隔的用电信息数据传输到集中器；此外，电能表箱内还存在普通的智能电能表，该类电能表内模块通过载波通道将用户电能表中每小时间隔的用电信息数据传输到集中器。

“采集不全”问题排查应重点从电能表的采集失败、集中器失能、采集终端失能、信号通道故障及主站系统异常等5个方面，借助采集系统、掌机抄控器、路由调试底座、HPLC运维模块、现场移动作业终端等工具，进一步延伸排查问题，直至找到影响采集的最终问题。

1. 电能表采集失败

（1）采集模块故障或损坏。

1）问题特征。电能表内模块运行灯不亮，本身已无法正常工作；智能表载波模块故障、模块烧坏或插拔后无心跳标识。

2）排查。通过用采系统排查采集不通电能表明细，安排人员到现场检查，找出损坏模块。

（2）表故障、欠压或损坏。

1）问题特征。电能表黑屏不显示、表计接线板烧毁、电能表电池欠压等。

2）排查。通过用采系统排查采集不通电能表信息明细，安排人员到现场检查，找出损坏的电能表或欠压的电池。

（3）时钟超差、无冻结。

1）问题特征。电池欠压，电能表、采集器、集中器等电子产品长期运行突然停电、送电会引起时钟错乱（飞走、倒走、黑屏等）、无日冻结数据。

2）排查。通过用采系统查询台区下是否存在表计时钟超差的情况。安排人员现场对此类表计进行实地核查，检查电能表是否报错。时钟错误将导致电能表日冻结底码统计错误，台区日线损率会出现正负交替现象。可充分利用采集系统功能，自动检测时钟超差的设备（集中器、采集器）和电能表，及时重新校时或更换。

（4）失电。

1）问题特征。线路或台区停电检修或故障停电，或用户私自断停电能表前断路器，变压器停运、表计无电，导致电能表无法正常工作。如果零点仍然是停电状态，零点冻结值无法形成，造成采集“冻结值”失败。

2）排查。通过用采系统查询台区采集失败明细，安排人员到现场对此类表计进行实地检查，确认是否由停电原因引起。

（5）表计零线虚接。

1）问题特征。表计新装操作不当，或运行期间外力影响，或人为操作等，导致表计零线虚接，表计采集失电，采集失败。

2）排查。通过用采系统查询台区采集失败明细，安排人员现场到对此类表计进行实地检查，确认是否由表计零线虚接原因引起。

（6）载波模块故障。

1）问题特征。载波模块烧坏或者模块通信能力差，无法正常工作。

2）排查。针对采集失败的电能表，现场排查采集模块是否故障。可通过重新插拔模块，观察电能表显示屏是否出现“心跳”符号以及模块信号灯是否正常显示。如现场重新插拔模块后，电能表显示屏无心跳符号或模块灯不闪烁，则表明模块已损坏，需及时更换新的载波模块。

（7）电能表 RS-485 通信接口故障。

1）问题特征。电能表 RS-485 通信接口损坏，连接处 RS-485 线断接，或 RS-485 线路短接。

2）排查。通过 RS-485 通信检测设备，现场检查终端 RS-485 线接线情况。排查表计处 RS-485 线是否断接，如果断接，需要重新连接。排查 RS-485 线路是否短接，如果短路，需要查找短接位置，重新连接 RS-485 线电路。

2. 集中器失能

（1）集中器缺电。

1）问题特征。集中器（采集终端）未供电，或集中器 A 相未接电压（在单相台区要格外注意这个问题），零线虚接等，都会造成集中器（采集终端）离线。

2）排查。安排人员到现场，检查现场集中器或者采集终端的电压，是否按照标准规范接线；否则，实施整改措施。

（2）集中器超载。

1）问题特征。线路挂接变压器数量超标，运行负荷大会造成线路电压不稳定，线路阻抗过大；台区内电能表数量超过载波抄表数量限制，比如一般集中器可以满足 400 只电能表 31 天（1 个大月）零点冻结数据及 12 个月月末零点冻结数据，超出该限制，会导致表计无法抄读。

2）排查。针对抄表失败台区，应核对其集中器负载的电能表数量是否超标，如果存在超标，则集中器采集可能存在不稳定，造成抄表失败。可以结合相邻台区表计情况，调整均衡每个台区电能表数量，实现电能表全采集。

（3）集中器故障或损坏。

1）问题特征。集中器数据存储异常、数据溢出引起死机；户外集中器遭雷击烧毁；集中器内置时钟电池电压不足等死机等。

2）排查。通过用采系统查询台区采集集中器故障明细，安排人员现场进行实地检查，确认具体原因。

（4）参数设置错误。

1）问题特征。采集系统台区下的集中器或采集器参数设置错误，采集器与电能表之间抄表连接失败，引发用户电能表采集失败，使得电量统计出现差错，导致台区高损。

2）排查。针对高损台区，核查集中器与电能表参数设置，重新下发表计采集参数。

（5）通信模块故障或损坏。

1）问题特征。集中器下行模块故障、新投台区终端未安装下行载波模块，造成集中器仅对变压器出口表计采集，“只抄考核表”。集中器上行通信模块故障，会造成终端不在线，整个台区采集失败。

2）排查。根据用采系统数据判断，如果台区考核表数据采集齐全而台区小表采集失败，则判断集中器下行模块故障；如果整个台区表计采集失败，则应检查集中器上行通信模块是否存在故障等。

（6）路由模块故障或损坏。

1）问题特征。路由模块通电情况下无信号；信号灯不闪烁；集中器下发抄表任务无响应。

2）排查。根据用采系统数据判断，针对采集失败表计，核查集中器路由模块是否正常。如果路由模块上电灯不闪烁，可以重新插拔一次观察，若还是没有信号闪烁，则可判断模块故障。

3. **采集终端失能**

（1）终端死机。

1）问题特征。现场查看集中器，信号和在线符号G都正常，但后台主站系统显示终端不在线，这种情况可能是终端程序异常或死机。

2）排查。通过用电信息采集系统进行终端维护，在终端管理维护中，进行硬件初始化操作，重新启动终端。

（2）终端不抄表。

1）问题特征。主站参数存在设置错误问题，设置主站抄表参数时，需按照各主站系统要求下发给终端，比如应将抄表参数设置成“允许主动抄表”给终端，如果下发参数错误，即会导致“终端不抄表”。

2）排查。通过主站召测确认参数设置状态。若设置错误，则通过主站参数下发功能，进行参数重新下发操作。

（3）终端抄表参数缺失。

1）问题特征。采集终端内的表计档案参数应包括电能表地址、测量点号、规约类型等信息，如果下发参数出现异常，会导致终端内无表计档案参数。

2）排查。通过主站召测或现场查看，确认终端内参数是否缺失。若参数为空或参数不全，可通过主站参数下发功能，进行参数重新下发操作。

（4）终端软件死机。

1）问题特征。终端软件程序中断，可能会出现终端在线正常，但抄表功能无法正常运行。

2）排查。针对抄表功能丧失的终端，现场进行终端重启操作，使终端重新运行抄表程序，开始重新抄表。

（5）终端失压。

1）问题特征。正常情况下采集终端应有三相电压，如果出现终端某相电压缺失，会造成终端抄表功能异常，出现不抄表问题。

2）排查。针对不抄表终端，到现场检查、检测终端三相电压，如果发现断线、缺相，则重新连接失压电路。

（6）终端路由模块故障或损坏。

1）问题特征。终端路由模块是电力线载波通信的核心，正常情况下，终端路由电源灯应点亮，信号收发灯应闪烁。如果路由模块出现损坏、异常，则电源灯、信号灯均会熄灭，终端出现不抄表问题。

2）排查。针对不抄表终端，到现场检查路由模块是否烧毁，路由电源灯是否正常点亮，信号收发灯是否正常闪烁。如果不正常，可重新插拔尝试能否恢复；如仍无效，则需要技术支撑人员采用路由调试底座进行确认。通过路由底座工具（如青岛鼎信载波方案有专用的路由调试底座，可对路由进行读写设置等操作）查看路由各个参数状态，确认是否存在参数设置错误，可进行相关更改操作；查看路由内表计档案参数是否完整，确认是否档案缺失或存在差错。获取路由信息记录，通过对报文信息的分析，查看路由通信方面可能存在的故障。

（7）终端数据不上报。

1）问题特征。采集终端成功抄读到电能表数据，并成功存储，但没有成功上传到主站系统，造成抄表失败。

2）排查。现场检查终端内电能表电量数据，确认是否成功抄读。如果终端抄读成功，但主站抄读失败，则需要对终端进行数据操作，或进行软件升级。

（8）终端时钟错误。

1）问题特征。终端时钟与主站时钟、电能表时钟不一致，造成数据上传、数据抄读失败。

2）排查。针对不抄表终端，到现场检查终端时钟是否与主站、电能表时钟相同。可通过后台重新下发时钟，更改校对终端时钟。如果无法更改，则终端损坏，需要更换新的终端设备。

（9）终端 RS - 485 线路故障。

1）问题特征。表计处 RS - 485 线断线或短接。

2）排查。现场检查终端 RS - 485 线接线情况，排查表计处 RS - 485 线是否断接，如果断接，需要重新连接。排查 RS - 485 线路是否短接，如果短路，需要查找短接位置，重新连接 RS - 485 线电路。

4. 通道信号故障

（1）现场信号差。

1）问题特征。造成“终端不在线”的原因有：外置天线位置不当；集中器安装位置不佳；网络信号差、外置天线损坏、终端与电能表 RS - 485 接线不通等。

2）排查。通过用采系统查询采集不通终端明细，安排人员到现场，进行现场检查确认。现场查看终端，观察终端显示屏左上方的信号强度指示，若信号强度显示格为无信号，屏幕上方伴随有G符号闪烁，则首先检查天线是否接触不良或天线本身损坏，可以尝试采取更换天线或者将天线移动到表箱外，观察是否有信号。如果上述措施均无效果，需考虑变更集中器安装位置，移动到信号较好的位置或者安装加长天线。

（2）SIM卡故障。

1）问题特征。SIM卡不通。

2）排查。现场查看终端设备，若信号正常，但G符号闪烁，屏幕左下方会显示登录失败、注册失败等提示，可能是集中器内SIM插装不规范，可重新插拔尝试，观察SIM卡是否存在变形，是否引起接触不良。也可能是SIM卡已经欠费，需要进行SIM更换。

（3）GPRS模块故障。

1）问题特征。无信号。

2）排查。到现场观察GPRS模块，如果模块本身已无法正常工作，一般表现为模块运行灯不亮等，需要及时更换新的GPRS模块。

（4）通信参数设置不当。

1）问题特征。参数设置异常。

2）排查。进入终端主界面，点击进入终端参数设置项目，查看相关参数项目，观察是否存在设置异常的参数项目。常规通信参数包括IP地址、端口、APN、心跳周期等，可直接现场手动更改设置相关参数。终端地址是保证主站系统和现场终端设备连接、通信的基础参数，如果后台终端地址与现场实际终端地址不一致，或后台的区位码出现错误，会导致主站系统与现场终端无法正常连接，出现离线问题。如果发现不一致，可以现场在终端内更改终端地址，使得现场终端与系统的IP地址保持一致。

（5）通信方案差错。

1）问题特征。载波方案缺陷，即一个台区用户数量大超出载波通信能力，就会出现抄通率低；载波方案混装，即一个台区内有不同规约方案的差异，影响正常通信。

2）排查。通过用电信息采集系统查询采集不通明细，分析台区通信方案，确认是否存在载波方案缺陷或混装。

（6）信号放大器干扰。

1）问题特征。低压线路上接入了许多有线电视信号放大器、移动联通信号放大设备等，这些放大器设备的故障或工作异常，会引起电力线信号扰动，进而影响电力线载波信号的正常传输，会造成批量表计抄读失败，采集失败表计呈区域分布，使用掌机设备在抄读失败表计处无法接收到抄表信号。

2）排查。通过用采系统确定采集失败区域，安排人员到采集失败表计分布区，人工巡视线路挂接负载情况，逐个进行手动断电操作，检测断电后失败表区域电力线信号传送情况，确认具体干扰源。如果无法人工确定，则需使用掌机设备，在采集失败表区域逐个表计定点监控，或通过向抄读成功的表计发送抄读命令，观察是否能获得回码数据，逐步缩小干扰源区域，确定具体干扰源，并通过手动断电，检测电力线信号传输情况，最终确定干扰源。如有专业人员配合，可使用数据采集卡，通过监测线路上噪声值情况，直接定位干扰源位置。

（7）用户设备故障干扰。

1）问题特征。用户用电设备如电动车充电器、电动机等故障、损坏等，引起电力线信号扰动，进而影响载波信号正常传输，造成部分或批量表计抄读失败。

2）排查。通过用采系统确定采集失败区域，安排人员到采集失败表计分布区域，通过掌机等信号监控设备，采用信号监控方式，确认是否为干扰区域，以及采用向抄读成功的表计发送抄表命令的方式，确认能否抄读成功，缩小干扰区域。对锁定的干扰区域，需进行逐户排查，通过采用逐户表前停电的方式，同步观察电力线干扰情况。对于用户设备干扰，如果该户表前断电，则干扰消失，电力线信号传输恢复正常，则可锁定该户家庭电路存在问题。通过与抄表员、用户等的配合，恢复用户用电，采取对用户家庭设备逐个停电的方式，关注电力线信号收发情况，最终在用户家中找出损坏设备。

（8）线路长度超标信号衰减。

1）问题特征。电力线载波信号传输对线路距离有一定限制，一般载波方案要求表计距离变压器不超过 1km，如果线路过长，会导致载波信号严重衰减，造成线路末端表计抄读不稳定或抄读失败。

2）排查。对于供电距离超标的低压线路，当采集失败后，首先核定较近距离电能表计的采集成功情况，如果采集失败大多处于线路末端线路长度超标区，则应在线路末端表计与正常抄读表计之间加装信号放大器（厂家生产有载波方案），强制增大信号传输能力，观察线路末端信号的正常接收和发送。另外，对部分载波方案厂家，也可在线路末端表计与距离较近的正常抄读表计之间添加中继节点，增加信号的中继能力。可选择挪动部分电能表到中继节点，对信号进行转发和中继。如果线路末端表计数量较少，可选择转移表计到信号较强的位置。

（9）电压不稳定。

1）问题特征。线路负载过多，使得线路阻抗大，会造成线路电压不稳定，线路电压偏低；线路轻载，现场线路电压偏高、电压超标会造成信号传输通道的不稳定，致使载波信号传输异常，从而引发大批量电能表抄读失败。

2）排查。针对采集失败表计，检测其电源线电压是否超标。如果高于电压波动上限或低于电压波动下限，则可以判断电压不稳定是采集失败的原因，根据造成电压不稳的原因进行治理。

5. 采集主站

（1）主站召测异常。

1）问题特征。由于主站采集系统运行异常，或前置机运行异常，或通信服务异常，主站会出现召测异常，即下发采集指令后全部台区或批量台区出现抄读失败，采集系统对终端无法进行数据召测。

2）排查。针对整个台区或批量台区采集失败表计，应联系主站技术支撑人员，或移动服务商确认是否存在问题，由专职专业人员处理。

（2）主站存储异常。

1）问题特征。主站数据召测后，无法将数据进行保存，可能存在主站数据库异常；或者采集系统内数据召测、保存正常，但不能正常同步到营销系统，均会导致营销系统内无法获取到电量数据。

2）排查。针对以上主站系统问题，应主动联系用采系统主站技术支撑人员协调解决，如果采集数据不能正常同步到营销系统，应主动联系营销系统与用采系统两方面主站服务人员，对两系统中间环节进行问题确认。

3.2.4 “档案不实”问题排查

“档案不实”是指系统档案信息中的线损计算模型所对应的“站（变电

站）—线（线路）—变（配电变压器）”“台（台区变压器）—箱（电能表箱）—户（用户电能表）”拓扑关系与现场实际不一致。相关系统包括用电信息采集系统、营销系统、一体化线损管理系统等。

1. 电能表档案变更不及时

（1）问题特征。线路调整、台区切分或台区改造变更了用户的电源关系等，档案维护不及时造成营销系统、用电信息采集系统用户数量和档案信息和现场不一致，档案不全或档案重复等，导致用户电能表存在跨台区，造成抄表失败或电量统计错误。

（2）排查。根据日高（负）损台区明细，结合营销系统和用采系统同一台区的客户信息进行客户电能表比对，找出不一致电能表信息，与现场实际校核，确定表计档案差错。重新整理电能表档案，按照要求更改正确的参数并在营销系统和采集平台内完成维护。

2. 电能表档案通信地址错误

（1）问题特征。电能表档案中的电能表通信地址与实际安装位置的电能表通信地址不一致。

（2）排查。根据采集失败电能表明细，核查营销系统内电能表档案信息的电能表通信地址，与现场实际电能表的通信地址对比是否一致。出现通信地址不一致的情况，需要在营销系统内及时维护好正确的通信地址。

注意：有些电能表出厂时表内的通信地址就不符合通信地址规范，需要技术支撑人员修正。

3. 电能表档案信息差错

（1）问题特征。表计正常的档案信息包括测量点号、表地址、规约类型、波特率等信息，还涉及营销系统、用电信息采集系统中的表号格式、表端口号、数据标识和表类型等，如果上述信息在两个系统中存在不一致，或者与电能表实际信息不一致，会导致终端无法获取到该表计数据，引起抄读失败问题。

（2）排查。根据日高（负）损台区明细，对营销系统和用采系统同一台区的客户信息进行比对，找出不一致的电能表信息，与现场实际校核，确定表计档案差错。重新整理电能表档案，按照要求更改正确的参数并在营销系统和采集平台内完成维护。可以通过参数召测功能召测参数，并与现场表计的实际参数情况对比，对错误参数从主站营销系统或采集系统进行更改，并重新下发。

4. 采集终端与主站内的表计档案信息顺序错乱

（1）问题特征。主站档案信息和现场终端内表计档案信息顺序不一致，会导致终端抄读到的数据上传到主站出现混乱，可能导致A表数据储存为B表数据，或影响批量表计的数据。

（2）排查。通过召测终端内表计档案信息，利用主站档案对比功能，排查确认问题所在。可通过对终端非通信参数初始化，并重新下发档案信息解决信息顺序错乱。

5. 户表变更错区

（1）问题特征。台区改造分区分户过程中，台户关系发生了变化，表计现场资产与采集系统资产不符，采集系统档案信息与现场供电的实际用户电能表信息不对应，造成召采台区的电能表用电信息时要么采集不到，要么用户缺失。同时用户信息变更在营销系统也可能存在信息档案错乱问题。

（2）排查。通过用采系统排查采集不通电能表信息明细，与现场实际比对，与营销系统比对，找出采集不通电能表归属台区；重新梳理台户关系，使用采系统台户关系与现场实际相一致，与营销系统相一致。

6. 端口号下发错误

（1）问题特征。采集系统发送智能电能表文件时，端口号将显示2或31，制造厂商指示端口号为2，将导致采集失败。

（2）排查。通过用采系统排查采集不通的用户电能表信息明细，检查端口号信息是否满足要求；若发现错误，及时与技术支撑人员或厂商联系解决。

7. 新增调试错区

（1）问题特征。台区新增用户后，营销系统用户智能电能表信息纳入采集系统终端调试过程中，发生数据异常，导致采集系统缺少一些智能电能表文件，即营销系统用户电能表信息与用采系统文件不一致。

（2）排查。通过用采系统排查采集不通的用户电能表信息明细，与营销系统比对，查找缺失文件，与营销采集监控中心联系，添加档案文件。

8. 规约或波特率差错

（1）问题特征。同一个台区存在不同厂家的电能表，其规约不同影响采集成功；采集参数设置，表计未下发参数导致采集失败；串行通信波特率的相对误差大于 4.5%，数据传输可靠性差导致采集失败。

（2）排查。通过用采系统排查采集不通的用户电能表信息明细，核查档案信息，排查是否存在规约不同、波特率差错、表计未下发参数问题。

9. 互感器倍率变化后系统档案信息滞后

（1）问题特征。营销人员在现场变更台区电流互感器后，没有将互感器变比、倍率等信息及时维护到营销系统和采集系统，系统中的台区下表计（含台区总表计和用户电能表）倍率与实际倍率不相符。台区总表电流互感器系统录入的倍率大于现场实际的电能表倍率将导致台区高损；用户电能表电流互感器系统录入的倍率小于现场实际的电能表倍率将同样导致台区高损。

（2）排查。通过用采系统排查高（负）损台区，核查是否存在电流互感器变更后信息维护工作不及时情况。如果存在该情况，则认定为互感器倍率变化引起的高（负）损。

3.3　计量作业标准化与问题治理

计量问题治理应根据“计量不准”问题排查结果，优先治理计量装置一类异常，即影响电能计量装置正常运行的核心问题，通常包括：①计量装置中的电能表飞走（表底跳变）、倒走、停走；②电压断相、失压、不平衡；③电流失流、不平衡；④反向有功、反向电量；⑤错接线等。这类异常需要每日进行监控与处理，实施作业标准化。

3.3.1　治理流程与计量装置作业标准化

1. 计量问题治理流程

计量问题治理工作应严格执行相关国家标准、行业标准和本企业标准，按照计量专业标准化作业指导书实施各项作业。计量问题治理工作通用流程为：开始→①接受任务→②工作前准备→③现场开工→④计量装置检查→⑤计量装置问题处理→⑥收工→⑦资料归档→工作结束。上述流程各节点的工作说明如下。

（1）节点①：接受任务。工作负责人根据工作计划、领导临时安排或专业（发展、调度、营销、业扩等）工作工单等多渠道来源接受工作任务，并且做好相关安排。

（2）节点②：工作前准备。包括下列内容。

1）工作预约与现场勘查。工作负责人根据任务内容提前与工作现场涉及的客户或公司变电运行部门取得联系，核对工作任务涉及的相关设备型号、参数、位置等情况，预约现场检测时间；涉及用户时，会同客户进行现场勘查，查看互感器等设备是否安装到位、现场工况是否满足试验验收要求。

2）打印工作任务单。工作负责人安排打印工作任务单，同时核对专业工作涉及的计量设备技术参数与相关资料。

3）办理工作票。依据工作任务填写工作票，办理工作票签发手续；在客户高压电气设备上工作时应由供电公司与客户方进行双签发，并明确双方的安全责任，核查现场安全措施的正确性、完整性。

4）设备材料准备。根据工作方案，准备执行任务和相关操作所需材料、设备、资料等。

5）设备材料检查。检查工器具、计量与监测设备及相关材料的安全、完好与齐备。

6）现场检查。检查作业环境、安全距离等，确保满足专业工作需要。

（3）节点③：现场开工。包括下列内容。

1）工作负责人办理工作票许可，落实现场安全措施。

2）对照工作票逐项确认安全措施的有效性，核对作业现场带电设备，作业点工作环境等内容。

3）组织班前会，工作负责人交代工作内容、人员分工、带电部位、危险点控制、安全措施、安全防护注意事项等。

4）计量装置及其资料核对，工作班成员根据工作方案，逐项核对工作所需的设备、材料及工器具，确保与工作现场相匹配。

（4）节点④：计量装置检查。包括下列内容。

1）计量柜（箱）验电核查。工作班成员使用验电笔（器）对计量柜（箱）、互感器端子箱金属裸露部分进行验电，并检查柜（箱）接地是否可靠。

2）计量装置外观检查。工作班成员检查电能计量柜（箱）是否有封印，观察窗是否清洁完好，各计量器具安装的环境条件是否符合要求。

3）运行计量装置检查。工作班成员检查是否有违约窃电行为及故障隐患和不合理计量方式等异常现象；检查计量装置参数设置是否正确，运行情况是否存在异常，是否存在计量装置故障。

（5）节点⑤：计量装置各类业务及问题处理。包括高低压电能计量装置安装与更换，误差、压降、极性检查检测，计量装置故障处理等所有计量专业工作内容，详细内容见“计量装置标准化作业”等相关内容。

（6）节点⑥：收工。工作负责人安排工作班成员恢复、清理现场，具体收工内容如下。

1）加强监护，检查临时接用电源拆除，现场不得遗留物品。

2）整理、清点作业工具和检测设备，防止工器具等遗失现场留下隐患。

3）清扫整理作业现场，加装封印。

4）做好客户或厂站管理方的告知或签字确认事宜。

5）工作负责人清点工作班成员，确认工作任务完成，检查现场不遗留物品。

6）工作负责人终结工作票，组织工作班成员有序离开现场。

（7）节点⑦：资料归档。工作班成员将工作信息、设备参数等相关内容录入系统，出具报告单，进行资料归档。

2. 计量装置标准化作业

下面介绍高低压计量装置新装、更换、故障处理等关键业务的标准化作业工作步骤。

（1）高压计量装置新装作业。

1）第1步，断开电源并验电。具体步骤为：①核对作业间隔；②使用验电笔（器）对计量（箱）金属裸露部分进行验电；③确认电源进、出线方向，断开进、出线断路器，且能观察到明显断开点；④使用验电笔（器）再次进行验电，确认互感器一次进出线等部位均无电压后，装接地线。

2）第2步，核对计量设备铭牌信息。根据安装工作单核对客户信息，电能表、互感器铭牌内容和有效检验合格标志，防止因信息错误造成计量差错。

3）第3步，安装互感器。有以下注意事项：①电流互感器一次绕组与电源串联接入，电压互感器一次绕组与电源并联接入；②同一组的电流、电压互感器应采用制造厂、型号、额定电流变比、准确度等级、二次容量均相同的互感器；③电流互感器进线端极性符号应一致。

4）第4步，连接互感器侧二次回路导线。具体要求为：①导线应采用铜质绝缘导线，电流二次回路截面不应小于4mm²，电压二次回路截面不应小于2.5mm²；②连接前采用500V绝缘电阻表测量其绝缘，结果应符合要求；③校对电压和电流互感器计量二次回路导线，并分别编码标识；④多绕组的电流互感器应将剩余的组别可靠短路，多抽头的电流互感器严禁将剩余的端钮短路或接地；⑤三相三线接线方式电流互感器的二次绕组与联合接线盒之间应采用四线连接，三相四线接线方式电流互感器的二次绕组与联合接线盒之间应采用六线连接。

5）第5步，安装电能表。具体步骤及要求为：①检查确认计量柜（箱）完好，符合规范要求；②根据计量柜（箱）接线图核对检查，确保接线正确、布线规范；③联合接线盒的安装、导线的敷设及捆扎应符合规程要求；④安装电能表时，应把电能表牢固地固定在计量柜（箱）内，电能表显示屏应与观察窗对准；⑤将联合接线盒内的电流短路连接片接至正常位置，电压、中性线连接片接至连接位置；⑥所有布线要求横平竖直、整齐美观，连接可靠、接触良好，导线应连接牢固，螺栓拧紧，导线金属裸露部分应全部插入接线端钮内，不得有外露、压皮现象；⑦计量柜（箱）内布线进线出线应尽量同方向靠近，尽量减小电磁场对电能表产生影响；⑧计量柜（箱）内布线应尽量远离电能表，尽量减小电磁场对电能表产生影响。

6）第6步，安装检查。具体步骤及要求为：①检查互感器安装牢固，一、二次侧连接的各处螺丝是否牢固，接触面应紧密，二次回路接线正确；②对电能表安装质量和接线进行检查核对，确保接线正确，工艺符合规范要求；③检查联合接线盒内连接片位置，确保正确；④如现场暂时不具备通电检查条件，可先实施封印。

7）第7步，现场通电及检查。具体步骤及要求为：①拆除接地线，确认是否具备通电条件；②合上进线侧断路器后，确认电能表工作状态正常；③合上出线侧断路器后，确认电能表正常工作，客户可以正常用电；④使用相位伏安表等方式核对电能表和互感器接线方式，防止发生错接线；⑤用验电笔（器）测试电能表外壳、零线端子、接地端子应无电压。

8）第8步，实施封印。确认安装无误后，正确记录新装电能表各项读数，对电能表、计量柜（箱）、联合接线盒等进行加封，记录封印编号，并拍照留证。

（2）高压计量装置更换作业。

1）第1步，核对、记录信息。具体步骤为：①根据装拆工作单核对用户信息，电能表、互感器铭牌内容和有效检验合格标志，防止因信息错误造成计量差错；②检查计量设备封印是否完好，如发现异常，则转异常处理程序，并核对现场信息是否与装拆工作单相符；③抄录电能表当前各项读数，并拍照留证。

2）第2步，接线检查。具体步骤为：①检查电能表和互感器是否有故障；②使用相位伏安表等方式核对电能表和互感器接线方式，防止发生错接线。

3）第3步，短接和断开连接片。先短接联合接线盒内的电流连接片，再断开联合接线盒内的电压连接片。

注意：严禁电流互感器二次回路开路和电压互感器二次回路短路或接地，防止发生设备损坏和人身伤害。

4）第4步，记录时刻与功率。记录换表开始时刻和瞬时功率。

5）第5步，拆除需换电能表。具体步骤为：①先验电，确认电能表及接线无电；②拆除电能表进、出线，顺序为先电压线、后电流线，先进线、后出线，先相线、后零线，从左到右；③拆除电能表固定螺钉，取下电能表。

6）第6步，安装电能表。具体步骤及要求为：①检查确认计量柜（箱）完好，符合规范要求；②根据计量柜（箱）接线图核对检查确保接线正确、布线规范，导线的敷设及捆扎应符合规程要求；③安装电能表时，应把电能表牢固地固定在计量柜（箱）内，电能表显示屏应与观察窗对准；④按照先出后进、先零后相、从右到左的原则进行接线；⑤所有布线要求横平竖直、整齐美观，连接可靠、接触良好，导线应连接牢固，螺栓拧紧，导线金属裸露部分应全部插入接线端钮内，不得有外露、压皮现象；⑥当导线小于端子孔径较多时，应在接入导线上加扎线后再接入；⑦计量柜（箱）内进出线应尽量同方向靠近，布线应尽量远离电能表，减小电磁场对电能表的影响。

7）第7步，安装检查。对照典型接线图，对电能表安装质量和接线进行检查，确保接线正确，工艺符合规范要求。

8）第8步，恢复连接片。接线完毕后，恢复联合接线盒内的电压连接片和电流连接片，顺序为先电压后电流。

9）第9步，记录时刻。停止计时，记录换表结束时刻，把换表所用的时间、瞬时功率填写在装拆工作单并让客户确认。

10）第10步，现场通电检查。具体步骤及要求为：①检查联合接线盒内连接片位置，确保正确；②检查电能表等相关电能计量装置，运行状态应正常；③用验电笔（器）测试电能表外壳、零线端子、接地端子应无电压。

11）第11步，实施封印。确认安装无误后，正确记录新装电能表各项读数，对电能表、计量柜（箱）加封，记录封印编号，并拍照留证。

（3）经互感器接入式低压电能计量装置新装作业。

1）第1步，断开电源并验电。具体步骤为：①核对作业间隔；②使用验电笔（器）对计量柜（箱）金属裸露部分进行验电；③确认电源进、出线方向，断开进、出线断路器，且能观察到明显断开点。④使用验电笔再次进行验电，确认互感器一次进出线等部位均无电压后，装接地线。

2）第2步，核对信息。根据装拆工作单核对客户信息，电能表、互感器铭牌内容和有效检验合格标志，防止因信息错误造成计量差错。

3）第3步，安装互感器。具体要求为：①电流互感器一次绕组与电源串联接入并可靠固定；②同一组的电流互感器应采用制造厂、型号、额定电流变比、准确度等级、二次容量均相同的互感器；③电流互感器进线端极性符号应一致。

4）第4步，连接互感器侧二次回路导线。具体要求为：①导线应采用铜质绝缘导线，电流二次回路截面不应小于$4mm^2$，电压回路截面不应小于$2.5mm^2$；②互感器至电能表的二次回路不得有接头或中间连接端钮（联合接线盒除外）；③连接前采用500V绝缘电阻表测量其绝缘，结果应符合要求；④校对互感器计量二次回路导线，并分别编码标识；⑤互感器的二次绕组与联合接线盒之间应采用六线连接。

5）第5步，安装电能表。具体步骤及要求为：①检查确认计量柜（箱）完好，符合规范要求；②根据计量柜（箱）接线图核对检查确保接线正确、布线规范、联合接线盒安装，导线的敷设及捆扎应符合规程要求；③安装电能表时，应把电能表牢固地固定在计量柜（箱）内，电能表显示屏应与观察窗对准，本地费控电能表点卡插座应与插卡孔对准；④按照先出后进、先零后相、从右到左的原则进行接线；⑤将联合接线盒内的电流短路连接片接至正常位置，电压熔丝或连接片、电压中性线连接片接至连接位置；⑥所有布线要求横平竖直、整齐美观，连接可靠、接触良好，导线应连接牢固，螺栓拧紧，导线金属裸露部分应全部插入接线端钮内，不得有外露、压皮现象；⑦计量柜（箱）内进出线应尽量同方向靠近，布线应尽量远离电能表，减小电磁场对电能表的影响。

6）第6步，安装检查。具体步骤及要求为：①检查互感器安装牢固，一、二次侧连接的各处螺丝牢固，接触面紧密，二次回路接线正确；②对电能表安装质量和接线进行检查，确保接线正确，工艺符合规范要求；③检查联合接线盒内连接片位置，确保正确；④如现场暂时不具备通电检查条件，可先实施封印。

7）第7步，现场通电及检查。①拆除接地线；②对新装电能计量装置进行通电，通电前应再次确认出线侧断路器处于断开位置；③合上进线侧断路器，确认电能表工作状态正常；④合上出线侧断路器，确认电能表正常工作，客户可以正常用电；⑤使用相位伏安表等方式核对电能表和互感器接线方式，防止发生错接线；⑥用验电笔（器）测试电能表外壳、零线端子、接地端子应无电压。

8）第8步，实施封印。确认安装无误后，正确记录电能表各项读数，对电能表、计量柜（箱）、联合接线盒等加封，记录封印编号，并拍照留证。

（4）高压电能计量装置故障核查。

1）第1步，计量柜（箱）验电。使用验电笔（器）对计量柜（箱）、采集器箱金属裸露部分进行验电，并检查计量柜（箱）接地是否可靠。

2）第2步，核对信息。根据故障处理工作单，核对客户信息、电能表铭牌参数等内容，确认故障计量装置位置。

3）第3步，计量柜（箱）核查。核查计量柜（箱）外观是否正常，封印是否完好，有异常现象拍照取证后转异常处理流程。

4）第4步，电能表核查。具体内容为：①核查电能表外观是否有破损、烧毁痕迹，封印是否完好，若有异常现象，拍照取证后转异常处理流程；②核查电能表显示屏显示是否完整，有无黑屏等故障；③按键核查电能表时钟、时段、电压、电流、相序、功率、功率因数等信息是否正常，对于本地费控电能表，应核查表内剩余金额；④拆除联合接线盒封印并做好记录，用钳形万用表测量电能表电压、电流后，用现场校验仪核查电能表接线，并进行误差校验，确认电能表误差是否在合格范围内；⑤电能表误差校验前，应检查电能表现场校验仪的电压、电流线绝缘良好，无破损，根据电能表接线方式，正确接入电能表现场校验仪；⑥确定故障类型，拍照取证后，直接进入故障处理流程；⑦操作过程中应防止电流互感器二次回路开路，电压互感器二次回路短路或接地。

5）第5步，二次回路核查。具体步骤及要求为：①核查二次线是否有破损、烧毁痕迹，注意核查二次回路时，不得打开高压开关柜（箱）门，防止误碰带电设备，使用螺钉旋具时，除接触螺钉的顶部以外的金属裸露部分应用绝缘胶布包裹；②电压二次回路带保险，应核查保险是否正常；③确定故障类型，拍照取证后，直接进入故障处理程。

6）第 6 步，电压互感器核查。具体步骤及要求为：①判断为电压互感器的故障后，与客户协商停电时间，停电后，再核查电压互感器；②停电后，核查电压互感器外壳有无破损、烧毁等情况；③使用万用表核查高压熔断器是否损坏；④确定故障类型，拍照取证后直接进入故障处理流程。

7）第 7 步，电流互感器核查。具体步骤及要求为：①判断为电流互感器的故障后，与客户协商停电时间，待停电后，再核查电流互感器；②停电前记录一、二次电流值，测算电流互感器实际电流变比与电流互感器铭牌、营销业务应用系统中记录的变比是否相符；③停电后，核查电流互感器外壳有无破损、二次接线端头有无烧毁情况；④确定故障类型，拍照取证后，直接进入故障处理流程。

（5）高压电能计量装置故障处理。

1）第 1 步，断开电源并验电。具体步骤为：①核对作业间隔；②使用验电笔对计量柜（箱）金属裸露部分进行验电；③确认电源进、出线方向，断开进、出线断路器，且能观察到明显断开点；④使用验电笔（器）再次进行验电，确认互感器一次进出线等部位均无电压后，装接地线。

2）第 2 步，电能表故障处理。具体步骤及要求为：①故障处理前，应告客户故障原因，并抄录电能表当前各项读数，请客户认可；②电能表故障，按照《高压电能计量装置装拆及验收标准化作业指导书》装拆电能表；③装拆电能表时，拆开的二次电压、电流线金属裸露部分应采取绝缘措施，防止短路；④短接电流二次回路时，应检查螺丝是否紧固，防止电流二次回路开路。

3）第 3 步，二次回路故障处理。具体步骤及要求为：①故障处理前，应告知客户故障原因，并抄录电能表当前各项读数，请客户认可；②根据二次回路接线故情况，采取相应的安全措施后，进行处理；③处理过程中应仔细检查，防止再次接线错误。

4）第 4 步，电压互感器故障处理。具体内容为：①电压互感器（高压熔断器）故障，应通知相关方限期进行更换，并要求更换时通知工作人员到现场；②更换电压互感器（高压熔断器）前，应告知相关方故障原因，并抄录电能表当前各项读数，请相关方认可。

5）第5步，电流互感器故障处理。具体内容为：①电流互感器故障，应通知相关方限期进行更换，并要求更换时通知工作人员到现场；②更换电流互感器前，应告知相关方故障原因，并抄录电能表当前各项读数，记录电流互感器变比，请相关方认可。

6）第6步，带电检查。具体内容为：①现场通电检查前，应会同客户一起记录故障处理后的电能表各项读数，并核对；②带电后，用验电笔（器）测试电能表外壳、零线桩头、接地端子、计量柜（箱），应无电压；③检查电能计量装置是否已恢复正常运行状态，具备误差校验条件的，应用电能表现场校验仪进行误差校验。

7）第7步，实施封印。故障处理后，应对电能表、互感器、联合接线盒、计量柜（箱）加封，互感器加封应在带电检查前，并在故障处理工作单上记录封印编号。

（6）经互感器接入式低压电能计量装置故障核查。

1）第1步，计量柜（箱）验电。使用验电笔（器）对计量柜（箱）、采集器箱金属裸露部分进行验电，并检查计量柜（箱）接地是否可靠。

2）第2步，核对信息。根据故障处理工作单核对客户信息、电能表铭牌参数等内容，确认故障计量装置位置。

3）第3步，计量柜（箱）核查。核查计量柜（箱）外观是否正常，封印是否完好，有异常现象拍照取证后转异常处理流程。

4）第4步，电能表核查。具体内容为：①核查电能表外观是否有破损、烧毁痕迹，封印是否完好，若有异常现象，拍照取证后转异常处理流程；②核查电能表显示屏显示是否完整，有无黑屏等故障；③按键核查电能表时钟、时段、电压、电流、相序、功率、功率因数等信息是否正常，对于本地费控电能表，应核查表内剩余金额；④拆除联合接线盒封印并做好记录，用钳形万用表测量电能表电压、电流后，用现场校验仪核查电能表接线，并进行误差校验，确认电能表误差是否在合格范围内；⑤确定故障类型，拍照取证后，直接进入故障处理流程。

5）第5步，电流二次回路核查。具体内容为：①核查电流二次线是否有破损、烧毁痕迹；②确定故障类型，拍照取证后，直接进入故障处理流程。

6）第6步，电流互感器核查。具体内容为：①判断为电流互感器的故障后，与客户协商停电时间，待停电后，再核查电流互感器；②停电前记录一、二次电流值，测算电流互感器实际电流变比与电流互感器铭牌、营销业务应用系统中记录的变比是否相符；③停电后，核查电流互感器外壳有无破损、二次接线端头有无烧毁情况；④确定故障类型，拍照取证后，直接进入故障处理流程。

（7）经互感器接入式低压电能计量装置故障处理。

1）第 1 步，断开电源并验电。具体步骤为：①核对作业间隔；②使用验电笔对计量柜（箱）金属裸露部分进行验电；③确认电源进、出线方向，断开进、出线断路器，且能观察到明显断开点；④使用验电笔再次进行验电，确认互感器一次进出线等部位均无电压后，装接地线。

2）第 2 步，电能表故障处理。具体内容为：①故障处理前，应告知客户故障原因，并抄录电能表当前各项读数，请客户认可；②电能表故障，按照《经互感器接入式低压电能计量装置装、拆作业指导书》装拆电能表。

3）第 3 步，电流二次回路故障处理。具体内容为：①故障处理前，应告知客户故障原因，并抄录电能表当前各项读数，请客户认可；②根据电流二次回路接线故障情况，采取相应的安全措施后，进行处理。

4）第 4 步，电流互感器故障处理。具体内容为：①故障处理前，应告知客户故障原因，并抄录电能表当前各项读数，请客户认可；②电流互感器故障，按照《经互感器接入式低压电能计量装置装、拆作业指导书》装拆电能表。

5）第 5 步，带电检查。具体步骤及内容为：①现场通电检查前，应会同客户一起记录故障处理后的电能表各项读数，并核对；②带电后，用验电笔（器）测试电能表外壳、零线桩头、接地端子、计量柜（箱），应无电压；③检查电能计量装置是否已恢复正常运行状态，具备误差校验条件的，应用电能表现场校验仪进行误差校验。

6）第 6 步，实施封印。故障处理后，应对电能表、互感器、联合接线盒、计量柜（箱）加封，互感器加封应在带电检查前，并在故障处理工作单上记录封印编号。

3. 计量接线检查实操

（1）送电前检查。

1）核查安装的电能表资产、互感器变比、表底与计量装置装拆工作票上抄录的电能表、互感器相一致，并告知用户签字确认。

2）检查电流互感器安装是否牢固，二次接线是否正确，电流互感器极性是否正确，电流互感器一次正接（P1 进 P2 出），二次也正接（S1 接表进线 S2 接表出线），反之反接；判断是否错线，是将万用表打在蜂鸣挡，测量接线盒各相电流与各相电流互感器二次绕组之间的是否导通；检查互感器外壳是否接地。

3）检查电能表与专用试验接线盒接线是否正确；接线盒内电压、电流连接片位置是否正确；连接是否可靠。

4）检查相序是否正确。

5）检查各接线桩头内螺丝是否紧固牢靠，有无碰线可能。

6）检查有无工具遗留在设备上。

（2）电能计量装置接线检测。目前常用相量图法、实负荷比较法、力矩法检查计量装置的接线。相量图法适用的条件为：①三相电压相量已知，且基本对称；②电压和电流都比较稳定；③已知负荷性质（感性或容性）和功率因数的大致范围，且三相负载基本平衡。

1）三相三线电能表接线后测量。

a. 第 1 步。测量U_{12}、U_{32}和U_{31}线电压，判断三相电压是否对称。

b. 第 2 步，测量两相电流I_1、I_2，判断电流是否对称，接线是否存在短路、开路。

c. 第 3 步。测量三相对地电压U_{10}、U_{20}、U_{30}，判断确定基准相 b 相（b 相为 0）。

d. 第 4 步。测量U_{12}与U_{32}的相位差，判断表尾电压相序的正或逆。300°为正相序，60°为逆相序。

e. 第 5 步，测量U_{12}与I_1、I_2的相位差，确定电流滞后于线电压的角度。

2）三相四线电能表接线后测量。

a. 第 1 步，电压测量。将电能表电压端子以U_1、U_2、U_3 编号；用相位表分别测量U_1、U_2、U_3 对中性线电压值；分别测量U_1、U_2、U_3 对参考点的电压，以确定电压基准相；测量线电压；检查各元件电压是否存在重相。

b. 第 2 步，电流测量。将电能表电流接线端子分别以I_1、I_2、I_3 编号。用相位伏安表卡钳分别测量I_1、I_2、I_3值。

c. 第 3 步，确定电压相序。用伏安表测定相位角，并判定相序，具体方法为分别测量U_1与U_2和U_3之间的相位角，U_1与U_2之间为 120°时为正相序；U_1与

U_2之间为240°时为逆相序。

d. 第4步，测量电压与电流间相位角。用相位伏安表分别测量U_1与I_1、I_2、I_3之间相位角。

（3）送电后检查内容。

1）观察电能表运行是否正常。

2）电压检查。用相序表核对相序，用万用表或（相位伏安表）在电能表端子内逐相测量三相电压，220V为正常，且三相电压数值相接近为正常。观察电能表屏幕显示电压相，如果出现某相电压闪烁，表示该相失压，出现一相不显示，表示该相断相；三相电压一起闪烁即电压逆向序。

3）电流检查。用相位伏安表在电能表端子内逐相测量三相电流，三相负荷电流数值相接近为正常。观察电能表屏幕显示电流相，如果出现某相电流前面有“—”号标记，表示该相失流或该相电流远小于其他相电流值；出现一相不显示，表示该相断相。

4）相位校验。用相位伏安表测量A、B、C各相电压电流相位角，各电压相量间和各电流相量间的相位关系分别“符合正相序”；同相电压与电流相量间的相位差分别“符合随相关系”；各相量之间的角度关系“符合正常情况”。测相位角时把电压测量线接U_1，电流测量线接I_2。将相位伏安表的功能开关旋转至φ（U_1，I_2）位置，用两根电压测量线接在电能表测U_a、U_n的电压端钮，电流钳子接入I_a，此时相位伏安表显示的数值，是I_a电流滞后电压U_a的角度。测量完$U_a \wedge I_a$，依次测量$U_b \wedge I_b$、$U_c \wedge I_c$，可根据测量角度判断电压电流是否同相，测量角度正常范围均为（0°～90°）。

5）用万用表测量外壳、零线接线端子应无电压。

6）检查完毕合格后，应立即加封印。

3.3.2 电能表作业标准化与失准治理

1. 电能表现场检查

针对不同的电能表，其现场检查的内容与方法也不同，具体如下。

（1）单相电能表。

1）用低压验电笔或万用表，测试电能表的相线和零线，判断接线是否正确。

2）用钳形万用表，测量电能表进线端、出线端、微型断路器下端的电压、电流，与电能表显示的电压、电流值对比是否一致。

（2）低压三相四线直接接入式电能表。

1）用低压验电笔或万用表，测试电能表的相线和零线，判断接线是否正确。

2）用钳形万用表，测量电能表各元件的进线端、出线端、出线侧空气断路器下端的电压、电流与电能表显示的电压、电流值对比是否一致。

（3）低压三相四线经互感器接入式电能表。

1）用钳形万用表测试电能表端钮盒、试验接线盒的各元件电压是否接近于额定值，且与电能表显示的电压值是否一致。

2）用钳形万用表，测量电能表端钮盒、试验接线盒上下端、电流互感器二次端钮盒的各元件电流和电能表显示的电流值是否一致。

3）用钳形万用表或变比测试仪，测量低压电流互感器一、二次电流，计算变比，判断与铭牌、系统变比是否一致。

4）核对电能表总功率，乘以计量倍率后，与仪表屏显示的一次功率是否一致。

（4）高压三相三线电能表。

1）用钳形万用表，测试电能表端钮盒、试验接线盒的各元件电压是否接近于额定值，且与电能表显示的电压值是否一致。

2）用钳形万用表，测量电能表端钮盒、试验接线盒上下端的各元件电流与电能表显示的电流值是否一致。

3）核对电能表总功率，乘以计量倍率后，与仪表屏显示的一次功率是否一致。

（5）高压三相四线电能表。

1）用钳形万用表，测量电能表端钮盒、试验接线盒的各元件电压是否接近于额定值，且与电能表显示的电压值是否一致。

2）用钳形万用表，测量电能表端钮盒、试验接线盒上下端的各元件电流与电能表显示的电流值是否一致。

3）核对电能表总功率，乘以计量倍率后，与仪表屏显示的一次功率是否一致。

（6）综合测量。用相位伏安表、用电检查仪或电能表现场校验仪，测量各元件的电压、电流、相位、功率及总功率与电能表的显示值是否一致，总功率乘以计量倍率后，与仪表屏显示的一次功率是否一致。结合负载接入情况，明确功率因数角大致范围，判断电能表接线是否正确。如果现场检测与表计显示不一致，即可判断电能表存在接线错误或损坏，启动电能表更换流程。

2. 电能表新装/更换作业标准化

（1）第 1 步，断开电源并验电。具体步骤为：①核对作业间隔；②使用验电笔（器）对计量柜（箱）金属裸露部分进行验电；③确认电源进、出线方向，断开进、出线断路器，且能观察到明显断开点；④使用验电笔（器）再次进行验电，确认一次进出线等部位均无电压后，装设接地线。

（2）第 2 步，核对、记录信息。新装电能表时，要根据装拆工作单核对客户信息，电能表、互感器铭牌内容和有效检验合格标志，防止因信息错误造成计量差错。更换作业除上述核对工作外，还需要：①检查电能计量装置封印是否完好，若发现异常转异常处理程序；②核对现场信息是否与装拆工作单相符；③抄录电能表当前各项读数，并拍照留证。

（3）第 3 步，安装/更换电能表。

1）安装电能表。

a. 检查确认计量柜（箱）完好，符合规范要求。

b. 根据计量柜（箱）接线图核对检查接线正确、布线规范、联合接线盒安装，导线的敷设及捆扎应符合规程要求。直接接入式电能计量装置接线如图3-6所示，其中，单向电能表有 4 个端子，1 为相线进线端子，2 为相线出线端子，3 为零线进线端子，4 为零线出线端子。三相四线直接式电能表 1 接 A 相进，3 接 A 相出；4 接 B 相进，6 接 B 相出；7 接 C 相进，9 接 C 相出；10 接零线，是公共端子。总体来说 1、4、7 是 A、B、C 三相进线，3、6、9 是 A、B、C 三相出线，10 是零线。注意，1、4、7 旁边的电压片不要打开。

c. 安装电能表时，应把电能表牢固地固定在计量柜（箱）内，电能表显示屏应与观察窗对准，本地费控电能表电卡插座应与插卡孔对准。

d. 按照“先出后进、先零后相、从右到左”的原则进行接线。接线顺序为先接负荷侧零线，后接负荷侧相线，再接电源侧零线，最后接电源侧相线。

e. 所有布线要求横平竖直、整齐美观，连接可靠、接触良好。导线应连接牢固，螺栓拧紧，导线金属裸露部分应全部插入接线端钮内，不得有外露、压

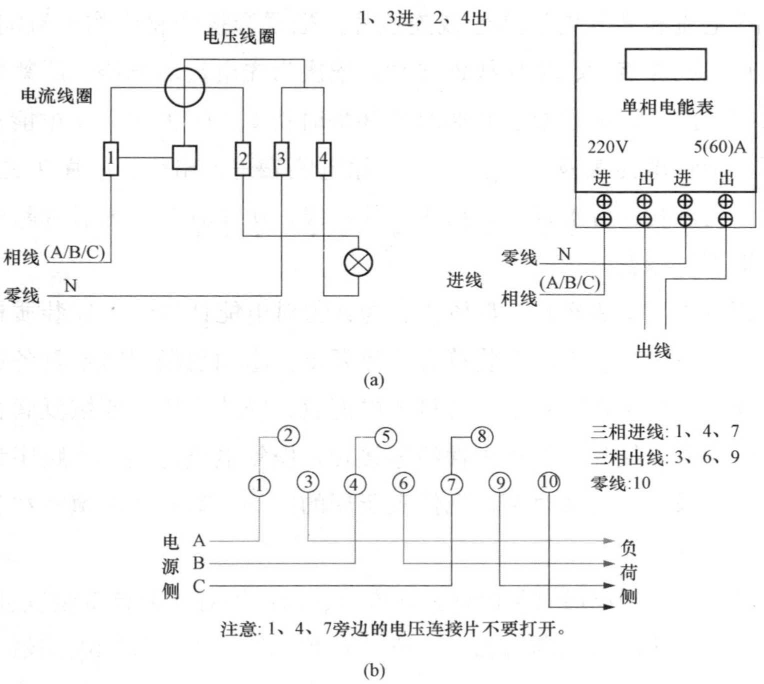

图3-6　直接接入式电能计量装置接线端子

（a）单相；（b）三相

皮现象。

f. 电能表采取多股绝缘导线，应按表计容量选择。遇若选择的导线过粗时，应采用断股后再接入电能表端钮盒的方式。

g. 当导线小于端子孔径较多时，应在接入导线上加扎线后再接入。

h. 计量柜（箱）内进出线应尽量同方向靠近并尽量远离电能表，减小电磁场对电能表的影响。

2）更换电能表。更换电能表作业，需要先拆除更换电能表，再进行上述安装步骤。

a. 拆除一般电能表。步骤为：①拆除电能表进、出线，顺序为先拆除进线、后拆除出线，先相线、后零线，从左到右；②拆除电能表固定螺钉，取下电能表。

b. 拆除非直接式电能表。步骤为：①接线检查，检查电能表和互感器是否有故障，使用相位伏安表等方式核对电能表和互感器接线方式，防止发生错接线；②短接电流和断开电压熔丝或连接片，把联合接线盒内的电流端子短接，断开电压熔丝或连接片、中性线连接片，依次为先电流后电压，严禁电流互感器二次回路开路；③记录换表开始时刻和瞬时功率；④拆除需换电能表，用验电笔（器）确认电能表及接线无电后拆除电能表进、出线，顺序为先电压线、后电流线，先进线、后出线，先相线、后零线，从左到右；最后拆除电能表固定螺钉，取下电能表。

（4）第 4 步，安装检查。具体内容为：①对电能计量装置安装质量和接线进行检查，确保接线正确，工艺符合规范要求；②如现场暂时不具备通电检查条件，可先实施封印；③对于非直接式电能表，安装完毕后要恢复联合接线盒内的电压熔丝或连接片、电压中性线连接片，恢复电流连接片，顺序为先电压后电流；④记录换表结束时刻，把换表所用的时间、瞬时功率填写在装拆工作单并让客户确认。

（5）第 5 步，现场通电及检查。具体内容为：①对新装计量装置进行通电，通电前应再次确认出线侧断路器处于断开位置；②合上进线侧断路器，确认电能表工作状态正常；③合上出线侧断路器，确认电能表正常工作，客户可以正常用电；④用验电笔（器）测试电能表外壳、零线端子、接地端子应无电压；⑤对于非直接式电能表，现场通电应先检查联合接线盒内连接片位置正确，检查电能表等相关电能计量装置运行状态正常。

（6）第 6 步，实施封印。确认安装无误后，正确记录电能表各项读数，对电能表、计量柜（箱）、联合接线盒等加封，记录封印编号，并拍照留证。

（7）第 7 步。填写告知单，填写电能表装拆告知单并交予客户。

3. 直接式计量装置故障核查与处理标准化

（1）故障核查标准化。

1）第 1 步，计量柜（箱）验电、核查。使用验电笔（器）对计量柜（箱）、采集器箱金属裸露部分进行验电，并检查计量柜（箱）接地是否可靠。

2）第 2 步，核对信息。根据故障处理工作单核对客户信息、电能表铭牌参数等内容，确认故障计量装置位置。

3）第 3 步，计量柜（箱）核查。核查计量柜（箱）外观是否正常，封印是否完好，有异常现象拍照取证后转异常处理流程。

4）第 4 步，电能表核查。具体内容为：①核查电能表进出线是否有破损、烧毁痕迹；②核查电能表外观是否有破损、烧毁痕迹，封印是否完好，若有异常现象，拍照取证后转异常处理流程；③核查电能表显示屏显示是否完整，有无黑屏等故障；④按键核查电能表时钟、时段、电压、电流、相序、功率、功率因数等信息是否正常；⑤本地费控电能表，应核查表内剩余金额；⑥拆除电能表封印并做好记录，用钳形万用表测量电能表电压、电流后，具备条件的，用现场校验仪核查电能表接线，并进行误差校验，确认电能表误差是否在合格范围内；⑦确定故障类型，拍照取证后，直接进入故障处理流程。

（2）故障处理标准化。

1）第 1 步，断开电源并验电。具体步骤为：①核对作业间隔；②使用验电笔（器）对计量柜（箱）金属裸露部分进行验电；③确认电源进、出线方向，断开进、出线断路器，且能观察到明显断开点；④使用验电笔（器）再次进行验电，确认一次进出线等部位均无电压后，装设接地线。

2）第 2 步，接线故障处理。具体内容为：①故障处理前，应告知客户故障原因，并抄录电能表当前各项读数，请客户认可；②更正接线时，具备停电条件的，应停电更正，不具备停电条件的，应断开负荷侧断路器。

3）第 3 步，电能表故障处理。具体内容为：①故障处理前，应告知客户故障原因，并抄录电能表当前各项读数，请客户认可；②电能表故障，按照《直接接入式电能计量装置装、拆作业指导书》装拆电能表。

4）第 4 步，带电检查。具体步骤及内容为：①现场通电检查前，应会同客户一起记录故障处理后的电能表各项读数，并核对；②带电后，用验电笔（器）测试电能表外壳、零线桩头、接地端子、计量柜（箱）应无电压；③检查电能计量装置是否已恢复正常运行状态。具备误差校验条件的，应用电能表现场校验仪进行误差校验。

5）第 5 步，实施封印。故障处理后，应对电能表、计量柜（箱）加封，并在故障处理工作单上记录封印编号。

4. 电能表失准问题治理实操

（1）表计新装不当的治理措施。

1）原因与问题特征。由于装表人员业务不熟悉，工作不认真，验收把关不严等，造成新装表计反向。

2）措施。①执行电能表新装标准化作业；②对新装表计按图纸或接线要求安装完成后，应使用大功率器具（如电吹风等）现场核对表计接线，计量正确、工作人员签字后，方可结束工作，严禁出现极性、流向接反。

（2）电能表故障治理措施。

1）原因与问题特征。装表人员业务不熟悉，工作不认真，验收把关不严，造成现场电能表出现有负荷但不走字、无负荷却潜动、表计液晶显示示数与采集到的数据不一致、表计时钟与当前时间偏差超过规定、过负荷烧毁、黑屏等。

2）措施。①启动电能表故障现场核查与故障处理作业流程，对故障表计进行更换；②每日上午应排查编制计量装置一类异常问题清单，并及时进行系统分析与判别，及时到现场处理接线松动、虚接/断线、接线端子损坏、表计损坏等异常；③根据需要，实施现场核查与处理，如有终止工单的，必须输入表计示数（正反向），再申请工单终止，避免表计飞走、倒走、烧毁及未下发测量点、倍率异常等导致的高（负）损发生；④加强计量装置在线监测，及时发现并解决存量异常；⑤当贸易结算供电关口电能计量装置出现故障、超差等异常情况时，营销部门应及时组织相关单位、部门，与运行单位共同分析处理计量故障，尽快恢复正常计量，并出具《电能计量故障、差错处理意见》，发展部组织相关部门研究后，审定并批准差错电量，通知有关单位及部门。

（3）表计轮换或故障处理不当治理措施。

1）原因与问题特征。由于装表人员业务不熟悉，工作不认真，验收把关不严等，使得表计现场检验与轮换不及时，轮换时操作不规范，反向码没有录入或表码示数录入错误，换表后几天不归档等，造成高（负）损。

2）电能表的现场检验与轮换周期。Ⅰ类电能表，每3个月至少现场检验1次，每2～3年轮换1次；Ⅱ类电能表，每6个月至少现场检验1次，每2～3年轮换1次；Ⅲ类电能表，每年至少现场检验1次，每2～3年轮换1次；Ⅳ类电能表，三相电能表每2～3年轮换1次，单相电能表每5年轮换1次。

3）措施。①严格执行电能表的现场检验与轮换周期；②变电站、专用变压器、公用变压器表计轮换或故障处理时，应在表计带电后核查表底正反码录入（专用变压器用户按计费要求录入）、接线、倍率无误，应实现数据成功采集并在当日12点前完成并在营销系统入库归档；③下午更换表计时务必及时抄录表码，并报一体化系统项目组进行表底补全，表计变更应及时与一体化系统项目组沟通，确保用采系统数据成功推送，减少由于表计更换数据推送失败造成的高（负）损；④低压用户批量换表，应提前与表库人员沟通，当日完成归档；

⑤更换中压线路电能表，应先算后换，集中更换，不允许走批量高压换表流程，不发生持续 6 日及以上高（负）损。

（4）表计丢失或烧毁治理措施。

1）原因与问题特征。对于一些偏远地区或隐蔽地段，由于管理不善或不便，偶尔出现电能表的不明丢失；对于个别用电大户，长时间的超负荷运行，使得电能表出现烧毁情况。

2）措施：①落实“谁主管、谁负责”责任制，责任人负责落实表计丢失或烧毁真正原因；②对于缺失、烧毁的表计，所属线路长或台区经理应在 2 日内完成计量表计的恢复与归档，2 个月内完成赔偿手续，不得造成连续 3 日及以上高（负）损。

（5）小负损治理措施。

1）原因与问题特征。新运行线路或台区，由于所带负载没有正常运转，所供用户没有正常经营或入住，投运初期，负荷偏小，供电关口是按照设计负荷水平配置的，统计线损时，供电量偏小，往往会出现小负损情况。

2）措施：①对于输电线路或专用线，排查调整出口电流互感器接线抽头或数字站回路通道系数，实现线路小电量精准计量，不发生 1 个月及以上小负损；②对于公用线路，加快负荷切割进度，从相邻线路调配负荷；③对于新建住宅小区公用变压器，配置低压计量时，应根据实际负荷变化配置与调整电流互感器变比，不发生 1 个月及以上小负损。

（6）时钟异常（超差）治理措施。

1）原因与问题特征。受表计质量、表计内部电池欠压、时钟软件设计缺陷等影响，电能表时钟时常出现超差问题，致使线路或台区日线损正、负波动。

2）措施。①合日线损正、负波动线路或台区，筛选时钟超差表计明细，及时组织进行时钟对时；②对于时钟超差≤5min 的表计，通过用电信息采集系统后台的对时功能进行对时；③对于时钟超差＞5min 的表计，安排人员到现场进行掌机对时，同时对符合国家电网公司单/三相智能电能表（2020 版）通用技术规范的电能表更换电池；④针对《多功能电能表通信协议》（DL/T 645—2007）或《多功能电能表通信规约》（DL/T 645—1997）的电能表，若时钟超差时间长，对时后效果不明显的，纳入表计更换计划，启动电能表更换流程。

（7）联络断路器计量缺失。

1）原因与问题特征。由于城市配电网互联互供断路器较多，运行方式灵活多变，而联络断路器处没有实现净利功能，使得中压线路分线路线损统计成为困难。

2）措施。①确定每条配电线路的正常运行方式，固定联络断路器位置，确定该联络断路器计量方式；②中压线路互联互供计量，应优先应用配电自动化断路器的计量模块计量，不具备计量条件时，应调整为具有计量功能的配电自动化断路器或安装高压计量装置；③开闭所母线的分段联络断路器处，应安装计量表计，满足不同母线互联互供时电量准确计量的需要。

3.3.3 互感器作业标准化与失准治理

1. 高压互感器更换作业标准化

（1）第 1 步，断开电源并验电。具体步骤为：①核对作业间隔；②使用验电笔（器）对计量柜（箱）金属裸露部分进行验电；③确认电源进、出线方向，断开进、出线断路器，且能观察到明显断开点；④使用验电笔（器）再次进行验电，确认互感器一次进出线等部位均无电压后，装设接地线。

（2）第 2 步，核对、记录信息。具体内容为：①根据装拆工作单核对用户信息，电能表、互感器铭牌内容和有效检验合格标志，防止因信息错误造成计量差错；②检查计量设备封印是否完好，发现异常转异常处理程序，并核对现场信息是否与装拆工作单相符；③抄录电能表当前各项读数，并拍照留证。

（3）第 3 步，接线检查。检查电能表和互感器是否有故障，使用相位伏安表等方式核对电能表和互感器接线方式，防止发生错接线。

（4）第 4 步，拆除互感器。拆除互感器二次接线，将互感器从固定架上拆下。

（5）第 5 步，安装互感器。具体内容为：①电流互感器一次绕组与电源串联接入，并可靠固定，电压互感器一次绕组与电源并联接入；②同一组的电流、电压互感器应采用制造厂、型号、额定电流变比、准确度等级、二次容量均相同的互感器；③电流互感器进线端极性符号应一致。

（6）第 6 步，连接互感器侧二次回路导线。具体内容为：①导线应采用铜质绝缘导线，电流二次回路截面不应小于 $4mm^2$，电压二次回路截面不应小于 $2.5mm^2$，互感器至电能表的二次回路不得有接头或中间连接端钮，联合接线盒除外；②连接前采用500V绝缘电阻表测量其绝缘，结果应符合要求；③校对电压和电流互感器计量二次回路导线，并分别编码标识；④多绕组的电流互感器应将剩余的组别可靠短路，多抽头的电流互感器严禁将剩余的端钮短路或接地；⑤三相三线接线方式电流互感器的二次绕组与联合接线盒之间应采用四线连接，三相四线接线方式电流互感器（含低压互感器）的二次绕组与联合接线盒之间应采用六线连接，严禁电流互感器二次回路开路。

（7）第7步，安装检查。具体内容为：①检查互感器安装牢固，一、二次侧连接的各处螺丝是否牢固，接触面应紧密，二次回路接线正确；②对电能表安装质量和接线进行检查，确保接线正确，工艺符合规范要求；③检查联合接线盒内连接片位置（见图3-7），确保正确。

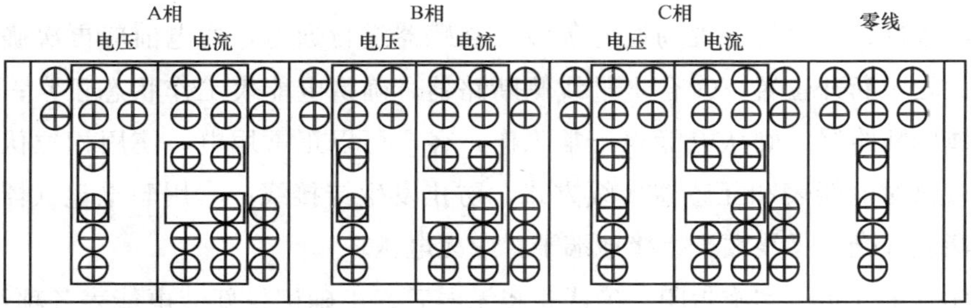

图3-7 联合接线盒内连接片位置

图3-7中，经互感器接入的电能表下面有一个接线盒，接线盒里有3个竖向电压连片，每相电流有3个接线柱2个横向电流连片。计量时，试验接线盒电压连接片连接，当试验接线盒电流相下方2、3接S1、S2，上方1、3接表计进出线时，电流连片12连接、23断开。当试验接线盒电流相下方1、2接S1、S2，上方1、3接表计进出线时，电流连片12断开、23连接。

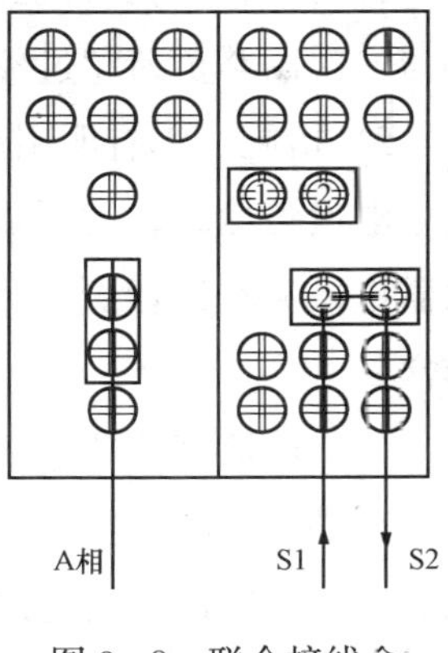

图3-8 联合接线盒正常计量状态

注意：如要实现正常计量状态，必须电压连片导通，电流连片12通、23断，如图3-8所示；如要实现换表状态，必须电压连片断开，电流连片12、23短接，如图3-9所示。电压互感器在运行中二次回路不许短路，电流互感器在运行中二次回路不允许开路。

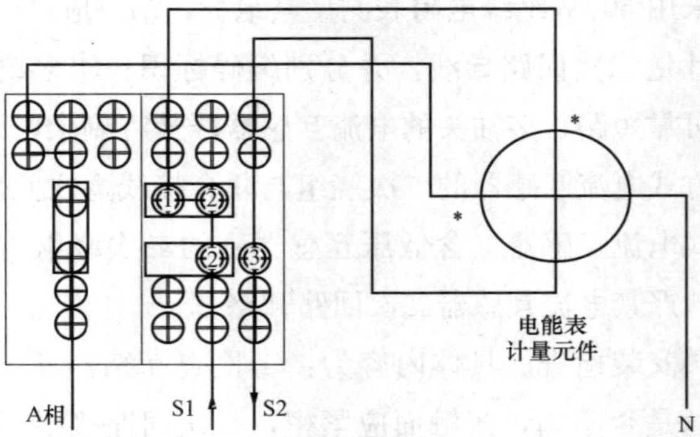

图 3-9　联合接线盒换表状态

(8) 第 8 步，现场通电及检查。具体内容为：①拆除接地线，确认是否具备通电条件；②对具备现场通电条件的互感器进行通电，通电前应再次确认负荷开关处于断开位置；③合上进线侧断路器，确认电能表工作状态正常；④合上出线侧断路器，确认电能表正常工作，客户可以正常用电，使用相位伏安表等方式核对电能表和互感器接线方式，防止发生错接线；⑤用验电笔（器）测试电能表外壳、零线端子、接地端子，应无电压。

(9) 第 9 步，实施封印。确认安装无误后，正确记录新装电能表各项读数，计量柜（箱）、联合接线盒等进行加封，记录封印编号，并拍照留证。

2. 失准问题治理实操

(1) 互感器二次回路过负荷。

1) 原因与问题特征。用户超容量用电或互感器配置不正确等，造成电流互感器二次回路负荷超过额定负荷。

2) 措施。①查明引起过负荷的原因，核对系统档案设备清单，补充完善档案用电设备信息；②开展系统智能研判分析，对配置不合理互感器启动电流互感器更换流程进行更换处理；③加强计量装置在线监测，及时发现并解决存量异常。

(2) 电流互感器倍率不实。

1) 原因与问题特征。工程验收把关不严或系统录入错误，造成现场电流互感器一、二次回路测得的电流与电流互感器标称铭牌不相符合。

2) 措施。①现场核实电流互感器真实倍率；②启动更换流程，对异常电流互感器进行更换；③加强新投运设备验收把关，杜绝此类异常的重复发生。

（3）电流互感器倍率过大。

1）原因与问题特征。由于互感器配置不正确，或季节性用电，或小电量轻载台区，造成电流互感器倍率过大，致使二次回路电流小于电能表启动电流无法正确计量。

2）措施。①现场核对实际运行负荷范围，重新配置，一般情况下应按照电流互感器二次电流应至少达到额定电流的30％进行配置；②启动电流互感器更换流程实施更换作业；③调整线路或台区负荷，使得运行负荷满足准确计量需要。

（4）互感器故障。

1）原因与问题特征。由于设备运行时间过长、自身质量问题或匝间短路等原因，电流互感器出现故障、开裂、烧毁等。

2）措施。①启动计量装置故障处理流程，更换故障互感器；②加强计量装置在线监测，及时发现并解决存量异常；③定期对总表及三相电能表用户互感器进行检定，排除相关异常；④严格执行互感器现场校验与周期检修规定，Ⅰ、Ⅱ类电能计量装置的电流互感器、电压互感器每5年至少现场检验1次，电流互感器的定期检修周期为1～3年；⑤按规定开展互感器维护，检查接线端子发热、松动，瓷质破裂和放电，电流表示值，二次侧接地线等是否良好，定期开展电流互感器污秽清扫与高压绝缘试验，及早发现绝缘老化程度。

（5）互感器二次压降超差。

1）原因与问题特征。由于二次回路铺设距离长、截面小，接线螺丝锈蚀、虚焊，回路断路器接触电阻大、二次线路中串有非计量线圈等原因，导致电压互感器二次压降超差。

2）措施。①电压互感器二次回路的断路器接点采用多接点并联，装用接触良好的保险管，并定期对隔离开关（刀闸）、熔断器、端子的接触部位进行打磨除锈、焊牢维护，消除接触电阻大的影响；②将计量绕组与保护绕组各自独立，负载电流小于200mA；③将电能表的二次回路与其他表计、继电保护装置等回路分开，直接由电压互感器二次端子单独电缆引至电能表，同时二次导线的截面积不低于$2\times4mm^2$；④如果可能，缩短二次引线长度。

（6）电流互感器二次线圈断路。

1）原因与问题特征。由于接线柱松动、开焊，接线螺丝处有绝缘物，线路接错，高温过负荷等，均可能引起电流互感器二次线圈断路。

2）措施。①紧固接牢接通二次引线；②清除绝缘物，紧固接线螺丝；③纠正错误接线；④选择与负荷相匹配的互感器。

3.3.4 光伏上网接线与错误接线治理

1. 光伏上网典型接线方式

下面介绍台区内0.4kV接入的光伏用户的正确接线方式。

(1) 全额上网用户。对于统购统销模式（发电量全部上网）用户，应在接入公网适当位置确定上网计量点（一般为上网线路资产分界点或合同约定），安装电能计量装置。计量点处安装双向计量电能表，表计进线接光伏用户侧，出线接电网侧。

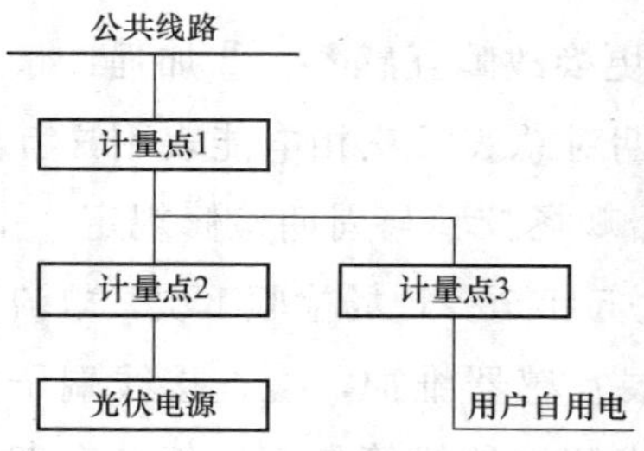

图3-10 自发自用余电上网用户计量点方式

(2) 自发自用余电上网用户。对于自发自用余电上网用户，应采用三点计量法，计量点1为上网计量点，计量用户与公共电网交换的电量；计量点2为发电量计量点，计量光伏电源发电量；计量点3为用电量计量点，计量用户自用电量。计量点1与计量点3安装共用双向电能表，且进线接电网侧，出线接光伏用户侧；计量点2安装双向计量电能表，且进线接光伏用户侧，出线接电网侧。自发自用余电上网用户计量点方式如图3-10所示。

2. 计量错误接线治理

(1) 电能表电流进出线接反。

1）原因与问题特性。由于装表人员业务不熟悉，工作不认真，验收把关不严造成电能表电流回路进出线接反，引起电能表计量反向。

2）措施。①启动电能表新装作业流程，对现场错误接线进行更正；②利用用电信息采集系统开展用户投运前的线上诊断验收，避免此类异常发生；③有条件的可实施计量装置在线监测，及时发现此类故障并发起异常工单处置；④强化计量标准化作业培训。

(2) 电能表与集中器电流回路并接。

1）原因与问题特性。用电信息采集建设人员业务不熟悉，工作不认真，验收把关不严，造成电能表电流回路与集中器电流回路并接引起分流。

2）措施。①发起计量装置故障处理流程，对现场错误接线进行更正，将原先的并联改为串联；②加强日常计量现场巡视，针对高损台区，排查解决存量异常；③加强采集工程竣工验收管理，避免此类问题发生；④强化计量标准化作业培训。

（3）电能表电流、电压相别不一致。

1）原因与问题特性。装表人员业务不熟悉，工作不认真，验收把关不严，造成接入电能表同一组计量元件的电流、电压来自不同相别引起表计不计量或少计量。

2）措施。①发起计量装置故障处理流程，对现场错误接线进行更正；②利用采集系统开展用户投运前的线上诊断验收，避免此类异常发生；③有条件的可实施计量装置在线监测，及时发现并解决存量异常；④强化计量标准化作业培训。

（4）互感器二次线反接。

1）原因与问题特性。装表人员业务不熟悉，工作不认真，验收把关不严，造成电流互感器二次回路进出线接反，引起计量装置计量错误。

2）措施。①发起计量装置故障处理流程，对现场错误接线进行更正；②利用采集系统开展用户投运前的线上诊断验收，避免此类异常发生；③加强计量装置在线监测，及时发现并解决存量异常；④强化计量标准化作业培训。

（5）回路连接片位置错误。

1）原因与问题特性。装表人员业务不熟悉，工作不认真，验收把关不严，造成联合接线盒电流、电压回路连接片位置错误。

2）措施。①对位置错误的连接片进行修正；②加强现场验收把关；③加强计量装置在线监测，及时发现并解决存量异常；④强化计量标准化作业培训。

（6）接头或连接片松动。

1）原因与问题特性。①装表人员业务不熟悉，工作不认真，验收把关不严，运行维护不到位，造成联合接线盒电流、电压回路连接片松动或脱落引起表计失流、失压；②螺丝压接式连接点导线绝缘层未完全剥除导致螺丝与导体接触不良，引起过热造成计量偏差。

2）措施。①对松动或脱落部位进行紧固，对接触不良的位置进行修复；②加强现场验收把关；③加强计量装置在线监测，及时发现并解决存量异常；

④强化计量标准化作业培训。

（7）电压回路中性线电阻过大。

1）原因与问题特性。新建台区验收把关不严，或线路老化，造成电压回路中性线断开或中性线电阻过大引起计量电压偏差。

2）措施：①修复、调换中性线；②加强现场验收把关；③强化计量标准化作业培训。

（8）分布式电源表计接线错误。

1）原因与问题特性。装表接电人员业务技能不够，或未按接线规范要求接线，造成光伏发电等分布式电源计量接线错误，上网电量与自用电量计反。

2）措施。①发起营销计量装置故障处理流程，对现场错误接线进行更正；②现场计量接线按照光伏上网典型接线方式要求进行。

3.3.5 窃电现场检查与处理

1. 窃电现场检查

（1）窃电现场环境检查。①是否在供电企业的供电设施上，擅自接线用电；②是否存在不明供电电线、电缆，核实其来源；③进线电缆前后端标识参数是否一致，有无截断续接痕迹；④进线电缆整体外形是否良好，有没有移动、磨损、更换痕迹，隐蔽敷设通道处有无破皮接缝或T接处理；⑤是否存在用途不明的无线电发射装置、无线电天线；⑥是否存在磁饱和电流声，是否存在强磁装置；⑦是否存在其他用途可疑的设备。

（2）窃电现场用电设备检查。①加封电力设备的封条（封印）是否完好，已封存设备是否在用电；②用电性质与执行电价是否匹配；③用户变压器铭牌容量与合同容量是否一致。

（3）窃电现场计量及接线检查。①电能表外观是否存在破损、灼烧现象；②电能表检定合格证是否完好，有无脱胶、胶水粘贴痕迹、粘贴位置异常等现象；③电能表的出厂、检定、校验、表尾盖等封印是否完好，是否存在伪造或被更换过的痕迹以及存在经常被摸、碰过、开盖等痕迹；④电能表有无明显的外力造成的损坏，外壳有无机械性损坏，电能表有无烧坏的迹象；⑤计量箱（柜）、电能表、试验接线盒封印是否缺失，外观是否完好，颜色是否正确，封印编号与系统是否一致；⑥配电屏计量装置前端的母排及断路器处有没有一次引出接线或连接痕迹；⑦有无异物接入计量回路；⑧是否存在改接线或错接线现象；⑨是否存在断线、松动、氧化、异常绝缘等现象；⑩低压穿芯式电流互感器极性、穿芯匝数是否正确，铭牌变比与系统是否一致，有无过热、烧焦、铭牌更动现象；试验接线盒是否存在外观破损、胶合痕迹、接线螺丝异常凸起、连接片异常等现象；⑪电能表显示的相序、电压、电流、功率、功率因数、当前日期及时间、时段、最近一次编程时间等是否存在异常，是否存在开表盖记录。

2. 仪器仪表现场检测

（1）线路窃电检测。线路主要利用电缆路径探测仪对地埋电缆等走向进行检测，判断是否存在私自T接电缆窃电；在一次线路上加装反窃电监测终端，通过与电能表数据进行比对分析诊断是否存在窃电。

（2）互感器窃电检测。利用用电检查仪高压电流测试模块测量互感器的实际电流比，并与铭牌额定变比进行比对，判断实测变比与铭牌变比是否一致。

（3）电能表及计量回路检测。主要包括：①利用用电检查仪、万用表等工具测量计量回路各位置电流、电压等参数，对比各位置测量值与电能表显示值是否一致，判断是否存在失压、失流等现象；②利用用电检查仪、万用表或变比测试仪测试低压电流互感器一、二次电流，判断实测变比与铭牌变比、系统变比是否一致；③利用用电检查仪、电能表校验仪等工器具绘制相量图，判断是否存在移相、功率因数异常等现象；④利用用电检查仪等工器具测试计量回路波形，判断是否存在整流窃电等现象。

3. 窃电取证

（1）窃电取证内容。应提取能够证明窃电行为存在及持续时间的物证、书证、影像资料等证据材料。窃电取证主要包括：①封存或提取损坏的电能计量装置，保全窃电痕迹，收集伪造或开启的加封计量装置的封印；②收缴窃电工具；③用电客户产品、产量、产值统计和产品单耗数据；④专业试验、专项技术检定结论材料；⑤窃电设备容量、窃电时间等相关信息。

（2）窃电取证方式、方法。具体有：①拍照；②摄像；③录音；④损坏的用电计量装置的提取；⑤伪造或已开启加封的用电计量装置封印收集；⑥使用电计量装置不准或者失效的窃电装置、窃电工具的收缴；⑦在用电计量装置上遗留的窃电痕迹的提取和保全；⑧制作用电检查的现场勘验笔录；⑨记录经当事人签名的询问笔录；⑩用户用电量显著变化的异常电费清单的收集；⑪用户产品用电单耗情况的收集；⑫当事人、知情人、举报人的书面陈述材料的收集；⑬专业试验，专项技术鉴定的结论的文本材料的收集；⑭其他提取、收集证据的方法。

（3）关键证据留存。关键证据应包括但不限于：①直接证明窃电行为的相关材料，如窃电短接点、改表点，绕越点、损毁变造的封印，表内外电流不一致对比，窃电仪器、窃电及违约用电通知书等实物、照片或录像；②支撑窃电量计算依据的相关材料，如容量核算时的电器铭牌，断路器及电能表的额定电流，用电信息采集系统的截图，经检定的电能表报告，仪器测试数据等；③对其他能够辅助证明用户窃电行为的佐证材料进行取证，如当事人签名的讯问笔录，当事人、知情人、举报人的书面陈述材料，公证、仲裁文件，用户生产记录、系统异常数据截图等。

4. 常见窃电问题治理

（1）绕越台区总表接电。

1）问题特征。台区内用户受电点在台区总表之前，施工队施工在总表前接电，用电量未计入总表，导致台区供电量少计。

2）措施。①加强低压配电管理，防止在台区总表前接电；②加强配电工程监管，防止施工时在台区总表前接电。

（2）暗线窃电。

1）问题特征。在进行房屋建筑过程中，采取暗线方式将室内大电器用电回路绕越计量装置隐蔽连接，平时只有小电量的分路经过电能表，不容易被发现。

2）措施。①应用低压线路分段计量控制器的计量功能，逐段排查，准确甄别高损线段或窃电用户，解决地埋线、暗线窃电问题；②对地埋线或墙内隐蔽窃电、下户线或电能表箱裸露窃电等，发现一起改造一起。

（3）防窃电不当。

1）问题特征。受历史布线方式影响，一些饭店、洗浴、歌舞、小作坊等个体户的计量装置均分布在其场所院内或建筑内，对不法人员窃电创造了便利条件。

2）措施。①将用户院内的计量装置移出，预防表前接线、表计短接、磁场干扰等窃电；②裸露分支线、下户线制订计划限期改造，预防表前挂接窃电；

③每月通过微信群、短信、网络等方式宣传反窃电法规及相关案例，大力震慑不法分子。

（4）反窃电不当。

1）问题特征。曾经服务过供电公司的电气施工队人员、农电工，熟悉下户线及电能表箱结构，熟悉电能表装接与窃电技术，还有与社会上专门从事销售窃电产品盈利的不法人员勾结，实施遥控窃电、间断性窃电等。

2）措施。①依据反窃电平台、营销稽查平台派发工单、相关举报及实时监测信息，每周组织用电检查与反窃电行动，发现窃电后取证、报警、走反窃电稽查监控平台流程；②应结合失压失流、超容用电等工单，针对性开展反窃查违；③冬季地源热泵投运前，应重点进行用电检查防窃电；④对于近 5 年来退离的农电工及从事电气安装的农民工进行重点用电排查，严厉打击熟人窃电；⑤在高损片区广泛张贴反窃电通告，通过微信群、短信等方式不断开展反窃电宣传，建立举报激励机制，营造反窃电震慑氛围。

（5）超容用电。

1）问题特征。在购置变压器时，将大容量变压器的铭牌更换为小容量，或利用电流互感器超容计量失准原理，故意隐瞒用电设备，以至于实际用电功率大大超过包装设备容量，导致计量失准，电量流失、电费少计。

2）措施。①结合高损线路及用户生产经营性质，重点对冶炼、酒店、洗浴等耗电量大户进行排查分析；②应用变压器容量测试仪、电桥等仪器，检测变压器容量及绕组电阻，判断是否超容用电；③应用负荷监测单元监测等类似设备，监测用户日负荷曲线与电能表日负荷曲线进行比对，判断是否存在窃电行为；④应用用电信息采集系统中电流过载分析模块，每月开展低压超容用户排查分析，甄别超容用户；⑤确认超容用电后，启动违约用电与窃电查处工作流程。

（6）光伏上网户的违约用电。

1）问题特征。光伏上网用户配置的表计具有正反向功能，但仅与供电公司签订了上网售电合同，没有签订用电合同，这样就存在违约下网用电的问题。

2）措施。①应用用采系统中电流反向分析模块，每月开展低压反向电量用户排查分析，甄别违约用电用户；②与客户签订用电合同，对发生的反向有功电量进行追补，减少损失。

（7）高损治理的几项有效方法。

1）每月对线损率＞4％的线路和日损＞100kW・h的台区，按线损电量大小排序，挑选线损电量较大的，编制核查计划并实施治理。

2）每周排查互感器二次电流大于5A的用户用电信息，及时发现、分析与解决变压器容量与互感器变比不匹配、用户超容用电、私自增容等问题。

3）开展用户表计反向无功核查，及时解决励磁设备负荷过补偿、新投运计量（含互感器极性）接线接反等问题。

4）应用负荷监测单元或线路负荷采集监测装置、台区智能诊断终端或台区智能管理单元等对专用变压器用户、公用变压器台区进行线损电量核对与异常甄别。

5）聚类分析，开展中压线路和台区线损率聚类比对分析，对于设备规模和供电量接近而线损率差别较大的线路和台区，认真查找高损原因，采取有效治理措施。

6）对农村共用零线用户，应限期改造为一户一零线方式，防止多用户反向电量发生。

5. 窃电预防措施

（1）应用防窃电能力强的计量装置。推广应用“智能电能表”，提高电能表内部计量、外部封印防护、事件记录、安全认证等防窃电能力。应用电子标签嵌入式互感器、低压抗直流电流互感器、全封闭表箱、微电子防伪封印，提高计量设备防窃电能力。

（2）应用防窃电监测装置。应用回路状态巡检仪、用电远程稽查仪、电能计量在线监测装置、智能闭锁防窃电计量箱，对电能表、互感器及二次回路、表箱进行状态监测，对开路、短路、分流、串接半导体元件和强磁干扰、异常振动等事件进行预警。

（3）对台区进行防窃电改造。将防窃电要求纳入台区改造规划，消除接户线中间接头、拆除销户的接户线，将离建筑物、构筑物较近的低压线路更换为绝缘线。更换老旧分接箱、老旧表箱，严格落实表箱加锁、表计加封等计量管理规定。

（4）应用系统大数据分析开展防窃电预警。拓展采集系统功能，实现分相电流、电压、功率、电能示值等用电信息全数据采集。推进营销系统、采集系统、营销稽查监控系统等信息化系统等业务数据共享共用，建立涵盖营销各业务的反窃电及违约用电线索规则库，建立反窃电分析模型，对用电信息进行大数据分析，定位“窃电”嫌疑用户进行防窃电预警，构建“异常发起—现场稽查—结果反馈”的常态工作机制。搭建出多功能防窃电仿真实验平台，开展业务培训，提高检查人员防窃电技能。

3.4　采集作业标准化与问题治理

采集问题治理应根据“采集不全”问题排查结果，优先治理。采集问题治理工作也应严格执行相关国家标准、行业标准和本企业标准，按照计量采集专业标准化作业指导书实施各项作业。采集问题治理通用流程与计量问题治理工作通用流程相同。

3.4.1　专用变压器采集终端作业标准化与问题治理

1. 专用变压器采集终端安装/更换作业标准化

（1）第 1 步，断开电源并验电。①核对作业间隔；②使用验电笔（器）对计量柜（箱）、采集终端箱金属裸露部分进行验电，并检查柜（箱）接地是否可靠；③确认电源进、出线方向，断开进、出线断路器，且能观察到明显断开点；④使用验电笔（器）再次进行验电，确认一次进出线等部位均无电压后，装设接地线。

（2）第 2 步，接取临时电源。①从工作许可人指定的电源箱接取，检查电源电压幅值、容量是否符合要求，且在工作现场电源引入处应配置有明显断开点的隔离开关和漏电保护器；②根据施工设备容量核定移动电源盘的容量，移动电源盘必须有漏电保护器；③检查接入电源的线缆有无破损，连接是否可靠，接取电源前应先对电源箱验电，接取电源时安排专人监护，接线时隔离开关或空气断路器应在断开位置，从电源箱内出线隔离开关（刀闸）或空气开关下桩头接出，接出前应验电；④根据设备容量选择相应的导线截面。

（3）第 3 步，计量装置启封/拆除需换终端。

1）计量装置启封。具体内容为：①与客户共同核对计量装置封印是否完好，与封印记录是否相符，若发现异常必须停止工作，并启动稽查程序；②拆除封印登记回收；③对采集终端金属箱体接地检查并验电，防止设备外壳带电。

2）拆除需换终端。具体内容为：①短接控制回路常闭接点的引入线，断开控制回路常开接点的引入线，拆开终端侧控制回路；②拆开终端侧馈线；③拆开终端侧脉冲及 RS-485 数据线；④断开终端供电源，用万用表或验电笔测量无电后，拆开终端侧电源线；⑤终端拆除。

（4）第 4 步，终端固定。具体内容为：①终端宜安装在计量柜负控小室或其他可靠、防腐蚀、防雨具备专用加封、加锁位置的地方；②终端安装时面板应正对计量柜负控室窗口，以方便终端数据的查询和终端按键的使用；③终端安装应垂直平稳，至少三点固定；④终端外壳金属部分必须可靠接地；⑤终端外置天线安装应通信良好、固定牢靠（如果有）。

（5）第 5 步，终端电源回路布线/终端接线。

1）终端电源回路布线。具体内容为：①终端电源线宜采用 $2\times2.5mm^2$ 铠装电缆、控制线、信号线均宜采用 $2\times1.5mm^2$ 双绞屏蔽电缆；②选择终端电源点应稳定可靠，确保被控断路器跳闸后终端能正常运行，多电源进线的客户宜采用控制电源自动切换回路供电；③布线要求横平竖直、整齐美观，连接可靠、接触良好，导线应连接牢固，螺栓拧紧，导线金属裸露部分应全部插入接线端钮内，不得有外露、压皮现象。

2）终端接线。具体内容为：①终端侧电源线接入；②终端侧脉冲及 RS-485 数据线接入；③终端侧馈线接入；④终端侧控制回路接入，恢复控制回路动断触点。

（6）第 6 步，终端控制回路、遥信回路布线。具体内容为：①安装终端控制、遥信回路辅助端子排，用于被控断路器动合或动断触点接入，便于用户在不停电的情况下进行终端维护工作；②分励脱扣，控制线一端应并接在被控断路器的跳闸回路上，另一端应接终端动合触点上；③失压脱扣，控制线一端应串接在被控断路器的跳闸回路上，另一端应接终端动断触点上；被控断路器接入动断触点时，为避免断路器跳闸应与客户沟通，必须停电进行；④遥信回路接在被控断路器空辅助触点；⑤控制回路、遥信回路两端应使用电缆标牌或标识套进行对应编号标识；⑥布线要求横平竖直、整齐美观，连接可靠、接触良好，导线应连接牢固，螺栓拧紧，导线金属裸露部分应全部插入接线端钮内，不得有外露、压皮现象。

（7）第 7 步，脉冲及 RS-485 数据线连接。具体内容为：①电能表与终端进行脉冲及 RS-485 数据线连接；若电能表带电，应使用绝缘挡板隔离进行接线；

②数据线宜使用分色双绞屏蔽电缆；③数据线两端应使用电缆标牌或标识套进行对应编号标识，屏蔽层采用终端侧单端接地；④布线要求横平竖直、整齐美观，连接可靠、接触良好，导线应连接牢固，螺栓拧紧，导线金属裸露部分应全部插入接线端钮内，不得有外露、压皮现象。

（8）第8步，天线、馈线安装。具体内容为：①天线的安装施工应符合无线通信相关标准；②天线安装位置应在指向主中心站的方向无近距离阻挡，避开高低压进出线和人行通道；③天线位置应方便于高频馈线布线和支架固定；④天线应装设防雷保护装置，馈线应装设避雷器；⑤馈线长度超过50m时，应使用损耗不大于50dBmV/km的低损耗同轴电缆；⑥馈线两端的电缆接头应用锡焊固，馈线全长中不准有接头；⑦馈线敷设应选择合理路径，进入房屋前应做好防水弯；⑧天线馈线两端的高频电缆头应严格按照工艺要求的制作，接头应做防水处理，室外天线应采用防风拉线进行固定。

2. 专用变压器采集终端故障处理作业标准化

（1）第1步，验电。使用验电笔（器）对计量柜（箱）、采集终端箱金属裸露部分进行验电，并检查柜（箱）接地是否可靠。

（2）第2步，核对信息。核对用户信息，检查封印。

（3）第3步，电源故障排查。

1）排查内容。检查终端电源显示是否正常，输入电压是否正常，电源输入接口是否正常，主板、电台是否供电正常。

2）故障处理。①恢复电源点电压，恢复电源点至终端接线；②更换终端电源保险或电源模块。

（4）第4步，终端运行检查。检查终端运行是否缓慢或无反应，重启终端，检查终端版本情况，需要时进行升级。

（5）第5步，远程通信故障排查。

1）排查内容。检查电台（或终端）与用电信息采集主站通话（或通信）是否正常。

a. 对于230MHz终端，检查内容为：①使用场强测试仪测试现场场强是否符合要求；②检查天线、馈线及接头是否完好。

b. 对于非230MHz终端，检查内容为：①检查无线通信终端上电后信号强度，是否显示联网、注册成功；②检查有线通信终端上电后通信指示是否正常。

2）故障处理。

a. 对于230MHz终端，故障处理方法为：①根据现场场强强度调整天线方向或位置；②与用电信息采集主站联系，切换通信频点；③更换高增益天线、馈线或电台。

b. 对于非230MHz终端，故障处理方法为：①如无线网络信号异常，应确认无线网络信号基站情况（是否故障、是否处理），运营商是否进行系统升级、数据割接等，当判断故障属运营商责任时，应通知运营商进行处理；部分信号较弱位置可通过调整天线位置或更换增益天线进行改善；②通过更换通信卡、重新配置参数等方式仍无法解决通信卡故障的，可通知运营商协助解决；③发现光纤通道故障时，应及时通知通信部门，由通信部门负责通知信道维护单位进行故障处理。

（6）第6步，本地通信故障排查。

1）排查内容。①检查RS-485数据线是否正常，终端和电能表的RS-485端口是否正常；②检查脉冲数据线是否正常，终端和电能表的脉冲端口是否正常；③电能表通信参数设置（电能表地址、规约、波特率等）是否正确。

2）故障处理。①设置电能表通信参数；②更换RS-485数据线，更换RS-485芯片或接口板，应使用绝缘挡板隔离进行接线，防止脉冲及RS-485数据线故障处理时短路或接地；③修改终端脉冲常数，更换脉冲线、脉冲接口板。

（7）第7步，控制、信号故障排查。

1）排查内容。①检查终端控制电压是否正常；②检查遥信信号与继电器位置是否一致，继电器工作是否正常；③控制回路、信号回路接线是否松动。

2）故障处理。修复控制回路、信号回路接接线，更换终端继电器接口板。

（8）第8步，现场调试。具体内容为：①信息上报，将故障处理信息及参数变更信息上报用电信息采集主站；②终端测试，对终端进行测试，检查各项功能应正常；③装置加封，检查并清理柜（箱）内杂物，对原拆封处施加封印，并做好记录，请客户确认。

（9）第9步，其他要求。①如因电能表故障，发起电能表故障轮换流程；②如因断路器拒动，对断路器进行消缺处理；③终端无法修复，更换终端；④如涉及电量电费问题，需及时提供相关资料给相关部门。

3. 采集终端异常日常防范

（1）应及时更换变电站有故障或故障风险的采集终端，更换时应采集“日冻结”数据，不得采“实时”数据，不得出现采集终端故障或采集状态选择错误引发的批量（3 条及以上）高损、负损线路发生。

（2）应限期更换有故障风险（如终端冻结数据异常）的专用、公用变压器采集终端。

3.4.2 集中器作业标准化与问题治理

1. 集中器、采集器安装/更换作业标准化

（1）第 1 步，断开电源并验电。具体内容为：①核对作业间隔；②使用验电笔（器）对计量柜（箱）、采集终端箱金属裸露部分进行验电，并检查柜（箱）接地是否可靠；③确认电源进、出线方向，断开进、出线断路器，且能观察到明显断开点；④使用验电笔（器）再次进行验电，确认一次进出线等部位均无电压后，装设接地线。

（2）第 2 步，核对信息。

（3）第 3 步，设备检查。具体内容为：①检查电能计量装置（包括终端）外观、封印是否完好，发现窃电嫌疑时应保持现场，并通知相关部门处理；②检查电能计量装置运行状况是否正常，发现问题时应通知相关部门处理；③必要时对现场进行照相取证。

（4）第 4 步，接取临时电源/采集器、集中器拆除。

1）接取临时电源（安装）。具体内容为：①从工作许可人指定的电源箱接取，检查电源电压幅值、容量是否符合要求，且在工作现场电源引入处应配置有明显断开点的隔离开关（刀闸）和漏电保护器；②根据施工设备容量核定移动电源盘的容量，移动电源盘必须有漏电保护器；③检查接入电源的线缆有无破损，连接是否可靠，接取电源时安排专人监护，接线时隔离开关（刀闸）或空气断路器应在断开位置，从电源箱内出线隔离开关（刀闸）或空气断路器下桩头接出，接出前应验电；④根据设备容量选择相应的导线截面。

2）采集器、集中器拆除（更换）。具体内容为：①断开采集器、集中器供电电源，用万用表或验电笔测量无电后，拆除电源线；②拆除采集器、集中器与 RS-485 数据线缆的连接；③拆除外置天线与终端的连接；④终端拆除。

（5）第 5 步，采集器、集中器安装。具体内容为：①集中器、采集器应垂直安装，用螺钉三点牢靠固定在电能表箱或终端箱的底板上，金属类电能表箱、

终端箱应可靠接地；②按接线图正确接入集中器、采集器电源、RS-485 通信线缆；③接入外置天线；④经工作负责人复查确认接线正确无误后，盖上电能表、终端接线端钮盒盖；⑤通电检查集中器、采集器指示灯显示情况，观察终端是否正常工作；⑥检查无线类终端网络信号强度，必要时对天线进行调整，远程通信良好。

1）Ⅱ型集中器方式的安装（主站＋Ⅱ型集中器＋RS-485 电能表，集中器安装在电能表箱处）事项。①外挂终端箱时，终端箱与电能表箱之间 RS-485 通信线缆的连接宜采用端子排并配管敷设，RS-485 通信线缆与电源线不得同管敷设；②Ⅱ型集中器安装位置应避免影响其他设备的操作，无线公网信号强度应满足通信要求，必要时可使用外置天线；③集中器电源与集中器之间应通过明显断开点的断路器（不带跳闸功能）接入总电源；④RS-485 通信线缆，架空、直埋走线宜采用截面不小于 0.5mm^2 带铠装、屏蔽、分色双绞多股铜芯线缆，并考虑备用，表箱间的连接宜采用 2×0.75mm^2 带屏蔽、分色双绞多股铜芯线缆，电能表间的连接宜采用 2×0.4mm^2 分色双绞单股铜芯线缆；⑤楼层间需要进行 RS-485 通信线缆连接的，应在墙面配 PVC 管，配管固定前，应预先穿好电缆线，直角弯时应加弯头连接，将配管用管卡间距不超 30cm 固定在墙上；⑥电能表箱间 RS-485 通信线缆的连接宜采用端子排过渡，便于检修；⑦末端表计与终端之间的电缆连线长度不宜超过 100m；⑧经工作负责人复查确认接线正确无误后，盖上电能表、终端接线端钮盒盖。

2）全载波（微功率）方式的安装（主站＋集中器＋载波电能表，集中器安装在变压器低压侧出线处）事项。①集中器应安装在变压器 400V 母线侧，安装位置应避免影响其他设备的操作；②集中器统一在箱体内安装，箱体具备良好的抗冲击、防腐蚀和防雨能力，具备专用加封、加锁位置；③杆式变压器下集中器安装应不影响生产检修，便于日常维护；箱式变压器集中器安装在变压器操作间内。

3）半载波（微功率）方式的安装（主站＋集中器＋采集器＋RS-485 电能表）事项。①集中器应安装在变压器 400V 母线侧，安装位置应避免影响其他设备的操作；②集中器统一在箱体内安装，箱体具备良好的抗冲击、防腐蚀和防雨能力，具备专用加封、加锁位置，杆式变压器下集中器安装应不影响生产检修，便于日常维护；③箱式变压器集中器安装在变压器操作间内；④外挂终端箱时，终端箱与电能表箱之间 RS-485 通信线缆的连接宜采用端子排并配管敷设，RS-485通信线缆与电源线不得同管敷设；⑤采集器应安装在单元表箱内，若电能表箱内无终端安装位置，则在其边侧安装，安装箱体应有观察窗口便于红外调试终端和单元数据采集，采集器的安装位置应避免影响他的操作。

2. 集中器现场调试作业标准化

（1）Ⅱ型集中器方式的安装（主站＋Ⅱ型集中器＋RS485电能表）。

1）用手持抄表终端，通过红外或RS-485通信方式，抄收电能表实时表示数，以验证采集器与电能表连接正确；对不能正确抄收的，检查RS-485通信线缆，调整后直至通信正常，确保连接正确。

2）检查采集器通电后指示灯状态是否正确，指示灯包含电源、网络信号强度、GPRS在线等；建立采集器、表号、户号对应关系表，并通过远程主站注册至采集器内。

3）观察采集器上行及下行通信指示灯，用手持抄表终端检查采集器下行抄表数据是否正确、完整，联系远程主站核对采集器上行抄表数据，直至全部正确。

4）统计采集器在线情况，对不在线采集器进行现场检查调试。

5）统计抄表成功率情况，对采集失败的电能表进行现场检查调试。

6）主站应对该台区下所有用户的用电信息逐户进行采集，核对采集信息与现场信息是否一致，确保采集信息无误。

7）调试结果应达到电力用户用采系统建设验收管理规范指标要求。

8）新装和更换后的集中抄表终端调试成功后应由运行部门进行验收。

（2）全载波（微功率）方式的安装（主站＋集中器＋载波电能表）。

1）新装和更换后的终端应进行调试。

2）按主站系统的要求注册集中器。

3）集中器配置到对应的台区。

4）集中器号、SIM卡号一一对应记录登记。

5）建立集中器下所有载波电能表号、表型号及户号对应关系表。

6）将对应关系表在主站注册至集中器内。

7）统计集中器在线情况，对不在线集中器进行现场检查调试。

8）统计载波电能表抄表成功率情况，对采集失败的载波电能表进行现场检查调试。

9）主站应对该台区下所有用户的用电信息逐户进行采集，核对采集信息与现场信息是否一致，确保采集信息无误。

10）调试结果应达到电力用户用采系统建设验收管理规范的指标要求。

11）新装和更换后的集中抄表终端调试成功后应由运行部门进行验收。

（3）半载波（微功率）方式的安装（主站＋集中器＋采集器＋RS-485 电能表）。

1）新装和更换后的集中抄表终端应进行调试。

2）用手持抄表终端，通过红外通信方式，抄收电能表实时表示数，以验证采集器与电能表连接正确。

3）对不能正确抄收的，检查 RS-485 通信线缆，调整后直至通信正常，确保连接正确。

4）建立采集器、表号、表型号、户号对应关系表，并注册至采集器内。

5）按主站系统的要求注册集中器。

6）把集中器配置到对应的台区。

7）集中器号、SIM 卡号一一对应记录登记。

8）建立集中器下所有采集器、电能表表号、表型号及户号对应关系表。

9）将对应关系表在主站注册至集中器内。

10）统计集中器在线情况，对不在线集中器进行现场检查调试。

11）统计抄表成功率情况，对采集失败的电能表进行现场检查调试。

12）主站应对该台区下所有用户的用电信息逐户进行采集，核对采集信息与现场信息是否一致，确保采集信息无误。

13）调试结果应达到电力用户用采系统建设验收管理规范指标要求。

14）新装和更换后的集中抄表终端调试成功后应由运行部门进行验收。

（4）调试后的装置加封。

1）对电能表接线端钮盒盖、电能表箱、终端箱实施封印，并做好记录。

2）封印应压实，印模清晰，封丝无松动。

3）拆除的封印应予以回收。

3. 集中器、采集器故障处理作业标准化

（1）第 1 步，计量柜（箱）核查。使用验电笔（器）对表箱、采集器箱金属裸露部分进行验电，并检查表箱接地是否可靠。

(2) 第2步，核对信息。现场核对采集器编号、型号、安装地址等信息，与工作单一致。

(3) 第3步，设备检查及异常处理。

1) 设备检查。①检查电能计量装置外观、封印是否完好；②检查电能计量装置运行状况是否正常。

2) 异常处理。①发现电能计量装置无封印、疑似窃电、故障等异常时应保持现场，并通知相关部门处理；②必要时对现场进行照相取证。

(4) 第4步，远程信道检测及异常处理。

1) 检测内容。①用网络信号测试仪测试无线公网信号是否正常；②使用专用工具对通信卡进行检测，确定参数配置等是否正确，检查通信卡、通信模块接触情况；③使用仪器、系统检测光纤通道是否正常；④检查中压载波线路是否故障或检修。

2) 异常处理。①如无线网络信号异常，应确认无线网络信号基站情况（是否故障、是否检修），运营商是否进行系统升级、数据割接等，当判断故障属运营商责任时，应通知运营商进行处理，部分信号较弱位置可通过调整天线位置或更换增益天线进行改善；②通过更换通信卡、重新配置参数等方式仍无法解决通信卡故障的，可通知运营商协助解决；③发现光纤通道故障时，应及时通知通信部门，由通信部门协调解决；④中压载波信道故障时，应先询问配电管理部门，是否有线路故障或线路工作，然后通知通信管理部门查看载波通道运行情况，属信道原因的，通信部门应派人检查处理，排除通信信道原因后，再进行现场处理。

(5) 第5步，本地信道检测及异常处理。

1) 检测内容。①检查电能表与终端之间RS-485通信线缆接线是否正确，接触是否良好，是否存在短路、断路（中间利用端子排、接线盒连接部分都要检查）；②电能表与终端距离是否过长，末端表计与终端之间的电缆连线长度不宜超过100m；③利用仪器对低压载波通道的可靠性进行检测。

2) 异常处理。①电能表与集中器、采集器之间RS-485通信线缆的连接如存在错接、短路、断路等现象，应进行重新连接；②末端表计与集中器之间的电缆连线长度过长时应调整方案；③如低压载波通道的可靠性较低，应进行原因分析，如存在强干扰源或负载一直过重，可考虑增加滤波设备，必要时可通知责任管理单位协助解决。

（6）第 6 步，电能表检查检测。①检查电能表运行是否正常，有无损坏、烧灼、黑屏、停走等现象；②核对电能表信息（包括表内地址、通信规约等信息）与系统是否一致；③在 RS - 485 通信线缆未连接状态下用万用表测量电能表 RS - 485 通信口电压是否正常；④利用仪表测试电能表 RS - 485 通信能力；⑤发现电能表故障、现场信息与系统不一致，应通知责任管理部门及时解决。

（7）第 7 步，终端检测及故障处理。

1）检测内容。①观察集中器顶层显示状态栏有无告警，信号强度是否正常，翻屏查看主显示画面、底层显示状态栏瞬时量、任务执行状态、与主站通信状态等是否正常；②观察集中器、采集器各类指示灯指示是否正常；③检查集中器任务是否下发并启用、运行参数是否设置正确、各项参数是否下发；④测量集中器、采集器供电电压是否正常，确保电源正确接入；⑤用万用表测量电能表 RS - 485 通信口电压是否正常。

2）故障处理。①采集器、集中器故障应启动相关流程及时进行更换，通信卡、通信模块故障进行现场更换；②任务参数类故障应通过任务启用、参数设置、参数下发等方式进行解决；③如采集数据异常涉及电量电费问题，需及时提供相关资料给相关部门。

（8）第 8 步，故障处理后的现场调试。

1）本地调试。①根据不同组网方式按相关调试手册逐项进行；②通过手持设备对集中器下所有采集器、电能表进行调试，确保所有电能表与集中器通信成功。

2）主站联调。主站人员应配合现场故障处理人员，对用户所有接入的采集对象进行功能调试和试采集，核对采回信息与现场信息，确保完全一致。

（9）第 9 步，装置加封。具体内容为：①对电能表接线端钮盒盖、电能表箱、终端箱实施封印，并做好记录；②封印应压实，印模清晰，封丝无松动；③拆除的封印应予以回收。

4. 集中器问题治理实操

（1）集中器参数设置错误。

1）问题特征。采集系统台区总表参数未下发，或调试人员下发参数错误，或集中器内部程序紊乱，集中器参数设置端口与终端、电能表实际连接端口不一致或表号设置错误，造成集中器中电能表参数设置丢失或与采集系统不一致。

2）措施。①通过采集系统重新清参下发；②现场重启集中器并重新设置参数。

（2）集中器连接异常。

1）问题特征。①由于安装集中器时未将RS-485线拧紧，或者忘记连接线，集中器三相电压缺相接入或零线未接入，导致无电压；②集中器存在质量问题，造成集中器连接异常，采集失败。

2）措施。①重新更换RS-485线并确认接线良好；②重新检查端口设置和总表采集设置；③更换集中器。

（3）集中器召采冻结值失败。

1）问题特征。由于集中器与电能表下行通信通道信号不良，或集中器参数下发错误，导致在采集系统中召测不到电能表日冻结数据，但可穿透抄到电能表日冻结数据。

2）措施。①调整集中器抄表时间，或调整集中器抄表路由，对于户数较多（大于1000户）的台区考虑增加集中器或采集器；②通过采集系统重新下发参数。

3.4.3　通信与表计问题治理

1. 集中器与主站通信不良

（1）问题特征。①集中器远程升级失败或更新版本程序异常，会造成通信不稳定；②受到天气、其他信号干扰、运营商基站故障等因素影响，会造成采集信号不稳定；③集中器内SIM卡烧坏、氧化或者欠费，会造成停机无信号；④集中器与天线连接不牢或天线脱落、损坏，会造成通信不稳定；⑤集中器上行通信制式与SIM卡不匹配（如GPRS通信模块不能使用电信公司SIM卡，CDMA通信模块不能使用移动公司、联通公司SIM卡），会造成无信号。

（2）措施。①到现场确认集中器天线是否接好，调试、移动天线位置，或是加装信号放大器，直到信号强度增加满足要求；②使用北斗通信、中压载波等新型通信方式；③更换新SIM卡；④督促运营商快速处理基站异常。

2. 台区采集通信能力不足

（1）问题特征。普通载波通信仅能够传输电能表每日整点数据，不满足日15min测点数据传输功能需要。

（2）措施。针对高（负）损台区，应优先实施低压电力线高速载波通信（HPLC）全覆盖，实现高频数据采集、时钟精准对时、停电主动上报、台区主动识别、档案自动同步等，满足线损理论计算曲线精度需要。

3. 台区电能表采集模块混装

（1）问题特征。同一台区非互联互通的载波模块混装，或在安装电能表模块时未确认该台区使用的模块规格型号，造成该台区部分电能表采集失败。

（2）措施。对于使用窄带载波模块的台区，在同一个台区集中器、采集器、电能表需使用同一品牌规格的通信模块。

4. 电能表停电无冻结值

（1）问题特征。台区或台区所在线路检修停电时间在零点左右，与电能表冻结时间、集中器抄表时间重合，或台区供电设施在零点左右故障，导致台区跨零点停电后，部分电能表不能冻结日数据，集中器抄表失败或采集错误。

（2）措施。①统筹计划检修，避开零点整停电；②加强设备运维，减少故障停电；③调整采集主站抄表计划，或在台区复电后及时安排数据补抄；④中压线路检修，电网设备检修需要切倒负荷时，检修部门应协同营销部门制订保障线路日线损率合格的计量措施，否则设备管理部门有权拒绝切倒负荷操作；⑤停电管理，应密切关注每周停电计划，提前预判停电工作对线路线损率的影响，切实采取措施避免停电表计采集失败引起的高（负）损，对于大气污染治理要求的停电，务必采取先采集后停电措施，避免电量漏抄、电费漏计追缴困难问题发生；⑥农排变压器管理，将农排变压器纳入公用变管理，减少农排变压器频繁停、送电引起的线路高（负）损。

5. 采集（抄表）不同步

（1）问题特征。供电量与售电量电能表冻结时间不一致，导致日线损率正、负波动。

（2）措施。①月度供电（输入）量、售（输出）电量采集（抄表）冻结值均设置为每月 1 日 0：00（月末日 24：00），或按照上述冻结值进行同期线损统计计算，判断线损率是否超标；②对于表计时钟超差者，及时调整达标或更换表计，保障时钟偏差达标、冻结值可靠。

6. 采集（抄表）不完整

（1）问题特征。表底缺失。

（2）措施。①应每日 12：00 前现场掌机补采日冻结数据或对表计异常进行现场核对，严禁手工补录数据；②没有按时实现采集的专线、专用变压器、公用变压器，应于当日填报电能表表底补录表格，提交一体化系统项目组进行表码补全处理；③每月 5、20 日的理论线损典型日，应避免计划停电，保障理论计算必须的负荷曲线数据齐全；④每月 2—3 日开展一体化系统无表码（空白表底）核查与处理，结合用采系统数据，及时补录缺失表码，应安排专人核对后再报项目组补录。

7. 日冻结数据异常

（1）问题特征。系统中的日冻结数据跳变。

（2）措施。应对日冻结异常、未下发测量点（计量一类异常）异常数据进行分析、比对，与现场一致时，进行手工验证；与现场数据不一致的，及时更换计量装置，按要求录入正反向表底。若涉及售电计量关口，按计费要求录入（营销系统）。

8. 光伏关口采集异常

（1）问题特征。光伏用户反向不采集或数据为空。

（2）措施。新增光伏关口应在用采系统设置成重点用户，1 个采集终端范围内光伏户大于 20 户时，要加装终端，保障反向电量采集成功；数据缺失的，应在一体化系统中手工补录表底。

9. 农排台区关口采集失败

（1）问题特征。农排变压器日冻结数据缺失。

（2）措施。①应按计划接收公有资产变压器，接收前与农排变产权人商定，在日采集冻结值上传后再停电；②应与个人资产农排变户充分沟通，在停、送电前告知台区经理，抄录停电前电能表表码，做好数据补录；③有条件时，可采用采集终端备电装置，彻底解决断电后采集失败问题。

3.5 档案问题治理

档案管理应按照线损“四分”管理要求，健全“分区、分压、分元件、分台区”关口，重点针对 10（6）kV 线路联络点、分布式电源点、办公用电等考核点等，建立健全计量装置档案，实现台区供（用）电量计量点“全覆盖、全采集”，深化电能表应用，夯实现场基础档案。充分利用营配贯通成果，做好电网设备台账、电网拓扑、运营数据的共享和贯通工作，建立信息数据维护和治理常态工作机制，结合“档案不实”问题排查结果，开展治理，保证线损计算数据源的唯一性、完整性、准确性。

3.5.1 拓扑关系错乱治理

拓扑关系是指公用线路的“站（变电站）—线（线路）—变（配电变压器)”、公用台区的“台（台区变压器）—箱（电能表箱）—户（用户电能表)”之间的物理接线关系，其中“站—线—变”反映公用变压器、专用变压器与所属公用线路，及线路所属变电站的隶属关系，一台配电变压器对应的线路和变电站是唯一的，双电源用户应安装两套计量装置。“台—箱—户”反映用户表计与所属电能表箱，及表箱所属台区变压器的隶属关系，任一用户的电能表应对应唯一的电能表箱和唯一的台区配电变压器。拓扑关系不一致是指线损计算拓扑关系与现场实际运行的拓扑关系不一致。

1. 配电线路的“线—变”关系错乱

（1）问题特征。受线路切改、运行方式、用户新装等业务影响，现场实际运行的关口表计拓扑关系发生变化，而信息系统档案中拓扑关系得不到及时变更维护，引起线路日线损率的高（负）损。

（2）措施。

1）线路切改前，相关部门应会商线路切改行动方案，包括制订相关系统数据维护方案；线路长应提前整理好线路挂接明细，协同营销、配电、项目组，统一行动，将图形数据维护到专业系统，当日切改，当天调整关口档案关系，次日检查一体化系统更新情况，发现异常及时联系项目组更新，保证线路日线损率波动不超过 3 天。

2）应确定配电线路正常运行方式及合理的供电范围，明确配网联络点和断开点，并在 PMS 系统中提前、准确配置。

3）应制订正常运行方式下配电线路编号变更及系统图形资料等修改方案并实施，理清线变关系，及时维护 PMS 系统相关信息。

4）针对存量“线—变”关系错乱线路，应以现场实际的“线—变”拓扑关系为依据，修正各个信息系统档案信息。

5）新增高压用户，业扩报装服务班应提前协同 PMS（断路器）和 GS 图形绘制，表计安装要在投运当日 12 点前完成营销系统表计归档，并实现表计成功采集。

6）新增专用变压器或者公用变压器变时，一体化系统要录入月初表底码（正、反向）。

7）应严格执行业扩流程，不得出现由于业扩流程办理缓慢导致的连续 3 日及以上高（负）损线路。

8）打包线路解包。对于日线损率合格的打包线路，应在互联线路单条测算日线损率均合格的状态下，实施解包；对于日线损率不合格的打包线路，应在确保某单条线路日线损率合格的状态下，实施解包。

9）联络计量。线路联络断路器处应装设计量装置，应用配电自动化断路器计量功能时，应合理调整断路器电压、电流修正系数，保障联络线路日线损率合格。

10）分界计量。对跨供电所（或班组）分段管理的配电线路，应安装分界计量装置，保障线损能够独立统计核算。

2. 台区“台—户”关系错乱

（1）问题特征。受低压线路切改、分区、用户新装等业务影响，现场实际运行的低压用户关口表计拓扑关系发生变化，而信息系统档案的拓扑关系得不到及时变更维护，引起台区日线损率的高（负）损。

（2）措施。

1）台区线路切改前相关部门应会商线路切改行动方案，包括制订相关系统数据维护方案，统一行动，当日切改，当日维护，保证台区日线损率波动不超过 3 天。

2）应制订低压线路编号变更及系统图形资料等修改方案并实施，理清台户关系，及时维护 GIS 系统相关信息。

3）针对存量“台—户”关系错乱问题，应以现场实际的“台—户”拓扑关系为依据，核查同期线损系统的公用变压器、专用变压器、台区用户、光伏用户是否与现场实际运行相一致，修正各个信息系统档案信息。

4）新装用户或用户表计位置变更，应将表计的档案信息从营销系统和采集系统进行同步修改，保证档案和现场的一致性。

3. 光伏档案操作不当引起拓扑混乱

（1）问题特征。新增、变更光伏发电用户档案，与现场电能表接点位置不一致或反向或没有接入采集，上网电量没有计入供电量等。

（2）措施。

1）新装光伏用户，应安装双向表，同时签订上网发电合同和供用电合同。

2）档案配置时，应正确配置正反向，确保上网计入发电量，下网计入用电量，应在表计投运之日完成档案维护。

3）光伏发电专用变压器上网时，应在该用户所属线路关口的输入电量模型配置其上网电量，若营销系统上网示数是“正向有功总”，则同期线损系统配置其上网电量是“正向加”，反之，配置“反向加”。

4）低压光伏用户上网时，应在该用户所属公用变压器台区关口的输入电量配置其上网电量；应在该用户所属公用变压器台区关口的输出电量配置其下网电量，即“反向有功加”；当上网电量就地消纳有余时，应在该用户所属线路关口的输入电量配置该用户所属台区考核表上网电量，即“反向有功加”。

5）核查存量光伏配置，发现差错按照上述措施改正。

4. 关口管理缺失引起拓扑缺失

（1）问题特征。市、县公司共用关口，仅单方面进行了配置；双电源用户计量装置安装 1 套，均会造成线损拓扑缺失。

（2）措施。

1）对于涉及市、县共用的变电站关口表计，电能表新装或变更时两级单位应协同在一体化系统中正确勾稽关联关系，在供电关口换表记录模块中，确认关口计量点有表计新装或更换记录，不出现换表记录缺失情况引起的线损高（负）损问题。

2）针对双电源户负荷侧仅安装 1 套表计，应与用户沟通，对两路电源分别装设计量，实现线损统计数据不缺失。

3.5.2 档案信息差错治理

1. 信息系统档案倍率不一致

（1）问题特征。①各专业信息系统，同一计量装置出现不同的倍率；②业务系统内电能表倍率与现场不符；③新增、变更用户的互感器实际倍率与互感器铭牌标注不一致。

（2）措施。

1）开展台区总表综合倍率一致性分析，通过数据抽取方式，开展营配调贯通、PMS系统、营销业务应用系统、用电信息采集系统台区总表倍率一致性分析，并分析倍率值在不同计算周期内是否有变化。

2）用户电能表倍率一致性分析，通过数据抽取方式，开展营配调贯通、营销系统、采集系统中的用户电能表倍率的一致性比对，并分析倍率值在不同计算周期内是否有变化。

3）台区总表倍率配置合理性分析，分析台区总表所配互感器倍率是否合理，倍率宜配置为配电变压器容量值的1.1～1.7倍（经验值）之间，或正常运行负荷电流不少于额定值的30%。

4）现场核对电流互感器铭牌倍率与实际运行倍率，如果出现不一致情况，以现场实际为依据，修正信息系统档案倍率，同时启动违约用电或营销事故处理流程。

2. 计量点状态差错

（1）问题特征。农排变压器及一些中小企业，具有季节性、临时性用电特性，频繁出现电能表计在运、停运等不同的状态，系统信息更新不及时，造成采集失败。

（2）措施。

1）针对相关高（负）损线路，从营销系统导出在运、停运配电变压器清单，现场核对变压器状态，及时维护更正信息系统档案信息。

2）农排公用变应保持带电状态，保障计量采集数据正常上传；若需停用，必须在PMS系统（暂停）、营销系统（停用）变更停用状态，并保持系统档案相一致，使其纳入白名单。

3）主动与农排用户沟通，在停送农排变压器前沟通告知，当日操作，当天维护。

4）及时处理销户在途流程业务，避免计量点状态与实际不符造成日线损不达标。

5）每周排查一次一体化系统与用采系统不一致的计量状态明细，对于一体化存在一户多计量点的与营销系统核对，及时删除多余的计量点；对一体化系统中台区供电关口多个档案的，及时在系统台区关口中删除。

6）农排专用变压器改公用变的台区，出现考核表有上、下表底不参与计算的，及时报一体化项目组处理。

3. 办理暂停/恢复不当

（1）问题特征。营销业务流程中，办理暂停或恢复业务时，操作时间不当引起高（负）损。

（2）措施。

1）应在当日12点前完成暂停/恢复用户的归档，同时必须在电采系统下发测量点数据，且表底录入（正反向）应正确。

2）下午办理暂停手续（或当日暂停，次日拉闸停电）时，应在次日交同期线损系统项目组人员在系统中补录暂停时的表底码（正反向）。

3）如有终止工单的，必须输入表计示数，再申请工单终止。

4）业务变更流程涉及电采调试工作必须下发测量点，涉及关口表底录入工作必须录入正反向，若涉及售电计量按计费要求录入营销系统。

4. 用采系统台区参数状态错乱

（1）问题特征。台区是否安装台区总表没有设定，台区下存在无用户电能表，台区状态不为运行，公用变台区属性为专用变压器，台区总表计量点用途、状态不为台区供电考核，台区考核表计量点状态不为在用，低压用户计量点主用途类型不为售电侧结算，低压用户计量点状态不为在用，计量点级数不为1级等。

（2）措施。依托用采系统，导出台区参数状态错乱清单，按照“谁主管、谁负责”原则，限期排查、核对与修正，不得出现由于上述问题导致的台区日线损率不达标超过3天。

3.5.3 数据差错治理

1. 数据补全不合格

（1）问题特征。①查询采集系统中台区所带用户电量明细，与人工通过此用户期末和期初表底码值计算用户电量不一致，表现为系统统计电量大于人工计算电量；②由于在采集系统中存在使用经验算法对未采集到的用户电能表底码进行系统补全，补全过程中会发生补全数据大于现场数据的情况，台区呈现负线损症状。

（2）措施。数据不全应先算后报，对于停运时间较长的表计，应现场核对表计状态确定表码数据，应与项目组支撑人员结合完成数据不全，补全数据应有责任班组长把关审核，严禁发生误填误报补全数据。

2. 数据推送差错

（1）问题特征。用电信息采集系统、营销系统向一体化线损管理系统推送过程中，存在系统间接口不畅，推送失败问题。

（2）措施。应加强用电信息采集系统、营销系统与同期线损系统的数据对接管理，表计更换后，应密切跟踪营销系统数据推送，及时联系项目组人员处理。

3. 多系统数据不一致

（1）问题特征。由于协同管控薄弱，多个系统数据不同步。

（2）措施。

1）新增台区投运前必须有计量采集验收环节，可采用远程视频或拍照方式，现场、系统档案应一致，接线、采集应正确。

2）应每周进行一次电采系统与同期线损系统台区档案的核对与维护。

3）应每周进行一次PMS、GS系统中线路所属变压器档案与同期线损系统线路所属变压器档案的核对与维护。

3.5.4 用采系统不可算问题核查

台区线损不可计算是指用采系统中，因计量故障、采集异常等原因造成的统计期内台区供电量为0或为空值、用电量为0或为空值，造成台区线损无法按模型准确计算，导致线损率为0或空。

1. 供电量为零或空值的原因

（1）营销系统台区档案信息变更后，用电信息采集系统调试工单未按时归档。

（2）新建台区营销系统立档时间过早，而现场用户未投用或投用后未带负荷。

（3）台区无总表且无对应的终端地址和采集点编号。

（4）台区总表计量点主用途类型选择错误，查询用采系统中台区总表计量点用途为售电侧结算。

(5) 台区集中器内总表参数未下发或下发错误，表现为总表采集失败。

(6) 采集系统内台区总表表码采集不连续或起止底码缺失。

(7) 采集信息系统中发现台区总表无日冻结数据。

(8) 在用采系统中召测表计时钟，台区总表时钟与系统时钟偏差超标。

(9) 在采集系统中查询终端参数设置，发现集中器中电能表参数设置自动丢失或与采集系统不一致。

(10) 查询设置终端参数，发现集中器的 SIM 卡与 APN 地址、与上行通信模块不匹配，或 SIM 卡芯片损坏等情况。

(11) 现场检查集中器模块指示灯闪烁、集中器接线虚接，或接头氧化等现象。

(12) 集中器冻结数据采集失败或错误，即在用采系统中检查集中器是否储存有日冻结数据，如无数据，需要进一步检查数据位置所对应的电能表是否有日冻结数据。

(13) 在采集系统召测台区总表日冻结数据，提示超时，发现采集信号存在异常，现场与主站通信不良。

(14) 在用采系统中查询上下线记录，发现现场集中器在线，但主站集中器显示掉线，可能为集中器与主站通信异常或者集中器死机、SIM 卡与上行通信模块不匹配。

(15) 通过现场排查发现台区总表或集中器损坏或接线错误，如集中器黑屏，或屏幕虽亮但不显示任何信息，联合接线盒三相电流连片接错等，导致电流短路或开路等。

(16) 在采集系统查询集中器上下线记录发现台区存在跨零点停电，表现为台区数据未采集。

2. 用电量为空值的原因

(1) 查询用采系统发现新建台区营销系统立档时间过早，而现场用户未投用或投用后未带负荷。

(2) 查询台区集中器信息，发现台区下无用用户电能表，且无对应的集中器地址和采集点编号。

(3) 在采集系统中查询用电量数据，发现表码采集不连续或表码不动、起止底码缺失、集中器载波模块故障等。

(4) 在采集系统中查询终端参数设置，发现集中器中电能表参数设置自动丢失或与采集系统不一致。

(5) 在用电信息采集系统召测日冻结数据，发现集中器冻结数据失败或错误。

(6) 在采集系统中查询上下线记录发现，现场集中器在线，但主站显示掉线，可能为集中器没有将上线报文传给主站或者集中器死机或者 SIM 卡与模块不匹配。

(7) 通过现场排查发现台区总表或集中器损坏或接线错误。

(8) 在采集系统查询集中器上下线记录，发现台区存在跨零点停电。

(9) 上行通信模块不匹配，由于天线与集中器虚接、脱落、安装位置存在干扰或者现场损坏形成台区供、用电量数据没有正确上传或没有上传。

3. 台区档案问题核查

(1) 核查营销系统是否存在台区档案信息变更后，采集系统调试工单未按时归档的情况，若确未归档，会导致采集系统内无供、用电量数据，无法计算线损。

(2) 核查是否存在新增台区营销立档时间与现场用户投用时间不符的情况，若营销业务系统台区设置过早而现场用户未投用或投用后未带负荷均会造成供、用电量为零。

(3) 台区总表档案。

1) 核对台区是否有台区总表和用户电能表档案信息，有无终端地址和采集点编号。

2) 台区总表档案计量点主用途类型是否选择错误，计量点主用途类型应选择“台区供电考核”。

3) 采集系统内台区总表是否成功下发，如未成功需在采集系统内重新下发参数，并确保下发成功。

4) 在有电能表档案的情况下，核对采集系统表码采集情况，查验采集数据是否连续，计算线损取数时是否有电能表起止底码。

5) 核查电能表是否有日冻结数据。

6) 核查台区总表时钟是否错误，进行台区总表对时。

4. 集中器问题核查

（1）核查集中器中电能表参数设置是否自动丢失或与采集系统不一致。

（2）核查集中器 SIM 卡是否与集中器上行模块匹配、是否存在烧坏、欠费等情况。

（3）核查集中器模块指示灯是否闪烁异常，核查集中器接线是否虚接，或接头氧化造成采集数据异常。

（4）核查集中器是否冻结数据失败或错误。

（5）核查采集信号是否存在异常，如信号弱，视情况加装外设天线或信号放大设备。

（6）若现场集中器在线，但主站显示掉线，则由主站运维人员进行判断处理。

5. 电能表问题核查

（1）核查电能表历史表码是否存在异常情况，如存在长期示值无变化等。

（2）核查电能表是否有日冻结数据，如无，检查采集通道和电能表模块；如有，则需核对档案或采集关系是否正确。

（3）核查台区总表或集中器是否损坏，调整错误的接线或更换烧坏的计量装置并同步至营销及采集系统。

（4）核查台区表计采集是否正常，如无信号，将造成台区线损不可算。

（5）核查台区总表的端口号；核查连接台区总表和集中器的 RS - 485 接线情况（是否断路、是否接线错误、是否端口损坏），导致台区总表不上线。

（6）核查台区总表是否有日冻结数据，若无，均属于“台区总表采集异常问题”。

（7）核查电能表是否存在跨零点停电，避免或减少台区跨零点停电，在停电结束后，及时安排主站人员进行数据补采。

第 4 章　技术高损治理

由于电网装备与负荷水平不匹配、技术落后、无功不足、负荷分布严重不平衡等导致的理论线损超标称之为技术高损。通常的表现有：线路长、导线截面小、负荷重引起的电阻性损耗超标；技术性能落后的变压器运行引起的空载损耗超标；无功补偿不足引起的功率因数低导致的电网损耗超标；低电压引起的线路损耗超标；重、过载引起的电网损耗超标；负荷波动大或三相负荷分布严重不平衡引起的电网损耗超标等。技术高损治理需要弄清楚线路和变压器的损耗率规律，遵循损耗发展规律采取针对性降损治理措施。技术高损的排查需要从负荷实测与线损理论计算着手。

4.1　负荷实测与线损理论计算

4.1.1　目的

电网负荷实测与线损理论计算是线损管理工作的重要组成部分，是排查电网高损问题进行科学决策的重要手段，电网企业每年至少开展一次代表日负荷实测与线损理论计算；对线损率异常波动的局部区域及元件，根据需要不定期开展负荷监控及线损理论计算分析。通过开展代表日负荷实测，应用理论线损计算模型和软件，对电网装备的技术损耗进行全面计算和分析，达到以下目的。

1. 掌握电网经济运行水平

通过厘清电网结构参数、运行方式和各级电网的负荷情况，从分区、分压、分元件、分台区等多个层面分析电网结构、损耗元件运行的合理性、节能性和经济性，找出规划设计、设备性能、电网运行、无功补偿、计量装置、管理降损等方面存在的问题，明确重点降损方向，以便采取针对性的降损措施。

2. 评估管理降损空间

依据线损理论计算成果，对比分析统计线损与理论线损的差值，一方面可以校核统计线损的准确性、合理性，另方面可以评估与明确管理降损空间，为开展管理降损指明方向。

3. 储备电网降损项目

通过排查高损问题、确定论证高损元件，可以有效指导电网合理规划、技术改造与经济运行，为编制和实施降损规划和技术改造项目提供重要依据。

4. 确定下阶段线损率指标计划

依据理论计算结果，结合降损项目规划、电网结构变化及地区电量结构变化，可以确定下阶段合理的线损率计划与考核指标。

4.1.2 负荷实测要求

1. 电网运行方式

实测日当日安排和保持正常运行方式，避免或减少检修停电，同时应绘制实测日当日“220kV电网大负荷某一整点潮流图”，核对线损潮流计算的准确性和采集数据的合理性。

2. 负荷实测方法

依托电能量自动采集系统（调度主网数据采集）和用户用电信息采集系统（配网用户数据采集），自动采集厂、站、线路、台区所有表计实测日当天24小时整点负荷数据，利用同期线损管理系统的计算功能，进行实测数据的应用计算。对于自动采集不成功或暂不具备自动采集能力的厂、站、线路、台区的表计，安排专人抄录表盘表计数据，并手工录入至同期线损管理系统中。

3. 负荷实测范围与内容

在代表日对电网所有表计进行1～24点整点负荷实测记录，范围与内容分述如下。

（1）实测记录的表计。不同供电区间的联络关口表计（跨区表计），各电厂高压母线侧关口表计（上网表计），35kV及以上变电站变压器各侧表计，各级电压母线出线始端表计（含专线用户表计），专线用户用户侧计量表计，公用配电线路上的专用变压器高压侧或低压侧表计，公用变压器低压总表表计，选定的大于 5%公用变压器台区的所有低压用户表计。

（2）实测记录的数据。实测计量点全天各整点电压、电流，有功功率、无功功率（或功率因数），有功电量、无功电量以及日累计电量。

（3）电压和无功数据。35kV 及以上变电站各级母线全天各整点电压，35kV 及以上变压器分接头位置，各级变电站电容器、电抗器投运数据，各个公用变压器无功补偿装置投运数据，变电站、配电所（开闭所）的站用电量，及各出线、母联等开关量状态。

（4）台区数据。选定典型台区的所有用户实测日用电量。具备宽带载波采集（HPLC）条件的，提供 1～24 点整点负荷实测数据。

4. 核实设备参数和特性数据

应事先检查信息系统设备与现场设备的一致性，与台账相结合，逐个检查、核对设备参数和特性数据，使理论计算收集的设备资料与计算期内的现场实际情况相一致。设备参数资料包括以下内容。

（1）各电压等级变电站的每台变压器、电容器组、电抗器的参数资料（铭牌或试验数据），各公用配电线路上公用变压器的容量、型号及其技术性能参数。

（2）35kV 及以上高压线路的阻抗图，10（20/6）kV 中压配电线路的单线图（含各分支线、分支箱、下户线、计量箱），图上应注明导线型号、长度、线路电阻（输电线路电抗）的实际有名值。一条线路有几种不同型号线段时，应分别标注各线段参数。

（3）选定台区低压线路的主干线、分支线、下户线导线的型号和长度，及电能表箱内用户电能表信息资料。

5. 表计检查

应组织责任人对所管辖表计进行全面检查分析，确保所有关口计量全覆盖；对表计缺失、运行不稳定或误差超差等问题表计，应在实测日前处理完毕。

4.1.3　线损理论计算要求

1. 计算方法及所需数据

35kV 及以上电网采用潮流计算方法（电力法、电量法、在线计算）；10（20/6）kV 及以下电网采用等值电阻法（基于电量、基于容量、前推回代法）；

具备潮流计算条件的地区，10kV电网也可采用潮流法。0.4kV低压电网电能损耗计算采用等值电阻法、分相等值电阻法，具备潮流计算条件的台区也可采用潮流法。

各级电网线损理论计算需要采集的数据分别如下。

（1）35kV及以上电网电能损耗计算需要采集的数据见表4-1。

表4-1　35kV及以上电网电能损耗计算需采集的数据

计算方法	35kV及以上电网计算时段内需采集的数据
潮流计算方法一电力法	1. 电网拓扑结构，线路参数，变压器参数，无功补偿设备参数等； 2. 电网24h每整点时刻（或每15min）电源点、负荷点的有功功率（kW）、无功功率（kvar）、电压（kV）和电流（A），无功补偿实际投入容量（kvar）； 3. 环境温度（℃）
潮流计算方法一电量法	1. 电网拓扑结构，线路参数，变压器参数，无功补偿设备参数等； 2. 电网24h每整点时刻（或每15min）电源点、负荷点的有功功率（kW）、无功功率（kvar）、电压（kV）和电流（A），无功补偿实际投入容量（kvar）； 3. 24h时中每1h（或15min）内电源点、负荷点的有功电量（kW·h）和无功电量（kvar·h）； 4. 环境温度（℃）
基于在线潮流损耗计算	1. 电网拓扑结构，线路参数，变压器铭牌参数，无功补偿设备参数等； 2. 电网在线潮流的数据，包括各节点电压（kV）、支路电流（A）、电源点和负荷点有功功率（kW）和无功功率（kvar）； 3. 环境温度（℃）

（2）10（20/6）kV中压配电网电能损耗计算需要采集的数据见表4-2。

表4-2　中压配电网电能损耗计算需采集的数据

计算方法	计算时段内需采集的数据
基于配电变压器电量的等值电阻法	1. 配电网拓扑结构，线路参数，变压器参数和有功电量（kW·h），无功补偿设备参数等； 2. 配电网首端负荷曲线、有功电量（kW·h）和无功电量（kvar·h）； 3. 配电网首端计算时段内电流（A）、电压（kV）曲线。 4. 含新能源、小水电或小火电机组，需要采集其有功电量（kW·h）、无功电量（kvar·h），电流（A）、电压（kV）曲线； 5. 环境温度（℃）
基于配电变压器容量的等值电阻法	1. 配电网拓扑结构，线路参数、变压器参数，无功补偿设备参数等； 2. 配电网首端负荷曲线、有功电量（kW·h）和无功电量（kvar·h）； 3. 配电网首端计算时段内电流（A）、电压（kV）曲线； 4. 含新能源、小水电或小火电机组，需要采集其有功电量（kW·h）、无功电量（kvar·h），电流（A）、电压（kV）曲线； 5. 环境温度（℃）

续表

计算方法	计算时段内需采集的数据
前推回代潮流法	1. 配电网拓扑结构，线路参数、变压器参数，无功补偿设备参数等； 2. 配电变压器的有功负荷（kW）以及无功负荷（kvar）； 3. 小电源的有功出力（kW）、无功出力（kvar）以及电压（kV）； 4. 环境温度（℃）

（3）0.4kV 低压线路电能损耗计算需要采集的数据见表 4-3。

表 4-3　　0.4kV 低压线路电能损耗计算需采集的数据

计算方法	低压电网计算时段内需采集的数据
等值电阻法	1. 电网拓扑结构； 2. 电网首端有功电量（kW·h）、无功电量（kvar·h）或有功电量（kW·h）、功率因数； 3. 电网首端计算时段内电压（kV）； 4. 电网首端每小时整点电流（A）； 5. 用户抄见有功电量（kW·h）、无功电量（kvar·h）或有功电量（kW·h）、功率因数； 6. 环境温度（℃）
分相等值电阻法	1. 电网拓扑结构； 2. 电网首端有功电量（kW·h）、无功电量（kvar·h）或有功电量（kW·h）、功率因数； 3. 电网首端计算时段内电压（kV）； 4. 电网首端每小时三相电流（A）； 5. 用户抄见有功电量（kW·h）、无功电量（kvar·h）或有功电量（kW·h）、功率因数； 6. 环境温度（℃）
潮流法	1. 电网拓扑结构； 2. 电网首端 24h 电压（kV）； 3. 电网首端 24h 三相电流（A）； 4. 电网 24h 用户抄见有功电量（kW·h）、无功电量（kvar·h）或有功电量（kW·h）、功率因数； 5. 环境温度（℃）

2. 台区计算规定

（1）典型台区选择。选定的典型台区应营配数据贯通、信息与现场相一致，应计量、采集实现全覆盖，采集成功率 100%。为真实反映台区综合线损水平，实测低压台区应按同等比例的原则选取，即按发达城网、城网、城镇乡中心区、农网 4 个类型各选取大于 5%的典型台区；在以上分类典型台区中，每类再选取 3～4 个典型台区开展分相线损理论计算，需要采集 A、B、C 分相数据。其中，发达城网（A类区域）是指经济发达、人口集中地区的城网，负荷密度大于10MW/km^2；城网（B类区域）是指城市的建成区或规划区，远郊区（或由县改区的）仅包括区政府所在地，经济开发区，工业园区范围，负荷密度5～10MW/km^{2}之间；城镇乡中心区（C类区域）是指县（县级市、旗）的城区及工业、人口相对集中的乡、镇地区，负荷密度1～5MW/km^{2}之间；农网（D类区域）是指以农业产业为主的地区，负荷密度小于1MW/km^2。

（2）台区线损理论计算。台区低压电网线损理论计算中，选取大于5%的公用变压器台区低压电网进行负荷实测与线损理论计算，优先选取同期线损管理系统中统计线损率长期排序较高的台区。下户线、电能表的功率损耗及无计量计费的信号放大器类电子元器件功率损耗均应考虑在对应低压线路损失内。选取的典型台区低压电网理论线损率汇总值，能够反映低压电网损耗率较高水平，可作为该地区整个低压电网线损率的理论线损计算值，以此来推算整个供电区台区低压电网的综合损耗电量。

3. 其他损耗计算规定

在国家电网公司供电区电网代表日线损理论计算汇总表“损失电量”的纵向列表中，除了线路、变压器的铜损和铁损外，还有“站用电量”“其他”两项损失。

（1）“站用电量”规定。各级变电站、配电站（开闭所）的站用电量应按实测电量进行计算，统计分压线损时应计入到变电站最高电压等级的分压线损“其他损耗”电量中。对于站用电采集缺失的，可按照下列标准估算：110kV及以上变电站的站用电量，1.5万kW·h/（月·站）；35kV变电站、配电站（开闭所）的站用电量，0.2万kW·h/（月·站）。

（2）“其他”损失规定。按照国家电网公司现阶段要求，“其他”损失仅包含电容器和电抗器损耗，即将运行中的电抗器、电容器及串补电容的耗电量按实测数据进行计算，采集数据缺失的，可以按80%额定容量、日投运20小时进行损失估算，统计分压线损时应将该项损失计入到变电站最高电压等级的分压线损“其他”损失电量中。若变电站母线所带的电容器回路没有计量装置，电容器损耗可按每小时0.003～0.004kW/kvar估算，低压0.4kV取大值；电抗器损耗可参考电抗器损耗限值规定执行；电抗器损耗限值可参考表4-4。

表 4-4　　　　　　　　　　电抗器损耗限值

电抗器额定容量/kvar	损耗值（油浸铁心式/干式空心）/（W/var）
100 及以下	0.015/0.03
101～300	0.012/0.024
301～500	0.010/0.02
501～1000	0.008/0.016
1000 以上	0.006/0.012

（3）暂不开展损耗计算的项目。线损理论计算时，暂不考虑高压电网的电晕损耗、绝缘子的泄漏损耗及线路谐波损耗。

4. 其他计算参数规定

（1）功率因数。35kV 和 10（20/6）kV 电网线损计算中，功率因数应采用实测值进行计算；实测不到的，可采用以下推荐值：城区取 0.95（发达城市可取 0.98），城乡交界和远郊区取 0.90。

（2）温度选择。线损理论计算所需天气温度，应按实测日最高环境温度选取。

（3）导线电阻。导线单位长度直流电阻 r_0 可由产品说明书获取或参考表 4-5 所示的单位长度直流电阻试验值选用。

表 4-5　　　常用线缆单位长度直流电阻（20℃）试验值（Ω/km）

导线截面/mm²	铜绞线 JT	铝绞线 JL	钢芯铝绞线 JL/G1A	铝芯绝缘线及电缆	铜芯绝缘导线及电缆	铝芯国标最大值	铜芯国标最大值
50	0.39	0.64	0.65	0.62	0.37	0.641	0.387
70	0.27	0.44	0.46	0.44	0.26	0.443	0.268
95	0.20	0.32	0.33	0.33	0.19	0.320	0.193
120	0.15	0.25	0.27	0.26	0.15	0.253	0.153
150	0.12	0.21	0.21	0.21	0.12	0.206	0.124
185	0.10	0.16	0.17	0.17	0.1	0.164	0.0991
240	0.08	0.13	0.132	0.132	0.08	0.125	0.0754
300	0.06	0.10	0.107			0.100	0.0601
400	0.05	0.08	0.08			0.0778	0.0470

注　表格中的最大值为《电缆的导体》（GB/T 3956—2008）中的数据。

由于交流电通过绞线导体存在涡流和磁滞、集肤效应和邻近效应，会引起电阻增加，因此，实际运行产生的交流电阻要比表 4-5 中的直流电阻试验值偏大。根据相关文献，钢芯铝绞线交直流电阻比，单层结构（铝芯/钢芯，6/1、7/1、12/1）时，为 1.20；二层或四层（绞向相反可抵消磁化力减少电阻）结构时，为 1.005；三层结构（铝芯/钢芯，45/7、54/7、54/19），为 1.03～1.07。

（4）线路的电抗。导线通过交流电时在其内部和外部产生交变磁场引起电抗。导线内部交变磁场与导线的自感有关，导线外部的交变磁场不仅与自感有关，还与导线几何尺寸、三相导线的排列方式、相间距离、每一相采用分裂导线根数等有关。对于 110kV 及以下线路，线路长度小于 50km 时可不考虑其影响。常见钢芯铝绞线架空线路的电抗值范围为 x_0＝0.34～0.48Ω/km。不同电压等级电缆线路的电抗 x_0 参考值，1kV 为 0.06Ω/km，6～10kV 为 0.08Ω/km，35kV 为 0.12Ω/km，110kV 为 0.18Ω/km。

4.1.4 开式电网潮流计算

开式电网潮流计算通常采用电力法，是根据代表日 24 小时电源点电压数据，负荷点的有功功率和无功功率数据，结合网络拓扑结构及元件阻抗参数进行潮流计算，其步骤为：①制作电网等值电路图；②从末端开始依次计算元件损耗；③从网络首端到末端依次计算各节点电压及各段电压损耗；④根据计算汇总得出的电源总输出有功功率及统计得到的分元件损耗和电网总损耗功率，进行电网的线损理论计算。

下面以一个简单的开式电网为例，简单介绍电网潮流计算中的电力算法基本原理。

案例 4-1 某 220kV 变电站的三绕组电力变压器中压侧母线电压为 115kV，有 1 回出线通过 20km 输电线路（导线为截面积 400mm^{2}的钢芯铝绞线，电阻 0.08Ω/km，电抗 0.35Ω/km）连接到 1 座 110kV 变电站。110kV 变电站的 110kV 母线有 1 条电气化铁路专用线，运行视在功率 20MW＋j6.4Mvar；主变压器为 40MW 双绕组变压器，空载损耗 25.8kW、额定负载损耗 148kW、短路阻抗 10.5、励磁电流百分数 0.56，低压侧母线额定电压为 10.5kV，低压侧运行视在功率 30MW＋j9.93Mvar。该开式电网的网络结构如图 4-1 所示。应用潮流计算法计算电网潮流分布及其电能损耗。

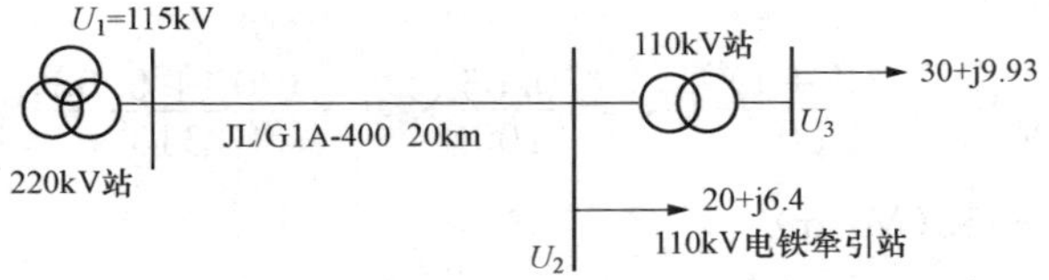

图 4-1　开式电网网络结构

1. 制作电网等值电路

开式电网等值电路如图 4-2 所示。

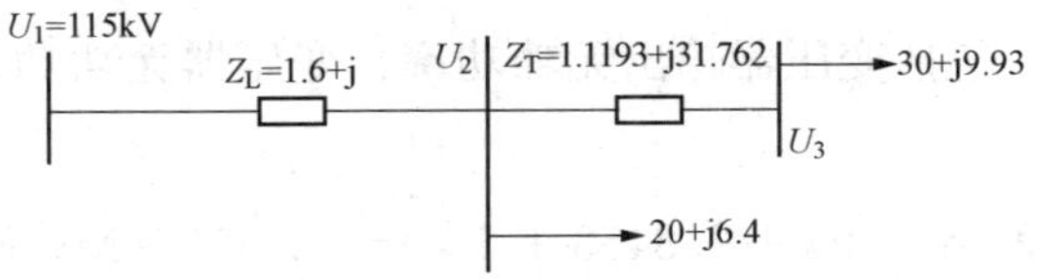

图 4-2　开式电网等值电路

线路的电阻 R_L 为

$$R_L = r_0 \times L = 0.08 \times 20 = 1.6(\Omega)$$

线路的电抗 X_L 为

$$X_L = x_0 \times L = 0.35 \times 20 = 7.0(\Omega)$$

变压器的电阻 R_T 为

$$R_T = \frac{P_k U_N^2}{S_N^2} \times 10^3 = \frac{148 \times 110^2 \times 10^3}{(40 \times 1000)^2} = 1.1193(\Omega)$$

变压器的电抗 X_T 为

$$X_T = \frac{U_k(\%) U_N^2}{S_N} \times 10 = \frac{10.5 \times 110^2 \times 10}{40 \times 1000} = 31.7625(\Omega)$$

2. 末端开始依次计算元件损耗

（1）110kV 变电站主变压器损耗计算。

1）有功损耗为

$$\Delta P_T = P_0 + \frac{P^2 + Q^2}{U^2} R_T = 25.8 \times 10^{-3} + \frac{30^2 + 9.93^2}{110^2} \times 1.1193$$

$$= 0.1182(\text{MW})$$

其中，变压器的负载损耗为 0.1182－0.0258＝0.0924（MW）

2）无功损耗为

$$\Delta Q_T = \frac{I_0}{100}S_N + \frac{P^2+Q^2}{U^2}U_T = \frac{0.56}{100}\times 40 + \frac{30^2+9.93^2}{110^2}\times 31.7625$$

$$= 2.8453(\text{Mvar})$$

其中，变压器的负载无功损耗为 2.8453－0.224＝2.6213（Mvar）

（2）输电线路末端功率。

1）有功功率。包括变压器输出有功功率、变压器有功功率损耗和电铁牵引站有功功率，即

$$P_L = 30 + 0.1182 + 20 = 50.1182(\text{MW})$$

2）无功功率。包括变压器输出无功功率、变压器无功功率损耗和电铁牵引站无功功率，即

$$Q_L = 9.93 + 2.8453 + 6.4 = 19.1753(\text{Mvar})$$

（3）输电线路的损耗功率。

1）输电线路有功损耗功率为

$$\Delta P_L = \frac{P^2+Q^2}{U^2}R_L = \frac{50.1182^2+19.1753^2}{110^2}\times 1.6 = 0.4(\text{MW})$$

2）输电线路无功损耗功率为

$$\Delta Q_L = \frac{P^2+Q^2}{U^2}X_L = \frac{50.1182^2+19.1753^2}{110^2}\times 7.0 = 1.7(\text{Mvar})$$

（4）输电线路首端输出功率。输电线路首端输出功率等于输电线路末端功率与其损耗功率之和。

1）输电线路首端输出有功功率为

$$P = P_L + \Delta P_L = 50.1182 + 0.4 = 50.5182(\text{MW})$$

2）输电线路首端输出无功功率为

$$Q = Q_L + \Delta Q_L = 19.1753 + 1.7 = 20.8753(\text{Mvar})$$

3. 各节点电压及损耗

从网络首端到末端依次计算各段电压损耗。

（1）输电线路的电压损耗为

$$\Delta U_L = \frac{PR_L + QX_L}{U_2} = \frac{50.5182\times 1.6 + 20.8753\times 7.0}{115}$$

$$= 1.97(\text{kV})$$

则线路末端电压为 $U_2 = U_1 - \Delta U_L = 115 - 1.97 = 113.03$（kV）

（2）变压器的电压损耗为

$$\Delta U_{\mathrm{T}}=\frac{PR_{\mathrm{T}}+QX_{\mathrm{T}}}{U_2}$$

$$=\frac{(30+0.1182)\times 1.1193+(9.93+2.8453)\times 31.7625}{113.03}$$

$$=3.89(\mathrm{kV})$$

则变压器的末端电压为 $U_3=U_2-\Delta U_{\mathrm{T}}=113.03-3.89=109.14$（kV），折算到低压侧的末端电压为 109.14×10.5/110=10.42（kV）。

开式电网潮流分布如图 4 - 3 所示。

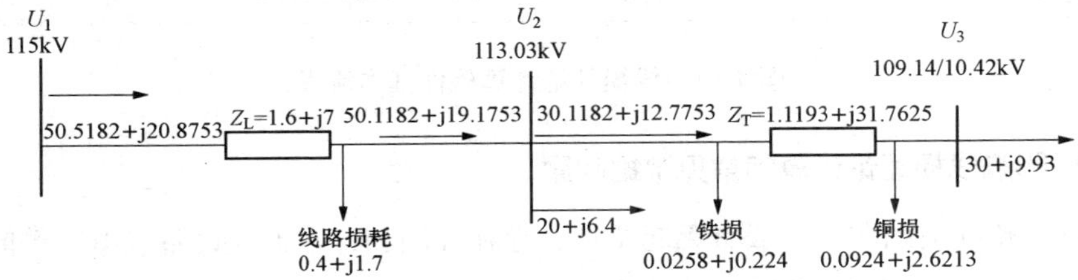

图 4 - 3　开式电网潮流分布

4. 电网的线损理论计算

由前面的计算可知，变压器有功损耗 0.1182MW，其中铁损 0.0258MW，铜损 0.0924MW；线路导线损耗 0.40MW。电网输电线路首端输入功率为 50.5182MW。

电网的总损耗为线路与变压器损耗之和，即

$$0.40+0.1182=0.5182(\mathrm{MW})$$

电网的理论线损率（%）为

$$0.5182/50.5182\times 100\%=1.03\%$$

4.1.5　计算流程及常见问题

1. 线损理论计算软件基本流程

线损理论计算软件基本流程如图 4 - 4 所示。

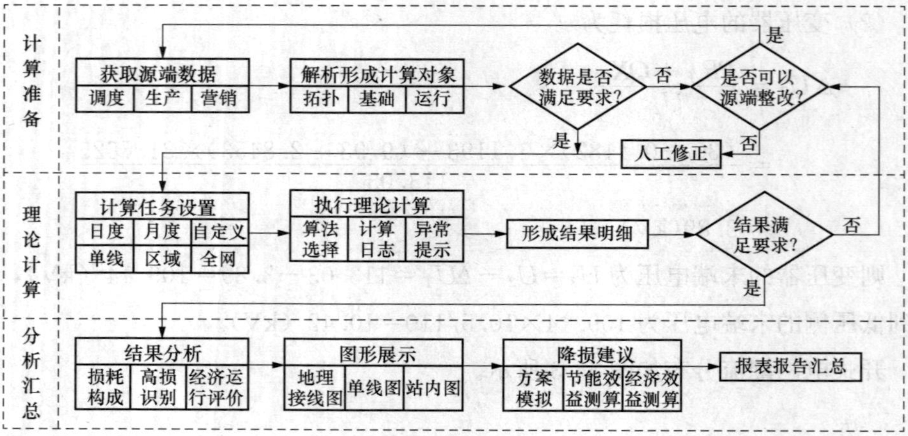

图 4-4　线损理论计算软件基本流程

2. 影响线损理论计算的常见数据问题

（1）拓扑类问题。一般有无起始点、存在环网和存在孤立设备或电网等问题。

（2）基础数据类问题。基础数据类问题见表 4-6。

表 4-6　　基础数据类问题

问题类型	设备类型	问题描述	备注
基础数据类问题	线路	参数缺失，如资产信息、线路类型（架空、电缆）、电压等级、名称、型号参数、长度等	通常情况下，220kV 及以上电压等级线路参数应取实测值，110kV 及以下电压等级线路参数根据型号与参数库典型值进行匹配计算； 进行台区分相计算时，低压线路应具有相别信息（A 相、B 相、C 相或 ABC 三相）
		参数异常，如型号异常、长度异常（零或极大值）等	型号应满足架空导线和电缆等有关标准的型号命名规定
	变压器	参数缺失，如资产信息、变压器类型（双绕组、三绕组、自耦）、电压等级、名称、容量、型号参数等	型号应满足《变压器类产品型号编制方法》（JB/T 3837—2016）的命名规定； 主要指理论计算所需的空载损耗功率、空载电压百分数、短路损耗功率、短路电流百分数等参数
		参数异常，如容量、空载损耗功率、短路损耗功率数值异常	相关参数应在《油浸式电力变压器技术参数和要求》（GB/T 6451—2015）《电力变压器能效限定值及能效等级》（GB 20052—2020）等标准规定的范围内
	其他设备	主要是电抗器、电容器、用户等其他电网设备计算所需参数缺失或异常	进行台区分相计算时，用户应具有相别信息（A 相、B 相、C 相或 ABC 三相）

(3) 运行数据类问题。运行数据类问题可分为运行数据缺失和运行数据异常。

1) 运行数据缺失。如测点有功功率，无功功率，电压，电流，电量，变压器、电容器、电抗器运行挡位等数据缺失。

2) 运行数据异常。如出现不符合逻辑的极值、零值或负值；把可计算测点对应的线路或变压器负载率是否超限，作为判断条件。

4.1.6 理论线损分析报告

1. 报告内容

开展线损理论计算编写分析报告内容应包括线损理论计算概述、电网及其运行情况、线损理论计算结果（综合、分压、分区）汇总与分析、存在问题与措施建议、理论计算工作总结与评价、相关附录等章节内容。

省公司级报告分析内容要涵盖到地市级供电公司（地市级分区分析报告可在省级主报告附录中排列），地市公司级报告分析内容要涵盖到县级供电公司（县级分区分析报告可在地市级主报告附录中排列）；汇总分析报告中的分压线损分析要纵到县级供电公司各级电压、横到所辖各区域、各单位，不遗漏、不重复。

线损理论计算表格应统一模板格式，各表格之间数据的逻辑关系应前后呼应、关联准确正确，不矛盾、不缺失、不错位。

线损理论计算报告格式应符合《国家电网公司技术标准管理办法》〔国网(科 2) 227—2014〕中字体、字号与行间距等编排要求。

2. 汇总分析

(1) 分级汇总。电力网电能损耗汇总形式采用自下而上逐级汇总，应以县、市、省、区域关口为分界，完成从 0.4kV 到 220kV 的全网理论线损计算。汇总主要包括全网分区线损率汇总、全网分压线损率汇总、全网 220kV 及以下电压等级线损率汇总、全网 110kV 及以下电压等级线损率汇总等。

(2) 分区汇总。按供电区域线损管理划分汇总，即按照不同供电区域进行理论线损汇总。常见的分区模式有区域、省、市、县、供电所等。若干区域供电量汇总时，电厂上网电量可直接进行汇总，外网送入电量和向外网送出电量汇总后需扣除汇总区域之间的互送电量。若干区域理论损耗可直接进行汇总。

(3) 分压汇总。按照不同电压等级进行线损统计汇总。交流电网分为

220kV、110kV、66kV、35kV、10（20/6）kV、0.4kV 等各电压等级。也可以根据需要，对某几个电压等级进行汇总计算。各电压等级输入电量＝本网该电压等级发电厂上网电量＋本网其他电压等级转入电量＋外网送入本电压等级电量。若干电网同一电压等级进行汇总时，该电压等级的上网电量和其他电压等级转入电量可直接汇总，外网送入该电压等级电量汇总后需扣除汇总电网之间该电压等级的互送电量。同一电网若干电压等级进行汇总时，上网电量和外网送入电量可直接汇总，其他电压等级转入电量汇总后需扣除汇总电压等级之间的互送电量。

（4）线损构成变化分析。在分压、分元件线损分析时，应分别列出线路损耗、变压器铁损和铜损、电容电抗损耗及站用电占该电压等级总电能损耗的百分比，并与上年或历年的数据相比较，以便判断损耗结构的变化。分析供电电压、输送距离（或供电半径）、电流密度、变压器负载率是否合理，以及售电量构成变化对电能损耗的影响。

（5）与同期统计线损对比分析。应按分区、分压、分元件、分台区多层面地开展统计线损与理论线损对比分析，与年度历史数据相比较，与线损元件分析相结合，判断高损区域、高损元件，提出高损元件治理措施，必要时将高损元件治理纳入项目储备。统计线损与理论线损对比分析时，要考虑两者的可比性，必要时可同口径调整。统计线损率和理论线损率变化趋势应基本一致，否则，应查明原因。

3. 报告成果应用

线损理论计算分析报告成果应服务于各级线损率指标计划制订与考核管理，服务于电网规划、设计与电网建设项目储备，服务于电网降损节能技术改造，服务于经济调度和电网经济运行，服务于上网电厂线路或大用户线路线损分摊计算等，为公司发展战略及方针制订提供支持。

4.2 高损线路治理

4.2.1 线路的损耗率规律

线路的损耗率规律是指与线路线损率变化相关的影响因素及其发展变化对

线损率变化的影响规律。下面进行线路线损率算式推导，从中探明影响线损的因素，分析其变化规律。

1. 线路首端输送的有功功率

若线路运行电压为 U、电流为 I、功率因数为 λ，则三相制线路首端输送有功功率 P 为

$$P=\sqrt{3}IU\lambda\,(\text{kW}) \tag{4-1}$$

2. 线路导线的有功功率损耗

根据焦耳定律，线路运行时其导线电阻会将电能转换为热能。导线电阻 R 的有功功率损耗 ΔP 为

$$\Delta P=3I_{\text{rms}}^2R\times 10^{-3}\,(\text{kW}) \tag{4-2}$$

若将均方根电流 I_{rms} 用平均电流 I_{av} 乘以形状系数 k 来替代，线路电阻 R 用每 km 电阻 r_0 和线路长度 L 的乘积表示，则线路导线的有功功率损耗算式为

$$\Delta P=3k^2I_{\text{av}}^2r_0L\times 10^{-3}\,(\text{kW}) \tag{4-3}$$

3. 线路的有功功率损耗率规律

根据式（4-3）和式（4-2），线路的损耗率算式推导为

$$\Delta P(\%)=\frac{\Delta P}{P}\times 100\%=\frac{3\times k^2r_0L\times 10^{-3}}{P}\cdot\left(\frac{P}{\sqrt{3}U\lambda}\right)^2\times 100\%$$

$$=\frac{k^2r_0LP}{10\times U^2\lambda^2}\cdot\%$$

即

$$\Delta P(\%)=\frac{k^2r_0LP}{10\times U^2\lambda^2}\times 100\% \tag{4-4}$$

若要考虑负荷电流引起的温升对电阻的影响、导线周围环境温度变化对电阻的影响及交流电流通过绞线产生涡流、磁滞对电阻的影响，还需要对上述算式进行修正。

算式（4-4）反映了电阻性线路的损耗率规律，即线路的线损率与线路所传输的有功功率成正比，与线路输电距离成正比、与线路导线每 km 电阻成正比，与输送负荷的形状系数的平方成正比，与线路电压的平方成反比，与其功率因数的平方成反比。

事实上，当线路一经投运后，其长度 L、截面与线材 r_0 就成为固定值，电压 U、功率因数 λ 及形状系数 k 一般变化很小，因此，线路的线损率与其输送负荷 P 是重要的正比例关系。

4.2.2 线损率测算和高损线路标准

1. 输配电线路线损率测算

按照电网标准设计负载运行的线路线损率，规定为正常线损率；当超过该线损率时，称之为高损。各级电压等级输配电线路标准线损率限值测算见表 4-7。

表 4-7　　各级电压等级输配电线路线损率限值测算

电压等级/kV	首端电压/kV	输电距离/km	导线截面 JL/G1A/mm^2	导线电阻/(Ω/km)	功率因数 λ	形状系数 k	主变压器额定容量/MVA	计算视在容量/MVA	线损率(%)
500	530.0	100	4×300	0.02675	0.98	1.03	1000	500	0.53
330	349.8	60	2×300	0.0535	0.98	1.03	360	180	0.52
220	233.2	40	2×240	0.066	0.98	1.05	240	120	0.67
110	116.6	25	300	0.107	0.95	1.07	40	30	0.75
35	37.10	10	185	0.17	0.95	1.07	10	7.5	1.18
10	10.60	10	185	0.17	0.95	1.07	4	3	5.76
0.38	0.40	0.25	3×120	0.09	0.95	1.07	0.4	0.3	5.28

注　所有线路均按末端集中负荷、依据算式（4-4）计算线路线损率；线路首端电压均按调压 1.06 倍计算；线路长度、导线及其截面积均按照常规设计，钢芯铝绞线的标称截面及对应每 km 电阻按国标规定限值选取；功率因数、形状系数按运行经验选择；计算 220kV 及以上线路的视在容量按所带主变压器额定容量的 50%计取，110kV 及以下线路的视在容量按所带主变压器额定容量或线路设计负载的 75%计取。

2. 高损线路标准

事实上，上述输配电线路线损测算的距离、负载、线径等方面均是按比较极限的条件下进行的，实际工作中应根据输配电线路标准设计及运行经验，合理确定高损标准。

输电线路高损标准及分析要素见表 4-8。

表 4-8　　输电线路高损标准及分析要素

<table>
<tr><th>序号</th><th>输电线路电压等级</th><th>高损（线损率>%）</th><th>分析要素</th></tr>
<tr><td>1</td><td>500kV 线路</td><td>0.40</td><td rowspan="3">线路长度、导线截面、阻抗（串抗）、负荷（运行方式）、负荷波动、电压、功率因数、电晕、温度；
对比校核：经济电流密度、负载率</td></tr>
<tr><td>2</td><td>330kV 线路</td><td>0.40</td></tr>
<tr><td>3</td><td>220kV 线路</td><td>0.50</td></tr>
<tr><td>4</td><td>110kV 线路</td><td>0.60</td><td rowspan="2">线路长度、导线截面、负荷、负荷波动、电压、功率因数、温度；
对比校核：经济电流密度、负载率</td></tr>
<tr><td>5</td><td>35kV 线路</td><td>1.00</td></tr>
</table>

配电线路高损标准及分析要素宜按表 4-9 执行。

表 4-9　　配电线路高损标准及分析要素

<table>
<tr><th rowspan="2">电网分类</th><th rowspan="2">区域分类</th><th colspan="2">高损标准（线损率>%）</th><th rowspan="2">高损要素</th></tr>
<tr><th>供电半径</th><th>线损率</th></tr>
<tr><td rowspan="4">中压配电网</td><td>A</td><td>小于 3km</td><td>2.0</td><td rowspan="4">供电半径（长分支线）、导线截面（主干线、分支线）、负荷、负荷波动、负荷分布、末端电压、功率因数（延伸无功补偿装置投切）、温度、配电变压器性能及其负载水平、计量装置准确度；
校核：负载率</td></tr>
<tr><td>B</td><td>3～5km</td><td>3.0</td></tr>
<tr><td>C</td><td>5～10km</td><td>4.0</td></tr>
<tr><td>D</td><td>大于 10km</td><td>5.0</td></tr>
<tr><td rowspan="4">低压配电网</td><td>A</td><td>小于 150m</td><td>3.0</td><td rowspan="4">供电半径（多分路）、导线截面（主干线、分支线）、负荷、三相负荷不平衡度（零线电流）、负荷波动、负荷分布、末端电压、末端功率因数、温度、电能表数量、电能表准确度；
校核：负载率</td></tr>
<tr><td>B</td><td>150～250m</td><td>4.0</td></tr>
<tr><td>C</td><td>250～400m</td><td>5.0</td></tr>
<tr><td>D</td><td>大于 400m</td><td>6.0</td></tr>
</table>

4.2.3 高损线路原因分析

1. 电阻影响分析

（1）电阻与线损率。线路的线损率与线路导线的电阻成反比。线路的电阻与线路导线的材质电阻率成正比，与线路导线的长度成正比，与线路导线的截面积成反比。可见，如何选择导线材质，如何布设线路长度和导线截面，将直接决定线路的技术损耗性能。

（2）线路导线截面积。根据《配电网规划设计技术导则》（DL/T 5729—2016）和《配电网技术导则》（Q/GDW 10370—2016），分析判断线路导线截面、供电半径是否合理；对于超标线路，应结合负荷密度及实际负荷水平，提出降损改造措施，通过缩短输电距离、加大导线截面来降低线损。

2. 电源供电方式影响分析

把电源引入负荷中心后，电源供出方式的不同对配电网线损也有重大影响。

（1）电源在一端以 1 个回路向单侧供电的配电线路如图 4-5 所示。此时，$\Delta P_1 = 3I^2R$，该供电方式属于配电线路末端集中负荷分布形式，当线路均衡分布负荷时，其损耗为集中负荷方式时损耗的 1/3。

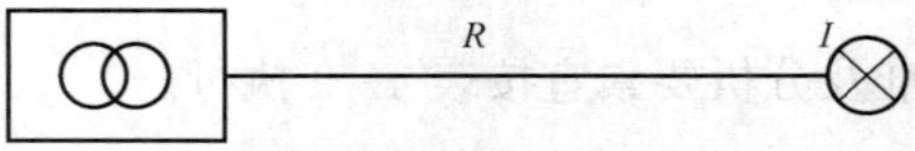

图 4-5　电源在一端以 1 个回路向单侧供电的配电线路

（2）电源在负荷中心以 2 个分路向两侧供电的配电线路如图 4-6 所示。此时，$\Delta P_2 = 3\times2\ (I/2)^2R/2 = 3I^2R/4$。

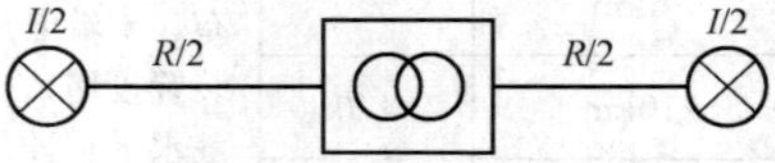

图 4-6　电源在负荷中心以 2 个分路向两侧供电的配电线路

（3）电源在负荷中心以 3 个分路向 3 个方向供电的配电线路如图 4-7 所示。此时，$\Delta P_3 = 3\times3(I/3)^2R/3 = 3I^2R/9$

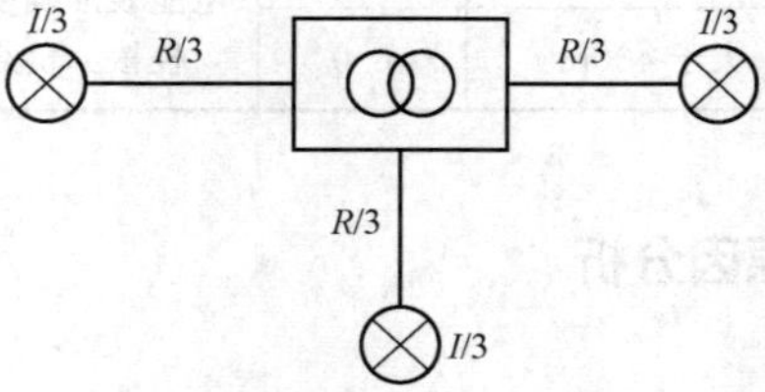

图 4-7　电源在负荷中心以 3 个分路向 3 个方向供电的配电线路

（4）电源从两端向负荷中心供电（相当于构建手拉手供电方式）如图 4-8 所示。此时，$\Delta P_4 = 2\times3\ (I/2)^2R/2 = 3I^2R/4$。

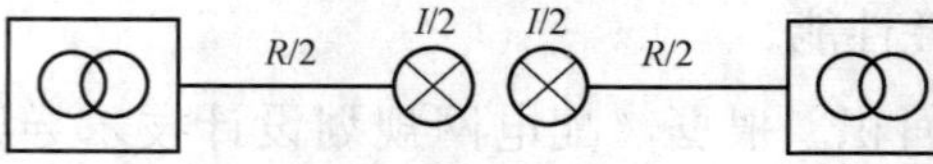

图 4-8　电源从两端向负荷中心供电

通过上述分析比较，可以得出如下结论：电源在一端向单侧方向负荷供电时，其功率损耗最大；电源在负荷中心向两侧供电的方式，其功率损耗为单侧供电时的 1/4；电源在负荷中心向周围 3 个方向供电的方式，其功率损耗为单侧供电时的 1/9；同样的线路和负荷，由两个电源分别向负荷中心供电，其功率损耗为单侧供电时的 1/4。

由此可见，无论是变电站还是配电变压器台架（或箱式变电站），尽可能将其分布在负荷中心向多方向均衡供电，对于降低功率损耗会产生巨大的效果，应避免单侧供电运行方式。

3. 新能源发电负荷分布影响分析

（1）外送型新能源。当大规模风电、光伏上网，其发电负荷大于地区用电负荷需要外送时，宜选用较高电压等级，将上网点（电源接入点）布置在靠近电网外送关口，可缩短输电距离，减少过网潮流对电网带来的损耗；反之，若此类电源接入点远离外送关口，在供电区输电距离长，则对地方电网带来较高电能损耗。当分布式电源接入轻载配电线路，会分担一部分电网电源负荷，会加重线路轻载，造成该线路电量反送，或通过变压器升压反送，会导致线路或变压器的线损率上升。

（2）就地消纳型新能源。当风电、光伏发电负荷规模小于地区用电负荷，其发电负荷可以就地消纳不需要外送，宜选用较高电压等级，将上网点（电源接入点）布置在最靠近供电区负荷中心处，输电距离较小，可减少发电上网负荷对电网带来的损耗；反之，若此类电源接入点远离负荷中心，输电距离长，将对供电区电网带来较多电能损耗。当分布式新能源发电电源接入 10kV 和 0.4kV 电网且能够就地消纳时，能够降低电网损耗，且越靠近用电负荷中心接入，电网损耗降低越多。分布式电源接入重载电网，可以有效缓解电网的供电压力，能够降低电网线损电量及线损率，对于电网降损具有积极作用，比如浚县供电公司某 10kV 农电线路，供电半径超过了 20km，在 2020 年前没有发展光伏电源时，线路供电量月均 365 万 kW・h，公用变压器 83 台电量 218 万 kW・h，专用变压器 261 台电量 120 万 kW・h，平均线损率长期在 7.4%左右；2022 年发展了 53 户农村光伏上网，大多数分布于线路末端，除了就地消纳电量夜间反送到变电站主网的电量月均 44 万 kW・h，线路供电量月均 397 万 kW・h，公用变压器 101 台电量 221 万 kW・h，专用变压器 271 台电量 123 万 kW・h，平均线损率下降至2.3%左右。在运行方式方面，分布式电源滞后功率因数运行时向系统发出无功功率，能对负荷的无功功率进行补偿，从而降低线路无功电流，有助于降低线路有功损耗。

(3) 接入电网电压等级。当传输距离与输送功率一定时，针对同一电网，$P=\sqrt{3}UI\lambda$，发电电源接入电压等级越高，功率输送时导线电流就越小，对应导线的损耗就大幅度减小。

(4) 负荷波动影响。风力发电、水力发电以及光伏发电，其发电功率不稳定，受外界条件影响较大，发电负荷波动系数较大，如光伏发电受光照强度变化影响较大，具有较强的时段性；水力发电受季节性降雨量影响较大，具有较强的季节性和时段性；风电受空气温度、气流季节性变化影响较大，风力大小与天气和季节具有很强的关联性。当此类电源大量接入电网时，会增大电网线损率。

(5) 大规模逆变器谐波影响。大量分布式光伏并网也意味着大量逆变器等电力电子器件接入电网，除了这些电子元器件本身增加电力损耗外，往往伴随着谐波输入电网，造成谐波损耗，从而使线损率增加。

4. 电网运行负荷影响分析

对于单条线路而言，线路的线损率与输送负荷成正比，如果线路轻载严重，线损率小，线路利用率和经济性差；如果线路重、过载，线路将产生较大电能损耗，线损率高，运行不经济。依据《中低压配电网能效评估导则》（GB/T 31367—2015）判定配电线路线损率是否超标，线路的负载率最高不宜超过70%，最低不宜低于30%。针对同一个电网，用电设备的负载率越高，最大负荷利用小时数越长，产生的可变损耗就越多，高损的概率就越大。

5. 电网负荷分布影响分析

(1) 负荷分布损耗系数 h。线路负荷分布存在多种形式，大致可分为线路末端集中负荷（输电线路或专用线）分布、线路负荷均匀分布（理想状态）、线路呈渐增型末端较大负荷分布、线路首端较大负荷呈渐减型分布、线路中央较大负荷两端负荷较轻分布这5类。不同的负荷分布会产生不同的线路损耗效果。下面以B类供电区一条10kV典型配电线路图例进行分析说明，其负荷分布示意如图4-9所示，10kV配电线路挂接1～10号配电变压器，线路段每500m间隔分布1台变压器，线路中间点有1个分段断路器。

1) 线路末端集中负荷分布。表示1～9号配电变压器均不存在，所有配电

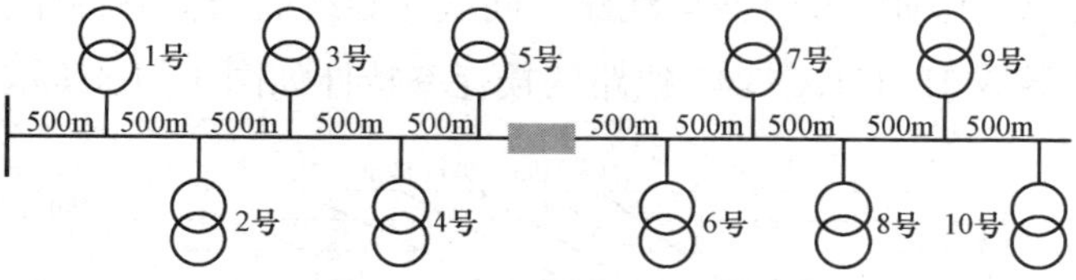

图 4-9　10kV 典型配电线路负荷分布示意

变压器容量叠加到 10 号配电变压器，此时的分布方式为线路末端集中负荷分布方式，该状态下线路的线损率最大，故人们规定其负荷分布损耗系数 $h=1$。

2）线路负荷均匀分布。10 台变压器容量均为 400kVA，且变压器运行时的负载率均相同，此时为负荷均匀分布的理想状态，其损耗比末端集中负荷状态要小，线路的负荷分布损耗系数 $h=0.33$，即均匀分布负荷相当于末端集中分布负荷时损耗的 1/3。

3）线路呈渐增型末端较大负荷分布。比如 1、2 号变压器容量为 200kVA，3、4 号变压器容量为 315kVA，5～7 号变压器容量为 400kVA，8～10 号变压器容量为 500kVA 等；或断路器电源侧变压器台数少、运行容量小，断路器后段变压器数量多、运行容量大，总体上呈现末端负荷较大分布形态，此时与末端集中负荷相比，线路负荷分布损耗系数 $h=0.53$。

4）线路呈渐减型首端较大负荷分布。比如 1、2 号变压器容量为 500kVA，3～5 号变压器容量为 400kVA，6～8 号变压器容量为 200kVA，9、10 号变压器容量为 100kVA 等；或断路器电源侧变压器台数多、运行容量大，断路器后段变压器数量少、运行容量小，总体上呈现首端负荷较大到末端逐渐减少分布形态，此时与末端集中负荷相比，线路负荷分布损耗系数 $h=0.20$，即线路首端较大负荷且呈渐减型分布时的损耗占末端集中负荷分布损耗的 1/5。

5）线路中央负荷较大两端负荷较轻分布。比如 4～7 号变压器容量为 500kVA，1～3、8～10 号变压器容量为 200kVA 等，或线路中间断路器附近变压器台数多、运行容量大，线路首、末两端变压器台数少、运行容量小，此时与末端集中负荷相比，线路负荷分布损耗系数 $h=0.38$。

（2）10kV 线路的损耗率特性。末端集中负荷时典型导线的 10kV 线路的损耗率特性绘制。如果设定中压配电线路首端电压为 117kV、形状系数为 1.05、功率因数为 0.95，导线每 km 电阻执行国标标准限值，然后根据线路导线的损耗率规律算式（4-4），以线路输送负荷（MW）为横坐标，以线路损耗率（%）

为纵坐标，可以制作如下的 10kV 线路不同截面导线的损耗率特性。

1）10kV 导线 JL/G1A－240 线路的损耗率特性如图 4－10 所示。

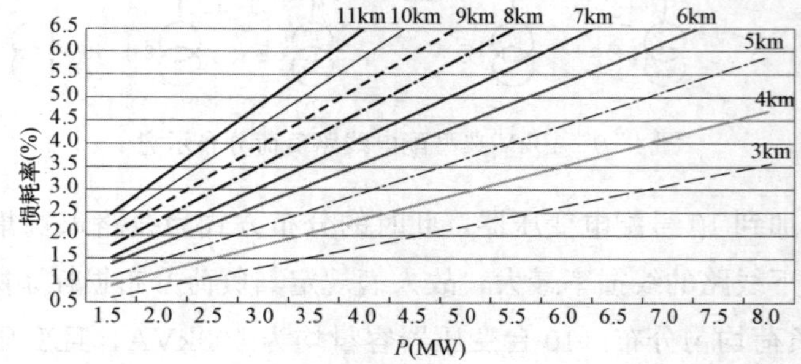

图 4－10　10kV 导线 JL/G1A－240 线路的损耗率特性

图 4－10 中，1 条 5km 长导线截面为 JL/G1A－240 的 10kV 线路，当输送 4MW 有功功率时，对应的末端集中负荷状态的线路损耗率约为 3%，以此可以对照评估线路实际运行统计线损率的合理性，即当统计线损率高于 3%时，应排查计量装置的准确性、档案关系或排查是否有偷漏电等问题，以此类推。导线 JL/G1A－240 线路的损耗率特性为：①当输送距离小于 3km、最大输送功率达到 6.5MW，或输送距离小于 5km、最大输送功率达到 4.5MW 时，线路损耗率小于 3%，此时线路处于最低损耗状态；②当输送距离为 6～10km、最大输送功率为 5.5～3MW 时，线路损耗率小于 5%，此时线路处于较低损耗状态；③当输送距离为 7～11km、最大输送功率为 7.5～4.5MW 时，线路损耗率小于 8%，此时导线处于高损耗状态；④在输送距离大于 10km 时，线路损耗率大于 8%，此时导线处于超高负载或较长距离输送的高损耗状态。

2）导线 JL/G1A－185 线路的损耗率特性如图 4－11 所示。

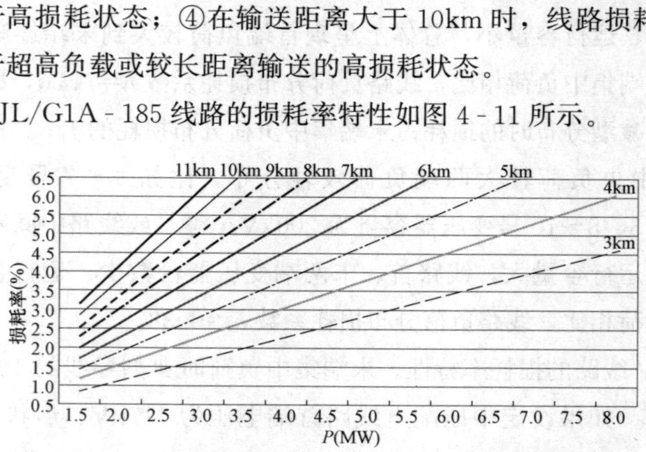

图 4－11　10kV 导线 JL/G1A－185 线路的损耗率特性

图 4-11 中，1 条 5km 长导线截面为 JL/G1A-185 的 10kV 线路，当输送 4MW 有功功率时，对应的末端集中负荷状态的线路损耗率约为 3.8%，以此可以对照评估线路实际运行统计线损率的合理性，即当统计线损率高于 3.8%时，应排查计量装置的准确性、档案关系或排查是否有偷漏电等问题，以此类推。导线 JL/G1A-185 的线路的损耗率随着负荷、距离变化的特性为：①当输送距离小于 3km、最大输送功率达到 5MW，或输送距离小于 5km、最大输送功率达到 3MW 时，可以保持线路损耗率小于 3%，此时导线处于最低损耗状态，适合于负荷密集的 A 类区域；②当输送距离为 4～10km、最大输送功率为 6.5～2.5MW 时，可以保持线路损耗率小于 5%，此时导线处于较低损耗状态，适合于负荷较密集的 B 类区域；③当输送距离为 6～10km、最大输送功率为 7～4MW 时，线路损耗率小于 8%，此时导线处于高损耗状态；④在输送距离大于 8km 时，线路损耗率大于 10%，线路处于高负载或较长距离超高损耗状态。

3）导线为 JL/G1A-120 型线路的损耗率特性如图 4-12 所示。

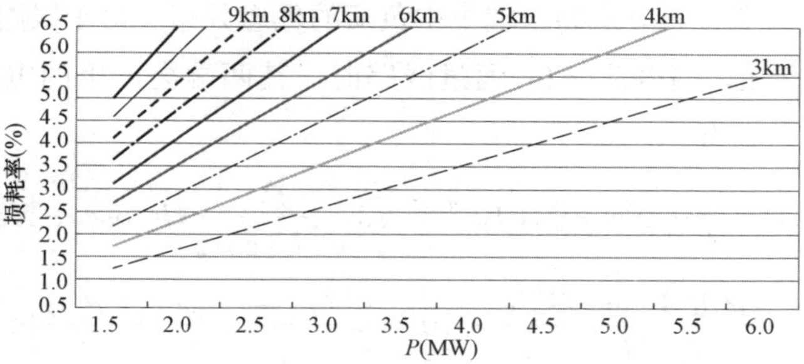

图 4-12　10kV JL/G1A-120 导线损耗率特性图

图 4-12 中：①当输送距离小于 3km、最大输送功率达到 4MW，或输送距离小于 5km、最大输送功率达到 2.5MW 时，线路损耗率小于 4%，此时导线处于最低损耗状态；②当输送距离为 4～8km、最大输送功率为 5.0～2MW 时，线路损耗率小于 6%，此时导线处于较低损耗状态；③当输送距离为 5～10km、最大输送功率为 5～2.5MW 时，线路损耗率小于 8%，此时导线处于高损耗状态；④在输送距离大于 6km 时，线路损耗率大于 10%，导线处于较高负载或较长距离的高损耗运行状态。

6. 电压影响分析

线路的线损率与电压的平方成反比，如果线路首端电压比调压前提高 1%，则调压后的线损率将会降低到原线损率的 $1/1.01^2$（0.98 倍）；如果线路末端电压降低超标，不仅影响用户用电质量，同时电压每降低1%，线路的线损率将增大到原线损率的1.02倍。因此，对于运行线路的长度和截面，均应满足线路的电压降标准要求。

（1）中低压线路允许电压降标准。根据《电能质量供电电压偏差》（GB/T 12325—2008）的规定，380V三相供电电压允许偏差值为标称系统电压的±7%，220V单相供电电压允许偏差为标称系统电压的+7%～−10%。根据《10kV及以下架空配电线路设计规范》（DL/T 5220—2021）规定，10（20/6）kV架空线路，自变电站（或开闭所）出线至线路末端变压器或末端受电配电所计量点处的允许电压降为额定电压的5%，即10kV线路末端电压不应低于9.5kV；0.4kV及以下配电线路，自配电变压器二次侧出口至线路末端（不含接户线）的允许电压降为额定电压的4%，即0.38kV。

（2）电压损失率估算线损法。

1）电压损失率估算公式推导。假设一个三相四线制低压线路三相负荷平衡分布运行，其负荷分布方式为末端集中负荷的理想分布。由于线路电抗（X）和电阻（R）的存在，当电流（I）通过线路时，其两端会产生的电压损耗，称为电压损失（ΔU），有

$$\Delta U = \sqrt{3}I(R\cos\varphi + X\sin\varphi)\times 10^{-3} = \sqrt{3}\,\frac{P_2}{\sqrt{3}\,U_2\cos\varphi}(R\cos\varphi + X\sin\varphi)\times 10^{-3}$$

$$\Delta U = \frac{P_2R + \tan\varphi P_2X}{U_2}\times 10^{-3} \approx \frac{(r_0 + \tan\varphi x_0)\,P_2L}{U_N}\times 10^{-3}$$

则电压损失百分数算式为

$$\Delta U(\%) = \frac{(r_0 + \tan\varphi x_0)LP}{U_N^2}\times 10^{-3}\times 100\% = \frac{(r_0 + \tan\varphi x_0)LP}{10\times U_N^2}\times 100\%$$

若线路首端的运行电压U与线路的标称电压U_N相同时，则线路电压损失率$\Delta U\%$算式为

$$\Delta U\% = \frac{\Delta U}{U_N}\times 100\% \approx \frac{(r_0 + x_0\tan\varphi)LP\times 10^{-3}}{U_N^2}\times 100\% \qquad (4-5)$$

线路的有功功率损耗ΔP算式为

$$\Delta P = 3\,I^2R = \frac{S^2}{U^2}\cdot R = \frac{P^2 + Q^2}{U^2}\cdot R = \frac{(1 + \tan^2\varphi)\,P^2r_0L}{U^2}(\mathrm{MW})$$

若线路首端的运行电压U与线路的标称电压U_r相同、线路输送功率为P（MW）时，则该低压线路的有功线损率ΔP算式为

$$\Delta P(\%) = \frac{\Delta P}{P} \times 100\% = \frac{(1 + \tan^2\varphi)\, r_0 LP}{U_N^2} \times 100\% \tag{4-6}$$

2）电压损失率法估算低压线路的损耗率。令 $K_P = \frac{\Delta P\ (\%)}{\Delta U\ (\%)}$，根据式（4-5）和式（4-6），可得

$$K_P = \frac{\dfrac{(1 + \tan^2\varphi)\, r_0 LP}{U_N^2}}{\dfrac{(r_0 + x_0 \tan\varphi) LP}{U_N^2}} = \frac{1 + \tan^2\varphi}{1 + \dfrac{x_0}{r_0}\tan\varphi} \tag{4-7}$$

可见，当低压线路结构参数与输送有功、无功一定时，K_P为常数，则配电线路的有功线损率 $\Delta P\%$算式为

$$\Delta P(\%) = K_P \cdot \Delta U(\%) \tag{4-8}$$

当线路负载最大负荷且已知线路首端电压、有功、无功及末端电压时候，应用式（4-5）和式（4-8）即可进行台区低压线路损耗率估算，这种方法就是电压损失率估算线损法。

3）0.4kV架空绝缘线路线损率与电压损失率比的典型计算。计算条件设定：架空线路三相四线制，采用铝绞线芯绝缘导线，导线型号 JKLGYJ-70～240，导线水平排列，横担长度 1500mm，据此条件计算出导线每 km 电抗值，已知截面 240mm²、185mm²、150mm²、120mm²、95mm²、70mm² 架空绝缘导线的 x_0 值分别为 0.291、0.299、0.306、0.313、0.320、0.330Ω/km。取导线电阻温度修正系数 1.13（环境最高温度 40℃、导线均方根载流量为其最大允许载流量的 1/2），线路结构损耗系数（三相四线制与三相三线制比）为 1.1667，常见 0.4kV 架空绝缘线路线损率与电压损失率之比曲线如图 4-13 所示。

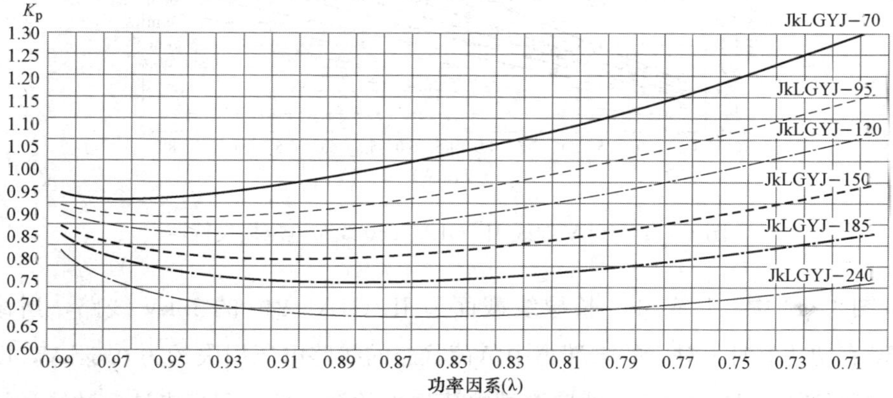

图 4-13 0.4kV架空线路线损率与电压损失率之比曲线

图 4-13 中，横坐标表示线路功率因数，纵坐标表示线路线损率与电压损失率之比，可以看出，只要台区低压线路功率因数保持在 0.9 及以上，截面 $70mm^2$ 及以上导线的线损率始终低于电压损失率；若低压线路 $240mm^2$ 主干线末端电压损失率不超过 4%，则该类低压线路的线损率不应超过 2.7%。

（3）分散负荷率 f。分散负荷率是指某时段内线路的分散负荷平均值与末端集中负荷最大值之比。对于分散负荷分布的配电线路，其电压损失 ΔU 与分散负荷率 f 成正比，不同的负荷分布会产生不同的电压损失效果。根据相关文献，线路负荷分布的 5 种形式对应不同的分散负荷率 f，若末端集中负荷（输电线路或专用线）时，$f=1$；则，线路负荷均匀分布（理想状态）时，$f=0.5$；线路呈渐增型末端较大负荷分布时，$f=0.67$；线路首端较大负荷呈渐减型分布时，$f=0.33$；线路中央较大的负荷分布时，$f=0.5$。

（4）10kV 线路的电压损失特性。末端集中负荷时典型导线的 10kV 线路的电压损失特性绘制，如果设定中压配电线路首端电压为 117kV、形状系数为 1.05、功率因数为 0.95，导线每 km 电阻执行国标标准限值，每 km 电抗采用典型线路经验值，然后根据线路导线的电压损失规律算式，以线路输送负荷（MW）为横坐标，以线路电压损失（ΔU）为纵坐标，可以制作如下的 10kV 线路不同截面导线的电压损失特性。

1）10kV 导线 JL/G1A-240 线路的电压损失特性（$x_0=0.378$）如图 4-14 所示。

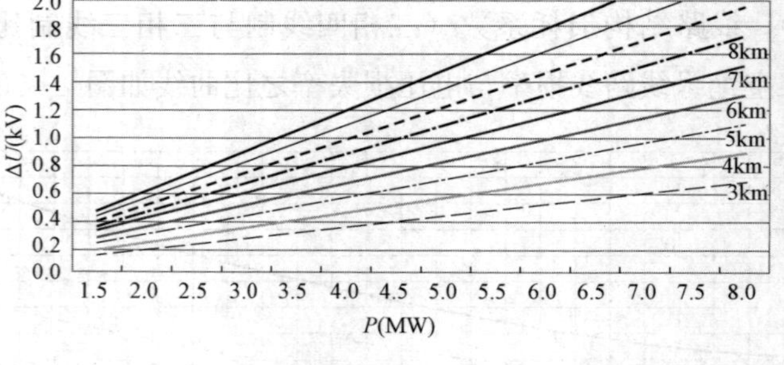

图 4-14　10kV 导线 JL/G1A-240 线路电压损失特性

图 4-14 中，1 条 5km 长导线截面为 JL/G1A-240 的 10kV 线路，当输送 4MW 有功功率时，对应的末端集中负荷状态的线路电压损失约为 0.54kV，以此可以对照评估线路实际运行线路末端电压损失的合理性，即当表计示数统计线路

末端电压损失与上述评估差别较大时，应排查计量装置的准确性或电网结构参数的合理性问题。JL/G1A - 240 10kV 线路电压损失特点为：①输送功率 6MW 及以下、线路电压损失小于 0.5kV 时导线处于短距离或轻载运行下的低电压损失状态；②在输送距离大于 5km，线路电压损失大于 1kV，线路电压损失不合格，此时导线处于高负载或长距离输送状态下的高电压损失状态；③在线路电压损失为 0.5～1.0kV 时导线处于高负载、长距离输送状态下的高电压损失状态。

2）10kV JL/G1A - 185 线路的电压损失特性（$x_0=0.386$）如图 4 - 15 所示。

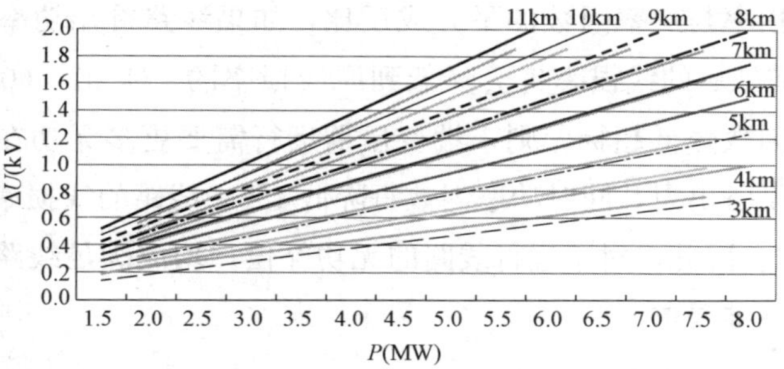

图 4 - 15　10kV 导线 JL/G1A - 185 线路电压损失特性

10kV JL/G1A - 185 线路的电压损失特点为：①输送功率 5MW 及以下、线路电压损失小于 0.5kV 时导线处于短距离或轻载运行下的低电压损失状态；②在输送距离大于 5km，线路电压损失大于 1kV，线路电压损失不合格，此时导线处于高负载或长距离输送状态下的高电压损失状态；③在线路电压损失为 0.5～1.0kV 时，导线处于高负载、长距离输送状态下的高电压损失严重状态。

3）导线 JL/G1A - 120 线路不同输送距离的电压损失负载特性如图 4 - 16 所示。

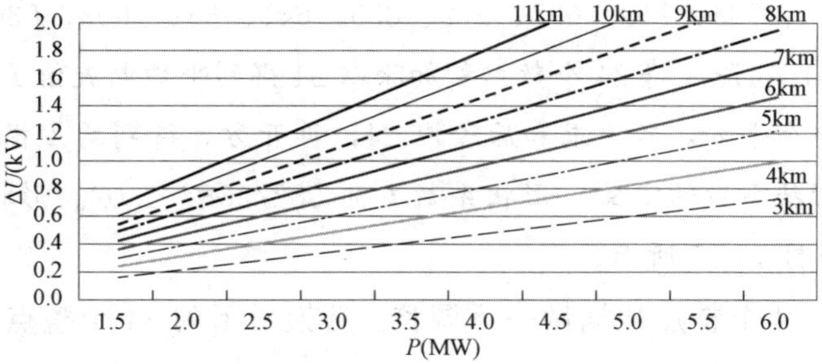

图 4 - 16　10kV 导线 JL/G1A - 120 线路电压损失特性

导线 JL/G1A-120 线路电压损失特性为：①输送功率 4MW 及以下、线路电压损失小于 0.5kV 时线路处于短距离或轻载运行下的低电压损失状态；②在输送距离大于 5km，线路电压损失大于 1kV，线路电压损失不合格，此时导线处于高负载或长距离输送状态下的高电压损失状态；③在线路电压损失为 0.5～1.0kV 时导线处于较高负载、较长距离输送状态下的较高电压损失状态。

7. 功率因数影响分析

线路的线损率与功率因数的平方成反比，如果线路首端功率因数比措施前提高 1%，则措施后的线损率将会降低到原线损率的 $1/1.01^2$（0.98 倍）；如果线路末端功率因数降低超标，则末端变压器运行需要更多无功在电源线路中流动，不仅影响设备出力，同时功率因数每降低 1%，线路的线损率将增大到原线损率的 1.02 倍。因此，对于运行线路的无功补偿，均应满足线路所带变压器无功就地平衡的标准要求。

8. 形状系数影响分析

均方根电流 I_{rms} 与平均电流 I_{av} 的比值称为形状系数。线路的线损率与形状系数 k 的平方成正比。形状系数是描述考察点（线路首端、变压器高压侧或负载侧）负荷曲线起伏变化特征的一个参数，由于均方根电流算法比平均电流计算结果更精准，所以它始终是大于 1 的数，根据相关文献材料，形状系数范围一般在 1.01～1.40 之间，负荷大小变化越小，其值越小；反之，越大。下面结合案例，对形状系数有个感性认识。

案例 4-2 110kV 某变电站 40MW 双绕组主变压器（110kV/10kV）2 月 10 日的低压侧 24 个整点电流值（A）为：440、431、389、407、357、341、431、542、646、734、718、697、572、636、641、661、603、630、702、706、684、639、561、473。将 24 个数据相加除以 24 得到平均电流值 I_{av} 为 568A；将 24 个数值先逐个平方，其次求和后除以 24，再开方，得到均方根电流值 I_{rms} 为 582A，按照形状系数的定义，形状系数 k 为 582/568=1.02。形状系数为 1.02 的负荷曲线如图 4-17 所示。

若将上述 24 个整点数据做一下调整，替换成下列 24 个整点电流值（A）：50、53、54、55、56、143、263、557、660、935、988、986、567、650、630、648、616、544、100、80、70、60、55、55。其平均电流值 I_{av} 为 370A，均方根

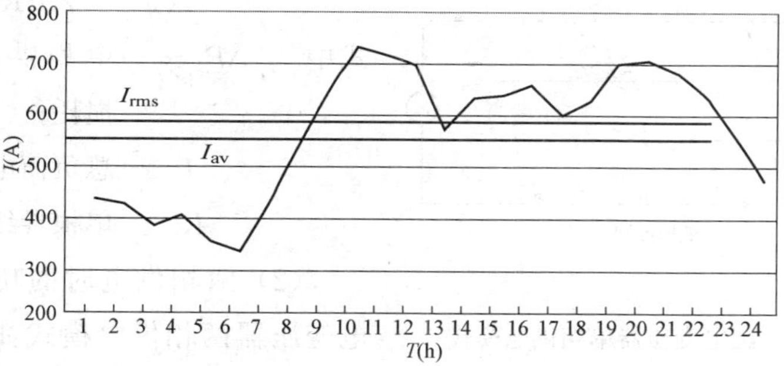

图 4-17　形状系数为 1.02 的负荷曲线

电流值 I_{rms} 为 497A，形状系数 k 为 497/370＝1.35。形状系数为 1.35 的负荷曲线如图 4-18 所示。

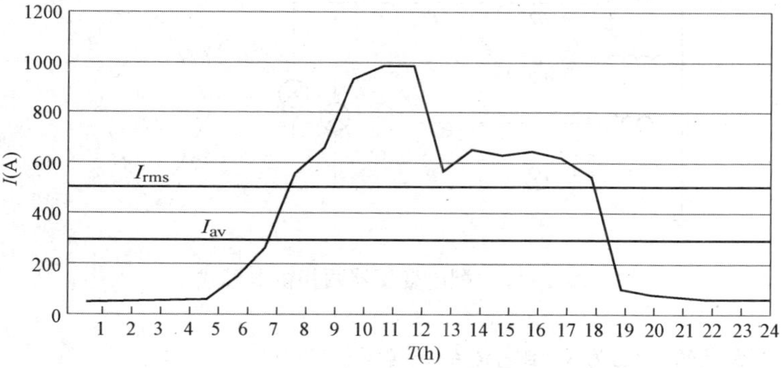

图 4-18　形状系数为 1.35 的负荷曲线

图 4-17 的日平均负荷率为最大负荷 734A，平均负荷 568A，平均负荷率为 77.5%；图 4-18 的最大负荷 988A，平均负荷 370A，平均负荷率 37.4%。可见平均负荷率越小，形状系数越容易变大，因此，提高平均负荷率可以减小形状系数，从而降低线路的线损率。目前供电企业实行尖、峰、平、谷分时电价，就是从经济利益上引导大用户，避开尖峰负荷、激励低谷用电，合理调整生产时间“削峰填谷”，提高整个电网的平均负荷率，减少电能损耗。

9. 三相负荷不平衡对低压线路损耗的增损分析

假设功率因数 λ 为 1，在此条件下简要分析如下。

(1) 单相供电时的功率损耗。配电变压器单相供电模式如图 4-19 所示，即负荷接在一相上。有

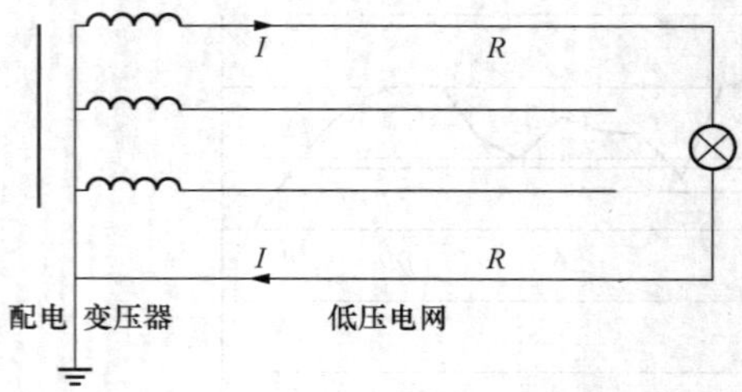

图 4-19 配电变压器单相供电模式

$$\Delta P_1 = 2I^2R \tag{4-9}$$

式中 ΔP_1——单相供电时的功率损耗；

I——总负荷电流；

R——单根导线的电阻。

（2）两相供电时的功率损耗。配电变压器两相供电模式如图 4-20 所示，有

$$\Delta P_2 = 3\left(\frac{I}{2}\right)^2 R = \frac{3I^2R}{4} \tag{4-10}$$

式中 ΔP_2——两相供电时的功率损耗。

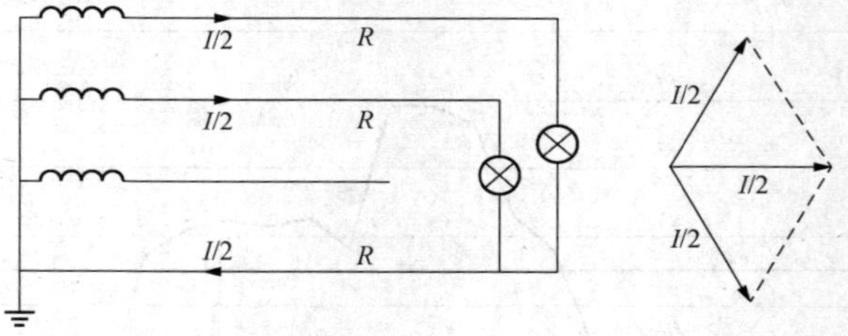

图 4-20 配电变压器两相供电模式

注：中性线的电流为两相电流的矢量和。

（3）三相四线制供电时的功率损耗。配电变压器三相四线制供电模式如图 4-21所示，即按照负荷平均接在三根相线上分析，有

$$\Delta P_3 = 3\left(\frac{I}{3}\right)^2 R = \frac{I^2R}{3} \tag{4-11}$$

式中 ΔP_3——三相四线制供电时的功率损耗。

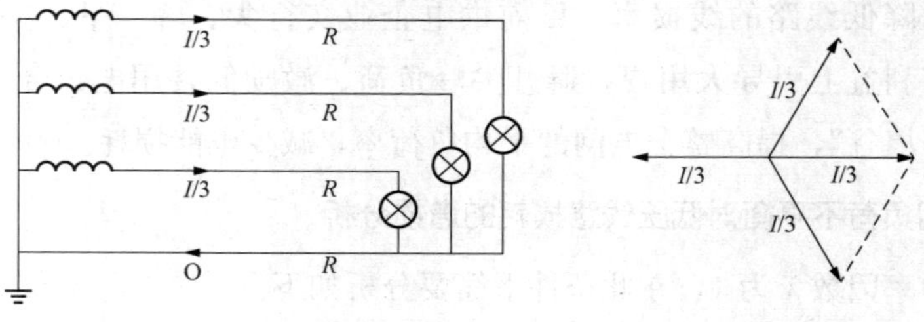

图 4-21 配电变压器三相四线制供电模式

三相四线制平衡供电的物理意义是：①分流作用，电流下降 1/3；②降阻作用，同样电流，导线截面扩大了 3 倍；③交流电的矢量作用，中性线电流为 0，无损耗。

（4）三相电流不平衡时的附加损耗。一般情况下，三相四线制负荷通常是不平衡的，此时的损耗比平衡时的损耗多出的部分，称为附加损耗，有

$$\Delta P = R[(I_A - I_B)^2 + (I_B - I_C)^2 + (I_C - I_A)^2]/3 + I_0^2 R_0 \quad (4-12)$$

三相电流不平衡度越大，则附加损耗也越大；中性线电流越大，中性线截面越小，其损耗均会越大。

（5）结论。

1）三相四线制平衡供电方式是单相供电损耗的 1/6（约 0.167）倍，是两相均衡供电损耗的 4/9（约 0.444）倍；三相电流不平衡供电的损耗随着不平衡度越大，损耗越高。采用三相供电，限制或避免单相供电，可以减少损耗。

2）有些低压线路三相负荷各相电流值接近，但中性线电流也很大，甚至超过了最大相线电流，这是由于三相负荷的性质不同所引起，即三相负荷的功率因数不同。此时的增加损耗主要是中性线的不平衡损耗，是其他三相负荷电流损耗的 1/3。可见，三相四线制供电，要实现三相负荷平衡，需包括负荷大小、负荷性质的平衡。

4.2.4 高损线路治理措施

1. 降低电阻

（1）规划设计降损（L、r_0、U）。网架优化设计应针对高损问题，从简化优化电压等级序列、科学布设电源点，限制电网容载比、控制输电距离和供电半径、配全有效无功补偿装置、科学管控新能源上网等多方面，综合施策降损。

1）合理布局，缩短输电距离。依据标准输电距离划分变电站馈线供电区域，不跨供电区供电，避免线路迂回。变电站、配电所（开闭所）或变压器的布点靠近负荷中心（大负荷密集区），多回路就近辐射供电，基于负荷密度缩短供电半径。

2）新能源布点，靠近负荷中心。大规模风电、光伏外送供电时，应选用较高电压等级输变电设施设备，将风电场、光伏电站布置在靠近供电区电网边界。

对就地消纳型风电场、光伏电站，宜选用较高电压等级，将风电场、光伏电站布置在最靠近供电区负荷中心处。同一地区，风电场和光伏电站宜同时部署，风电、光伏发电负荷特性互补，减小电网负荷波动。

3）限制电网容载比。电网变电站、配电变压器布点应与负荷中心变化相适应，其容载比应与供电区负荷增长和经济社会发展相适应。年负荷平均增长率水平与电网容载比限制规定见表4-10。

表4-10　　年负荷平均增长率水平与电网容载比限制规定

年负荷平均增长率 / 电压等级	较慢（小于7%）	中等（7%～12%）	较快（大于12%）
500kV及以上	1.5～1.8	1.6～1.9	1.7～2.0
220kV	1.6～1.9	1.7～2.0	1.8～2.1
35～110kV	1.8～2.0	1.9～2.1	2.0～2.2

4）骨干网架，截面一次选定。新建或改造主干线路时，其导线截面应按规划目标一次性建成，宜选用大截面耐热导线、节能导线（含节能线夹）或增加并列线路，满足拉手线路互联互供极限状态下线路负荷不过载，避免随着负荷增长产生线路供电瓶颈、供电能力受限，重复投资。

（2）设备选型降损（L、r_0）。设备选型降损应坚持优选低损耗、节能型线路、设备、器材和高精度计量装置。

1）输电线路架空导线宜优先选择铝合金、高导电率节能类导线，应用铝合金类节能线夹；负荷重、热稳定性要求高的场所宜选用铜芯线缆。导线截面应根据其年最大负荷利用小时数按经济电流密度一次选定，并按长期允许发热和机械强度条件进行校验。不同类型导线的经济电流密度见表4-11。

表4-11　　不同类型导线的经济电流密度　　（A/mm^2）

导线材料	年最大负荷利用小时数 T_{max}		
	3000以下	3000～5000	5000以上
钢芯铝绞线	1.65	1.15	0.9
铜线	3.00	2.25	1.75
铝芯电缆	1.92	1.73	1.54
铜芯电缆	2.50	2.25	2.00

2）配电线路导线截面应按饱和负荷值一次选定，架空线路宜采用钢芯铝（或铝合金）绞线类线材，地埋线路宜选择铜芯电缆，主干线导线截面宜选用 300mm²、240mm²、185mm²；分支线导线截面宜选用 150mm²、120mm²、95mm²。台区低压线路在变压器侧应采用 2～4 个出线回路均衡负荷、四周分散供电，其每个分路导线截面不宜低于 120mm²。

2. 控制负载降损（*P*、*L*、*k*）

（1）合理控制负载率。

1）配电线路的负载率应控制在 30%～70%之间；配电变压器的负载率应控制在 15%～60%之间。

2）配电线路运行应满足互联互供极端条件下不过载、末端电压合格的要求。

3）过载、重载的线路应采取新建线路分流负荷，或采取与其他运行线路均衡负荷措施。

4）合理布设联络断路器，实现多线路互联互供，提高 *N*－1 通过率。

5）应构筑单辐射线路有效联络、出现个别线路重、过载时，能通过调整电网联络方式，实现线路导线电流与其经济电流相接近。

6）中压配电线路不同截面积导线的经济传输和极限传输容量及功率可参考表4 - 12。

表 4 - 12　　10kV 配电线路常见导线的传输电流、容量及功率

导线截面 /mm²	经济电流 /A	热稳定极限电流/A	经济传输容量/kVA	热稳定极限传输容量/kVA	经济传输功率/kW	热稳定极限传输功率/kW
300	300	710	4209	9961	3998	9463
240	240	610	3367	8558	3199	8130
185	185	515	2595	7225	2466	6864
150	150	445	2104	6243	1999	5931
120	120	380	1684	5331	1599	5065
95	95	335	1333	4700	1266	4465

（2）配电网的经济调度。

1）开展配电线路运行的经济性评价。

2）合理调整、调控线路电压，当线路所带配电变压器的空载损耗占主导时，适当降低运行电压有利于降损；当线路所带配电变压器的负载损耗占主导时，适当提高运行电压有利于降损。

3）调控负荷点无功补偿，提高配电线路负荷侧功率因数，减少无功电力的流动。

4）合理分流配电线路负荷，均衡各分路电流。

5）坚持带电作业与状态检修，保持配电网正常运行方式。

（3）平衡台区低压线路三相负荷。

1）优化不同相导线的负荷分配，以计量点、支路、主干线、配电变压器出口“四级平衡”为目标，科学制定台区三相负荷平衡方案，先绘图，后施工，逐户核相验收，促使零线电流趋于零。

2）应按照“电能表箱→分支线→主干线→变压器出线”流程，动态开展台区低压线路三相负荷平衡分配调整，均衡三相负荷，最大限度降低零线电流。

（4）需求侧管理。通过落实尖、峰、平、谷电价及需求响应电价激励政策措施，引导用户调整生产运行方式，采用冰蓄冷空调，蓄热式电锅炉等，高峰时少用电，低谷时多用电，移峰填谷，减少负荷波动，提高平均负荷率和电网供电效率；引导用户选用节能灯、高效变压器、变频调速电动机及水泵等节能设备。

3. 调控电压降损（*U*）

（1）线路运行应满足其负荷及末端电压要求，变电站电网设备要有自动调压功能，配电变压器要具备无励磁调压功能，根据负载及线路末端电压状况，实时进行运行电压调整，满足末端电压合格需要，达到损耗降低的目的。

（2）应合理选择配电变压器分接头位置，避免因电压过高造成电容器无法投入运行。

（3）应指导特殊负荷（非线性、冲击性）用户应用无功补偿、谐波治理技术进行电能质量综合治理，减少附加损耗。治理后电网谐波电压（相电压）总谐波畸变率应符合以下限值规定：110kV 为 2.0%，35kV 为 3.0%，10kV 为 4.0%，0.38kV 为 5.0%。

4. 电网技术改造降损（U、L、λ、r_0）

（1）电网升压改造。简化电压等级序列应根据负荷密度划分的供电区类别科学选择，可充分论证取消 110/35kV 变压层次。A+、A、B 类供电区应选择

220/110/10/0.4kV、220/10/0.4kV 或 220/35/10/0.4kV；C、D 类供电区应选择 220/10/0.4kV 或 22/110/35/10/0.4kV。对于 6kV、35kV 线路，创造条件对电网进行升压改造，用 10kV 替代 6kV，110kV 替代 35kV，简化、优化电网电压等级，优化输配电线路路径，提升经济输电能力，避免近点远送或迂回供电。

（2）改造“卡脖子”线段。线路“卡脖子”线段的形成原因主要是：①电源的重新布点，原线路的末端变成首端；②线路的负荷增大，尤其是增加了大用户，造成部分线路“卡脖子”；③原来线路建设标准低，与后续发展的高标准线路不匹配。对“卡脖子”线要列入技改计划，改造“卡脖子”线的标准是使新线路导线截面积在最大负荷时，其电流密度不大于 1～1.5A/mm^2。

（3）全线扩容改造。针对整条线路长度及导线截面不达标的配电线路，一方面可以增建线路回路或切改线路分段来均衡线路负荷；另一方面，更换大截面导线，或改变线路迂回供电方式以减小网络中的等值电阻。中窑北台区高损改造前后台区线路及其线损率情况对比见表 4-13。

表 4-13　　中窑北台区高损改造前后台区线路及其线损率情况对比

台区名称		主干分路数/回	主干线截面/mm^2	最大供电半径/m	用户数/户	月均供电量/kW·h	月均线损率（%）	理论计算线损率（%）
改前	中窑北	2	70	1060	431	76458	5.25	4.11
改后	中窑北 1 号	2	120	350	147	49441	2.15	2.02
	中窑北 2 号	2	120	410	284	55839	2.92	2.13

（4）应用节能导线。节能导线是指与常规导线相比在等外径（等总截面）条件下，通过减小导线直流电阻，提高导线导电能力，减少输电损耗，达到节能效果。当前节能导线有钢芯高导电率铝绞线、铝合金芯高导电率铝绞线和中强度铝合金绞线三类裸导线及高导电率铝芯交联聚乙烯绝缘电缆。针对高损输配电线路，应用钢芯高导电率铝绞线、铝合金芯高导电率铝绞线和中强度铝合金绞线；针对 10kV 及以下电压等级高损电缆线路，应用高导电率铝芯交联聚乙烯绝缘电缆或铜芯电缆。

（5）控制功率因数。对于配电网，增加无功补偿、无功优化或电容器组合理分配，减少系统无功输送，采取措施实现电源侧功率因数 0.98；对用户电网，引导客户采用集中和分散补偿相结合的方式，应用精细分组自动投切无功补偿装置，提高用户无功补偿设备的补偿效果，实现功率因数不低于 0.90。

4.3 高损变压器治理

4.3.1 变压器的损耗规律

变压器运行时损耗功率与输入功率的比率称为变压器的损耗率，包括空载损耗率、负载损耗率及其无功消耗引起电网的有功损耗率。

1. 变压器的有功功率损耗率

已知变压器的铭牌值额定容量 S_N、额定电流 I_N、空载损耗 P_0，额定负载损耗 P_k，已知变压器的运行视在功率 S、平均运行电流 I_{av}、功率因数 λ，变压器运行时的负载系数 $\beta = I_{av}/I_N$，下面推导以负载系数 β 为变量的变压器的有功损耗率 ΔP（%）算式。

变压器的额定负载损耗 P_k（kW）为

$$P_k = 3I_N^2 R_T \times 10^{-3} \tag{4-13}$$

变压器运行容量为 S 时的负载损耗 P_R（kW）为

$$P_R = 3I_{rms}^2 R_T \times 10^{-3} \tag{4-14}$$

将式（4-13）和式（4-14）两端分别相除，结合方均根电流与平均电流的关系 $I_{rms} = kI_{av}$，可得

$$P_R = \frac{I_{rms}^2}{I_N^2} P_k = \frac{k^2 I_{av}^2}{I_N^2} P_k = k^2 \beta^2 P_k \tag{4-15}$$

变压器运行时的功率损耗分为两个部分：①与负荷无关的空载损耗（铁损），它与变压器的容量和电压有关；②随负荷变化的负载损耗（铜损），它与运行负荷及其波动情况有关。因此，变压器运行时的总功率损耗为

$$\Delta P = P_0 + P_R = P_0 + k^2\beta^2 P_k \tag{4-16}$$

变压器运行时的有功功率为

$$P = S\lambda = \beta S_N \lambda \tag{4-17}$$

变压器的有功损耗率为

$$\Delta P(\%) = \frac{P_0 + P_R}{P} \times 100\% = \frac{P_0 + k^2\beta^2 P_k}{\beta S_N \lambda} \times 100\% \tag{4-18}$$

根据式（4-18）可知，变压器投运后，其铭牌参数 S_N、P_0、P_k 均为固定值，当变压器运行在空载损耗 P_0 占主导的轻载状态时，变压器的损耗率与负载

系数 β 成反比；当变压器运行在负载损耗 P_R 占主导的运行状态时，变压器的损耗率与负载系数 β 成正比线性关系，与负荷波动损耗系数 k^2 成正比；变压器运行时的损耗率与功率因数 λ 成反比。当变压器空载损耗与运行负载损耗相等时（$P_0=k^2\beta^2P_k$），变压器的有功损耗率最小，对应的负载系数为经济负载系数，即 $\beta_j=1/k\sqrt{P_0/P_k}$。在选择变压器时，应考虑变压器的损耗率与其额定容量 S_N 成反比。以上关系就是变压器的损耗率规律。

2. 变压器无功损耗引起的有功损耗率

已知变压器的铭牌值额定容量 S_N、空载电流 I_0、短路阻抗 U_k（%），已知变压器的运行视在功率 S、平均运行电流 I_{av}、功率因数 λ，变压器运行时的负载系数 $\beta=I_{av}/I_N$，下面推导以负载系数 β 为变量的变压器的无功损耗率 ΔQ(%) 算式。

双绕组变压器无功功率损耗 ΔQ 的计算为

$$\Delta Q = Q_0 + k^2\beta^2 Q_k = \frac{[I_0(\%) + k^2\beta^2 U_k(\%)] \times S_N}{100} \tag{4-19}$$

式中 ΔQ——变压器无功功率损耗，kvar；

Q_0——变压器的空载励磁功率损耗，kvar；

Q_k——变压器额定负载时绕组漏抗漏磁功率，kvar；

I_0(%)——变压器的空载电流百分数；

U_k(%)——变压器阻抗电压百分数。

双绕组变压器无功损耗引起电网有功规律损耗 ΔP_Q 的计算为

$$\Delta P_Q = K_Q \cdot \Delta Q \tag{4-20}$$

式中 ΔP_Q——变压器无功损耗引起的电网有功功率损耗，kW；

K_Q——无功经济当量，kW/kvar。

无功经济当量（K_Q）的定义是变压器无功消耗每增加或减少 1kvar 时引起受电网有功功率损耗增加或减少的量。无功经济当量 K_Q 的选取：对于 110kV 变电站，其变压器受电位置通常处于二次变压位置，K_Q 取 0.05～0.07kW/kvar；对于 35kV 变电站主变压器或 10kV 线路上的配电变压器，变压器受电通常处于三次变压位置，K_Q 取 0.08～0.10kW/kvar。当功率因数已经补偿到 0.9 及以上时，K_Q 取 0.02～0.04kW/kvar。

变压器的无功功率损耗引起的电网有功损耗率为

$$\Delta P_Q(\%)=\frac{\Delta P_Q}{P}\times 100\% = K_Q\cdot\frac{\Delta Q}{\beta S_N\lambda}\times 100\%$$

$$=K_Q[I_0(\%)+k^2\beta^2U_k(\%)]S_N\cdot\frac{10^{-2}}{\beta S_N\lambda}\times 100\%$$

$$=K_Q\frac{I_0(\%)+k^2\beta^2U_k(\%)}{\beta\lambda}\cdot\% \tag{4-21}$$

根据上述变压器的无功消耗引起电网的有功损耗率算式可知，变压器投运后，其铭牌参数 S_N、I_0（%）、U_k（%）均为固定值，当变压器运行在空载励磁阶段时，其损耗率与负载系数 β 成反比；当变压器运行在负载损耗 P_R 占主导的运行状态时，其损耗率与负载系数 β 成正比线性关系，与负荷波动损耗系数 k^2 成正比；变压器运行时的损耗率与功率因数 λ 成反比。以上关系就是变压器无功消耗引起电网有功损耗率的变化规律。

对于配电变压器，当额定容量为 500kVA 及以下时，其短路阻抗 U_k%均为 4.0；当额定容量为 630kVA 及以上时，其短路阻抗 U_k%均为 4.5。变压器的空载电流百分数 I_0（%）随着变压器节能水平的提高而变小，随着变压器容量的增大而变小。一般地，S9 系列 30～1600kVA 变压器的 I_0（%）为 2.3～0.8，200kVA 负载系数 0.4～0.75 时的 ΔP_Q（%）为 0.22%；S11 系列 30～1600kVA 变压器的 I_0（%）为 1.4～0.4，200kVA 负载系数 0.35～0.75 时的 ΔP_Q（%）为 0.17%～0.19%；SH15 系列 30～1600kVA 变压器的 I_0（%）为 1.7～0.2，200kVA 负载系数 0.30～0.75 时的 ΔP_Q%为 0.15%～0.18%。

3. 变压器综合功率损耗率的计算

基于铭牌值的变压器综合功率损耗率 ΔP_z（%）按式（4-22）计算，即

$$\Delta P_z(\%)=\frac{P_0+k^2\beta^2P_k+K_Q[I_0(\%)+k^2\beta^2U_k(\%)]S_N\times 10^{-2}}{\beta S_N\lambda}\times 100\% \tag{4-22}$$

式中　λ——配电变压器平均功率因数。

4.3.2 高损变压器标准

1. 变压器损耗率测算

按照电网标准设计负载运行的变压器损耗率，规定为正常线损率；当超过该线损率时，称之为高损。各级电压等级变压器标准损耗率限值测算见表4-14。

表 4 - 14　　各级电压等级变压器损耗率限值测算

电压等级/kV	额定容量/kVA	空载损耗/kW·h	额定负载损耗/kW·h	空载电流	短路阻抗	经济负载系数	经济运行上限	形状系数	功率因数	损耗率（%）	备注
10	200	0.34	2.73	1.00	4.0	0.34	0.75	1.05	0.95	1.62	高效 β=0.35—0.40
	400	0.57	4.52	0.80	4.0	0.34	0.75	1.05	0.95	1.37	
35	10000	9.28	48.0	0.40	8.0	0.42	0.50	1.04	0.96	0.68	有载调压，高效 β=0.35—0.45
	20000	15.5	82.7	0.35	8.0	0.42	0.50	1.04	0.96	0.60	
110	40000	32.3	156	0.46	12.0	0.44	0.50	1.03	0.97	0.68	高效 β=0.44—0.47
	63000	45.4	232	0.42	13.0	0.43	0.50	1.03	0.97	0.67	
220	180000	124	598	0.39	14.0	0.45	0.50	1.02	0.98	0.65	高效 β=0.45—0.50
	240000	154	741	0.35	14.0	0.45	0.50	1.02	0.98	0.62	

注　所有变压器技术参数均来自《油浸式电力变压器技术参数和要求》（GB/T 6451—2015），其值为损耗限值。计算变压器损耗率时均考虑了无功损耗的影响。按照常见电压等级及变压器容量进行典型计算。

2. 变压器高损率标准及分析要素

变压器高损标准及分析要素见表 4 - 15。

表 4 - 15　　变压器高损标准及分析要素

序号	变压器电压等级	高损（损耗率＞%/或负载率＞%）	分析要素
1	220kV 变压器	0.70/75	节能水平（空载损耗）、容量、负载率、负载波动、功率因数、分接头电压
2	110kV 变压器	0.70/75	
3	35kV 变压器	0.70/75	
4	10kV 变压器	1.60/75	

3. 配电变压器运行区划分

油浸式配电变压器运行数量占电网变压器总量的 95%以上，运行损耗占配电网电能损耗的 85%以上。随着其能效标准的不断提高，科学选配与调控其额定容量带来的节能效果高于传统理念中型号的更新替代。为了科学、合理、高效地使用油浸式配电变压器，可将配电变压器的运行划分为高效运行区、经济运行区、合理运行区、不合理运行区 4 类，通过管控变压器负载系数，可以有效降低变压器的损耗率。配电变压器运行区划分示意如图 4 - 22 所示。

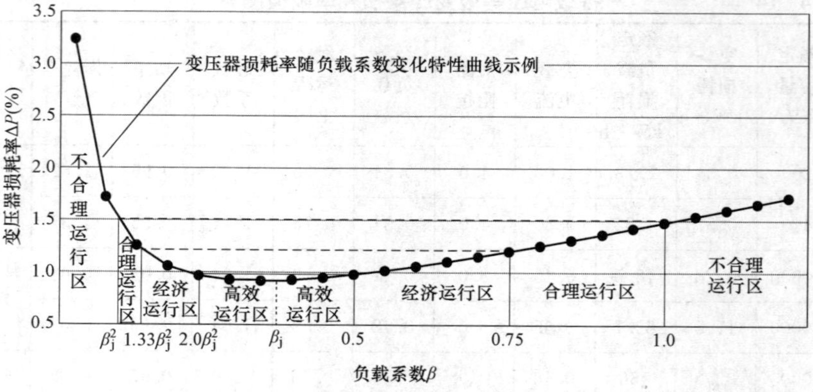

图 4-22　配电变压器运行区划分示意

变压器经济负载系数 β_j 是指运行变压器的有功功率损耗率随负载系数变化呈非线性曲线的最低点对应的负载系数，此时变压器的空载损耗率等于负载损耗率。

配电变压器运行区与负载系数区间的对应关系见表 4-16。

表 4-16　　配电变压器运行区与负载系数区间的对应关系

序号	运行区类别	负载系数区间	损耗率区间
1	高效运行区	$2.0\beta_j^2<\beta\leqslant 0.5$	β=0.5 至 β_j 所对应的损耗率
2	经济运行区	$0.5<\beta\leqslant 0.75$ 或 $1.33\beta_j^2<\beta\leqslant 2.0\beta_j^2$	$0.5<\beta\leqslant 0.75$ 所对应的损耗率
3	合理运行区	$0.75<\beta\leqslant 1.0$ 或 $\beta_j^2<\beta\leqslant 1.33\beta_j^2$（较高损）	$0.75<\beta\leqslant 1.0$ 所对应的损耗率
4	不合理运行区	$\beta>1.0$ 或 $\beta\leqslant\beta_j^2$（高损）	$\beta>1.0$ 或 $\beta\leqslant\beta_j^2$ 所对应的损耗率

4.3.3　高损原因分析

1. 静态节能水平分析（P_0、P_k）

应根据《三相油浸式电力变压器技术参数和要求》（GB/T 6451—2015）、《电力变压器能效限定值及能效等级》（GB/T 20052—2020）等，依据其空载损耗、额定负载损耗等技术参数，分析判断变压器是否高耗能。变压器节能性判断标准如下：对于电力变压器，S11 及以上序列为节能型，S10 序列为普通型，S9 及以下序列为高能耗型；对于配电变压器，S13 及以上序列为节能型，S11 序列为普通型，S10 及以下序列为高能耗型。

2. 动态运行损耗分析（***P***、***β***、***k***、***U***）

（1）分析依据。应结合变压器最高负载、平均负载率、平均负荷率及其分接电压状况，参考《电力变压器经济运行》（GB/T 13462—2008）、《配电变压器能效技术经济评价导则》（DL/T 985—2012）等分析判定变压器运行的经济性和高效性，依据《中低压配电网能效评估导则》（GB/T 31367—2015）判定配电变压器运行损耗率是否超标。变电站变压器负载率不宜超过 60%，配电变压器的负载率不宜超过 80%。

（2）三相负荷不平衡对配电变压器损耗的影响分析与计算。

1）三相负荷不平衡对配电变压器低压侧的增损分析。三相变压器高低压绕组接线如图 4-23 所示，假定运行电压不变，每相低压绕组的电阻均为 R_2，则当配电变压器三相负荷平衡运行时，则 $I_a=I_b=I_c=I$，$I_n=0$，则变压器低压侧有功损耗为 $3I^2R_2$；当变压器运行在最大不平衡时，即 $I_a=I_n=3I$，$I_b=I_c=0$，则变压器低压侧有功损耗为 $(3I)^2R_2=9I^2R_2$。可见，运行在最大不平衡工况时的变压器低压侧有功损耗是三相负荷平衡时的 3 倍。

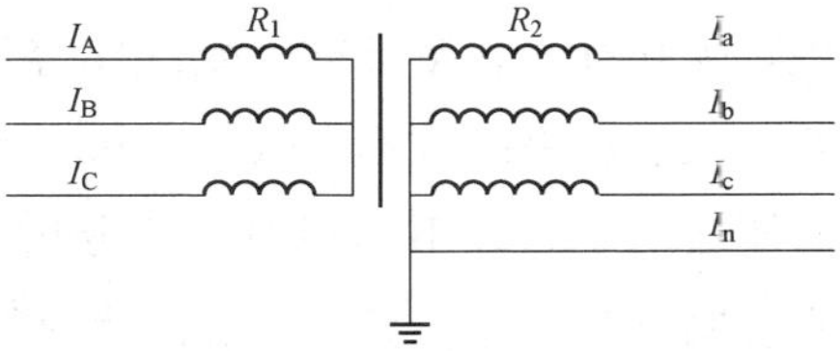

图 4-23　三相变压器高低压绕组接线图

2）三相负荷不平衡对配电变压器高压侧的增损分析。低压侧平衡时，高压侧也平衡。若高压绕组每相电流为 I，电阻为 R_1，则平衡状态下，其有功功率损耗为 $3I^2R_1$。当低压侧在最大不平衡时，高压侧对应相电流为其他两相电流的和，即高压侧对应相电流为 $1.5I$，其他两相均为 $0.75I$，则其有功功率损耗为 $(1.5I)^2R_1+2\times(0.75I)^2R_1=1.125\times3I^2R_1$。可见，运行在最大不平衡时的变压器高压侧损耗是平衡时的 1.125 倍，中压线路上的电能损耗同样也可能增加 12.5%。

3）配电变压器相间不平衡负载的损耗系数。配电变压器相间不平衡负载损耗系数与相间负荷不平衡度、最小负载不平衡度有关，配电变压器相间负载不平衡度 F_φ 按式（4-23）计算，即

$$F_\varphi=\frac{I_m-I_x}{I_{av}} \tag{4-23}$$

式中　I_m——三相中的最大负载电流，A；

　　　I_x——三相中的最小负载电流，A；

I_{av}——三相负载平衡时的电流，A。

配电变压器相间最小负载不平衡度 F_x 按式（4-24）计算，即

$$F_x=\frac{I_x-I_{av}}{I_{av}} \tag{4-24}$$

配电变压器相间不平衡负载损耗系数 K_{Bb} 按式（4-25）计算，即

$$K_{Bb}=1-2\left(\frac{F_\varphi}{3}+F_\varphi F_x+F_x^2\right) \tag{4-25}$$

3. 变压器无功补偿分析（λ）

应依据《配电网技术导则》（Q/GDW 10370—2016）判定无功补偿度是否合理，无功补偿容量标准为变压器容量的10%～30%；高峰负荷时，变电站变压器一次侧功率因数不宜低于0.95，配电变压器一次侧功率因数不宜低于0.90；当变压器功率因数不达标时，要分析无功补偿装置是否满足补偿需要，是否能够实现精细化可靠投切，并提出优化补偿措施建议。

4.3.4 高损变压器治理措施

1. 规划设计降损

（1）选用节能型变压器（P_0、P_k）。选用变电站电力变压器时，其技术参数应符合《电力变压器能效限定值及能效等级》（GB 20052—2020）规定，台数不宜少于2台，不宜多于4台；电力变压器应优选低阻抗、节能型变压器。变电站变压器单台容量限值见表4-17。

表4-17　变电站变压器单台容量限值

变电站电压等级/kV	变压器电压比/kV	单台主变压器容量/MVA
500	500/220	1500
330	330/110	360
220	220/110、220/35	240
110	110/10	63
35	35/10	31.5

规划设计配电变压器时，应合理选择配电变压器容量和台数，宜根据负荷特性、配电变压器高效运行条件选择。选用或更新的配电变压器应符合《油浸式电力变压器技术参数和要求》（GB/T 6451—2015）、《20kV油浸式配电变压

器技术参数和要求》（GB/T 25289—2010）和《油浸式非晶合金铁心配电变压器技术参数和要求》（GB/T 25446—2010）的规定，宜按《电力变压器能效限定值及能效等级》（GB 20052—2020）选择能效等级高的配电变压器，宜按《配电变压器能效技术经济评价导则》《DL/T 985—2022》开展技术经济评价，选择投资回收期短的配电变压器。宜选用 S13 序列及以上节能型，年平均负荷率低于 35%、轻载和空载时间较长的，宜选用非晶合金配电变压器。台架式柱上变压器容量宜选择 200kVA、400kVA；箱式变电站的变压器容量宜选择 500kVA、800kVA。D 类供电区域负荷小而散时，可选用单相变压器，容量 10～50kVA，供电半径宜小于 50m 或供电户数不超过 5 户；采暖区单相变压器容量最大可选 100kVA，单相变压器应均衡接入三相线路中。长期小负荷、阶段性大负荷特性时，可选用调容变压器。表 4 - 18 为容量 315kVA 不同型号系列变压器的空载损耗和额定负载损耗参数。通过数据可以看出，随着技术的改进，变压器空载损耗实现了大幅度的降低，SBH15 - 315 的变压器其空载损耗是 S7 - 315 型号变压器铁损的 22.37%，负载损耗是 S7 - 315 型号变压器铁损为 76%，在进行变压器选型优化时，需要根据不同负荷需求，选择合适型号以及容量的变压器可以显著降低电网损耗。

表 4 - 18　　容量 315kVA 不同型号系列变压器的损耗参数

型号	容量/kVA	空载损耗/kW	负载损耗/kW
S7	315	0.76	4.80
S9	315	0.67	3.65
S11	315	0.48	3.65
S13	315	0.335	3.65
SBH15	315	0.17	3.65

（2）控制容载比（P、β）。电网容载比是指在某一电压等级中，变电容量在满足供电可靠性的基础上与对应的最大负荷之比。容载比过高或者过低均会对电网损耗造成影响，《城市电力规划设计导则》（Q/GDW 156—2006）中给出了 35kV 及以上电网的容载比推荐值为 1.8～2.1。容载比过高，会导致变压器轻载，空载损耗率增加。容载比过低，会导致设备重过载，变压器损耗率增加。

（3）变压器三侧电压选取。为充分发挥无功补偿装置的作用，对于 110～220kV 三绕组降压变压器三侧额定电压，一般情况下，高、中、低压侧宜选额定电压的 1、1.05、1.05 倍；当供电距离长、供电负荷重时，高、中、低压侧可选额定电压的1、1.05、1.1倍；当低压侧不带负荷或仅带有站用变等轻载负荷时，高、中、低压侧可选额定电压的1、1.05、1倍。

2. 经济运行降损（***P***、***β***、***λ***）

（1）经济运行原理。计算确定变压器经济运行方式，合理科学调度。当变电站变压器的台数为2台及以上时，应绘制多种组合方式综合功率损耗的负载特性曲线 $\Delta P_Z=f(s)$，经比较确定组合配电变压器的经济运行方式，按照电能损耗最小的运行曲线改变其运行方式，使变压器运行在最佳经济运行区。综合功率损耗负载特性曲线无交点时，应选用空载损耗值小的变压器运行。综合功率损耗负载特性曲线有交点时，应计算出临界综合负载视在功率 S_{LZ}，并将变压器运行视在功率 S 与 S_{LZ} 对比。配电变压器综合功率损耗特性曲线如图4-24所示，其中，SNⅠ、SNⅡ分别为Ⅰ、Ⅱ组合方式下的额定视在功率；P0ZⅠ、P0ZⅡ分别为Ⅰ、Ⅱ组合方式下的综合空载损耗，kW；曲线1为配电变压器第Ⅰ种组合方式下的综合功率损耗 ΔP_Z 与负载视在功率 S 的函数特性曲线，$\Delta P_{ZⅠ}=f(s)$；曲线2为配电变压器第Ⅱ种组合方式下的综合功率损耗 ΔP_Z 与负载视在功率 S 的函数特性曲线，$\Delta P_{ZⅡ}=f(s)$。可见，当负载视在功率 S 小于 S_{LZ} 时，应选用综合功率空载损耗值较小的配电变压器组合运行方式；当负载视在功率 S 大于 S_{LZ} 时，应选用综合功率额定负载损耗值较小的配电变压器组合运行方式。

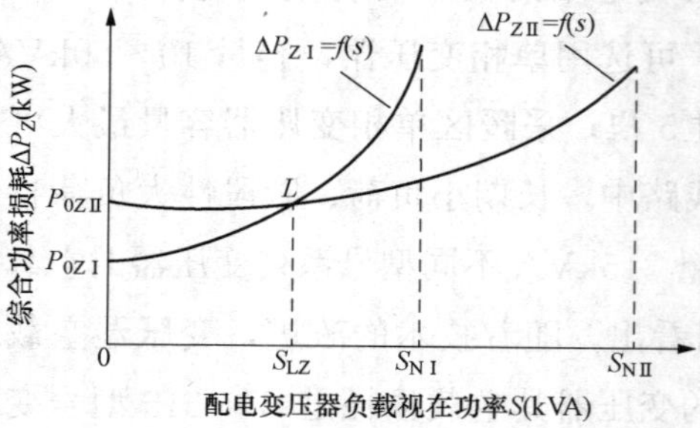

图4-24　配电变压器综合功率损耗特性曲线

并列运行变压器的临界综合负载视在功率 S_{LZ} 按式（4-26）计算，即

$$S_{LZ}=\frac{1}{k}\sqrt{\frac{P_{0ZⅠ}-P_{0ZⅡ}}{\left(\frac{P_{kZ}}{S_N^2}\right)_{Ⅱ}-\left(\frac{P_{kZ}}{S_N^2}\right)_{Ⅰ}}} \tag{4-26}$$

式中　k——形状系数；

Ⅰ、Ⅱ——变压器两种不同运行方式；

P_{0Z}——运行方式Ⅰ与Ⅱ的综合功率空载损耗的组合参数，kW；

P_{kZ}——运行方式Ⅰ与Ⅱ的综合功率额定负载损耗的组合参数，kW；

S_N——运行方式Ⅰ与Ⅱ的组合变压器额定容量，kVA。

注：式（4-26）也适用于单台配电变压器间技术特性优劣的分析。

（2）变电站变压器经济运行方式确定案例。

案例 4-3 某 110kV 变电站有 A、B、C 3 台 1 级能效的油浸式三相双绕组有载调压变压器，其中 A 变压器额定容量为 31.5MVA、空载损耗 26.7kW、额定负载损耗为 132.7kW；B、C 变压器额定容量均为 40MVA、空载损耗均为 31.9kW、额定负载损耗均为 155.6kW；变压器短路阻抗百分数均为 10.5，空载电流百分数均为 1.0，无功经济当量取 0.07kW/kvar。

按照变压器功率损耗计算式，可以分别推算出变压器实际视在功率与其功率损耗的关系：

1）当 A 变压器独立运行时，其有功功率及无功功率损耗分别为

$$\Delta P_A = P_{0A} + \left(\frac{S}{S_{NA}}\right)^2 \cdot P_{kA} = 26.7 + 132.7 \times \frac{S^2}{31.5^2} = 26.7 + 0.1337S^2$$

$$\Delta Q_A = Q_{0A} + \left(\frac{S}{S_{NA}}\right)^2 \cdot Q_{kA} = \frac{I_0(\%)}{100} \cdot S_N + \left(\frac{S}{S_{NA}}\right)^2 \cdot \frac{U_k(\%)}{100} \cdot S_N$$

$$= 1\% \times 31.5 + \frac{S^2}{31.5^2} \times 10.5\% \times 31.5 = 0.315 + 0.0033S^2$$

则，A 变压器综合功率损耗为

$$\Delta P_{zA} = \Delta P_A + k_Q \Delta Q_A = 26.7 + 0.1337S^2 + 0.07 \times (0.315 + 0.0033S^2)$$

$$= 26.722 + 0.1339S^2$$

2）当 B 变压器独立运行时，根据上述计算过程，其综合功率损耗为

$$\Delta P_{zB} = \Delta P_B + k_Q \Delta Q_B = 31.9 + 0.09725S^2 + 0.07 \times (0.4 + 0.0026S^2)$$

$$= 31.928 + 0.0974S^2$$

3）当 A、B 两台变压器同时运行时，有功功率和无功功率分别为

$$\Delta P_{AB} = P_{0AB} + \left(\frac{S}{S_{NA} + S_{NB}}\right)^2 \cdot P_{kAB}$$

$$= (26.7 + 31.9) + (132.7 + 155.6) \times \frac{S^2}{(31.5 + 40)^2} = 58.6 + 0.0564S^2$$

$$\Delta Q_{AB} = Q_{0AB} + \left(\frac{S}{S_{NA} + S_{NB}}\right)^2 \cdot Q_{kAB}$$

$$= 2 \times 1\% \times (31.5 + 40) + 2 \times 10.5\% \times \frac{S^2}{(31.5 + 40)^2} = 1.43 + 0.0029S^2$$

A、B 两台变压器同时运行时的综合功率损耗为

$$\Delta P_{zAB} = \Delta P_{AB} + k_Q \Delta Q_{AB} = 58.6 + 0.0564S^2 + 0.07 \times (1.43 + 0.0029S^2)$$

$$= 58.7 + 0.0566S^2$$

4）当A、B、C三台变压器同时运行时，其有功功率和无功功率分别为：

$$\Delta P_{ABC} = P_{0ABC} + \left(\frac{S}{S_{NA} + 2S_{NB}}\right)^2 \cdot P_{kABC}$$

$$= (26.7 + 2 \times 31.9) + (132.7 + 2 \times 155.6) \times \frac{S^2}{(31.5 + 2 \times 40)^2}$$

$$= 90.5 + 0.0357S^2$$

$$\Delta Q_{ABC} = Q_{0ABC} + \left(\frac{S}{S_{NA} + 2S_{NB}}\right)^2 \cdot Q_{kABC}$$

$$= 3 \times 1\% \times (31.5 + 2 \times 40) + 3 \times 10.5\% \times \frac{S^2}{31.5 + 2 \times 40}$$

$$= 3.345 + 0.0028S^2$$

A、B、C三台变压器同时运行，其综合功率损耗为

$$\Delta P_{zABC} = \Delta P_{ABC} + k_Q \Delta Q_{ABC} = 90.5 + 0.0357S^2 + 0.07 \times (3.345 + 0.0028S^2)$$
$$= 90.7342 + 0.0359S^2$$

5）变压器经济运行方式的确定。根据上述ΔP_{zA}、ΔP_{zB}、ΔP_{zAB}、ΔP_{zABC}的推导算式，可以作出110kV变压器功率损耗随着实际视在功率变化的曲线，如图4-25所示。可以看出，若要使得变压器运行中功率损耗最低，只有沿着最下方功率损耗最低线段运行，才能保证变压器运行经济。

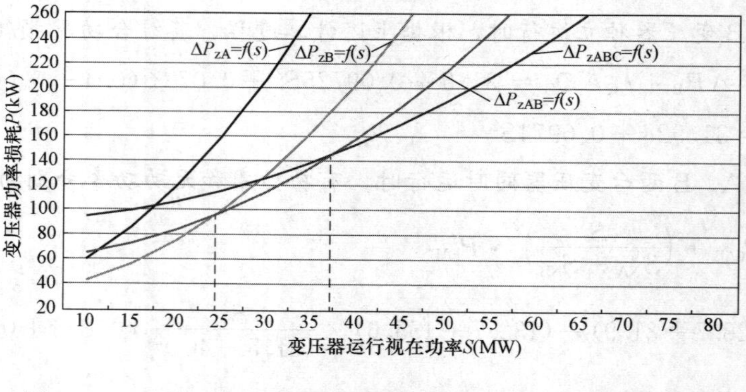

图4-25　110kV变压器功率损耗随着实际视在功率变化的曲线

6）结论。①当变电站变压器视在功率S小于26MVA时，容量为40MVA的B（或C）变压器运行最经济；②当变电站变压器视在功率S处于大于等于26MVA、小于39MVA时，容量为40MVA的B（或C）变压器与容量为31.5MVA的A变压器同时运行最经济；③当变电站变压器视在功率S大于

40MVA 时，A、B、C 3 台变压器同时运行最经济。

（3）变电站变压器经济运行控制。变电站变压器的经济运行应采取信息化自动控制技术开展无功优化与运行电压控制。当负载损耗高于空载损耗时，要提高运行电压方式来降低电网损耗；反之，则考虑降低运行电压来降损。有载调压变压器电压调整宜采用逆调压法进行。所谓逆调压是指在电压允许偏差范围内，供电电压的调整使得电网高峰负荷时的电压高于低谷时的电压值，使用户的电压高峰、低谷相对稳定，这样在保持用户电压稳定的同时还能够降低电网损耗。变压器的经济运行是在确保变压器安全运行及传输电量相同的基础上，充分利用现有设备，采取变压器运行台数、分接头挡位等最佳组合以及改善变压器运行条件等技术措施，从而最大限度地降低变压器的电能损耗和提高供电质量。

（4）配电变压器负载调整降损。对于某一供电区，合理调整变压器的台数、容量，开展配电变压器经济运行，优化不同变压器的负载分配，使配电变压器经济运行，可以降低变压器损耗。合理分配低压线路每相负载，均衡调配三相负荷，新接入的用电负荷每相宜相同，可以减少负荷不平衡对变压器损耗的影响。对于严重轻载运行、年最大负载系数低于 30%，且今后 5 年内负荷无明显增长的变压器可考虑调换成合适容量的变压器。应开展配电变压器经济运行区划分，常态化监控与调整运行负荷，使负载系数处于经济运行区或高效运行区。配电变压器常见经济运行问题及经济运行措施见表 4-19。

表 4-19　　配电变压器常见经济运行问题及经济运行措施

序号	经济运行问题	经济运行措施
1	缺乏运行监测数据及分析	应监测配电变压器运行负荷，开展负载系数计算及运行区间分析
2	缺乏负荷特性归类及应用	应采集数据，归纳负荷特性，使高峰负荷时段 $\beta \leqslant 0.75$
3	$\beta > 1.0$ 运行	应结合运行时长及调整条件，更换较大容量配电变压器或增加台数或负荷调减
4	$0.75 < \beta \leqslant 1.0$ 运行	宜结合运行时长及调整条件，更换较大容量配电变压器或增加台数或负荷调减
5	$\beta \leqslant \beta_J^2$ 运行	宜结合运行时长及调整条件，更换小容量配电变压器或选择空载损耗低的配电变压器或邻近负荷调整接入
6	N 线电流占额定电流的 25% 及以上	宜按“电能表箱—分支线—次干线—主干线—变压器出线”顺序开展不平衡负荷调整，使 N 零线电流趋于零
7	多台配电变压器并列运行缺乏经济运行方案	应比较配电变压器不同运行方式下的损耗，优选损耗最低运行方式

3. 改造降损（$\boldsymbol{P}$、$\boldsymbol{\beta}$、$\boldsymbol{P_0}$、$\boldsymbol{P_k}$、$\boldsymbol{\lambda}$）

变电站变压器更新项目，在规划设计与设备选型时，必须选用低损耗节能型有载调压变压器。变压器的经济使用寿命一般为20年，对超过20年、技术参数劣化的变压器，优先列入技改计划予以更新。对于状态差、故障多的非节能型变压器，运行时间不足20年也可考虑逐步更新。

变电站的站用变也应选用低损耗节能型。对于运行中的非节能型站用变也要列入技改计划进行改造。

对于高耗能、高损运行变压器应进行节能技术改造，有计划淘汰，采用S13及以上的节能型替代高损耗配电变压器，降低其固定损耗功率。

4.3.5 配电变压器经济运行评价

配电变压器经济运行是指在确保安全、可靠运行及满足供电量需求的基础上，通过对配电变压器及其容量合理选配，对其负载实施经济调整，从而最大限度地降低其电能损耗。常态化开展配电变压器经济运行评价，掌握变压器运行的损耗状态，针对性采取经济运行措施，对变压器降损具有极其重要意义。配电变压器经济运行评价以2级能效（节能型变压器）及其运行区划分为基准，根据能效条件和运行条件，分运行高效、运行经济、运行合理和运行不合理四类，配电变压器经济运行评价见表4-20所示。

表4-20　　配电变压器经济运行评价

序号	能效条件	运行条件	评价结论
1	P_0、P_k满足GB 20052*规定的2级	$2.0\beta_j^2<\beta\leqslant0.5$	配电变压器运行高效
2	P_0、P_k不满足GB 20052*规定的2级	运行损耗率满足序号1所对应的损耗率区间	
3	P_0、P_k满足GB 20052*规定的2级	$0.5<\beta\leqslant0.75$或$1.33\beta_j^2<\beta\leqslant2.0\beta_j^2$	配电变压器运行经济
4	P_0、P_k不满足GB 20052*规定的2级	运行损耗率满足序号3所对应的损耗率区间	
5	P_0、P_k满足GB 20052*规定的2级	$0.75<\beta\leqslant1.0$或$\beta_j^2<\beta\leqslant1.33\beta_j^2$	配电变压器运行合理
6	P_0、P_k不满足GB 20052*规定的2级	运行损耗率满足序号5所对应的损耗率区间	

续表

序号	能效条件	运行条件	评价结论
7	P_0、P_k满足 GB 20052* 规定的 2 级	$\beta>1.0$ 或 $\beta\leqslant\beta_j^2$	配电变压器运行不合理
8	P_0、P_k不满足 GB 20052* 规定的 3 级	运行损耗率＞序号 5 所对应损耗率上限值	

* 《电力变压器能效限定值及能效等级》(GB 20052—2020)。

4.4 无功补偿降损

4.4.1 规划设计

1. 原则要求

电网无功补偿应充分考虑负荷特性，按照无功补偿就地平衡的原则，全面规划，合理布局，采用动态补偿、平滑调节等新技术、新设备。坚持电源补偿、电网补偿和用户补偿相结合，集中补偿与分散补偿相结合，降损与调压相结合，合理配置无功补偿装置，提高负荷的功率因数，减少发电机输出的无功功率，减少通过线路、变压器传送的无功功率，减少无功功率的长距离输送。严格按照规程规定配置完善变电站无功补偿装置，使线损降低的同时提高电压质量，提升线路和变压器的输送能力。

2. 变压器的无功补偿度

变电站电力变压器及配电变压器的无功补偿度应满足以下规定。

(1) 500kV。10％～20％，有两台变压器时，其无功补偿度宜一致。

(2) 220kV。对于枢纽站、中压侧或低压侧出线带有电力用户负荷的变电站、变比为 220kV/35kV 的双绕组变压器、220kV 高阻抗变压器，15％～25％；对于低压侧出线不带电力用户负荷的终端站、统调发电厂并网点的变电站、进出线以电缆为主的变电站，10％～15％。有两台及以上变压器时，其无功补偿度宜一致。

(3) 35～110kV。变电站内配置了滤波电容器时，20％～30％；变电站有电源接入点时，15％～20％；其他情况，15％～30％。中、低压侧均设容性无功补偿装置时，每组无功补偿装置的容量宜一致。

（4）10kV。10（20/6）kV 的配电变压器，10%～30%。

3. 无功补偿装置选用

针对变电站电容器单组容量及其装置，220kV 变电站无功补偿装置的单组容量，接于 10kV 电压等级时不宜大于 8Mvar；接于 35kV 电压等级时不宜大于 12Mvar。220kV 变电站安装有两台及以上变压器时，每台变压器配置的无功补偿容量宜基本一致。110kV 变电站的单台主变压器容量为 40MVA 及以上时，每台主变压器配置不少于两组且能够实现自动投切的容性无功补偿装置，且两组容性无功补偿装置容量宜按无功容量的 1/3 和 2/3 进行配置，其单组容量不宜大于 6Mvar；35kV 变电站无功补偿装置的单组容量不宜大于 3Mvar，单组容量的选择还应考虑变电站负荷较小时无功补偿的需要。优先选用技术成熟、运行可靠的并联电容器成套装置。

枢纽及相对重要的变电站，宜采用动态平滑调节的自动无功补偿装置；变电站或配电变压器的配套无功补偿装置应选用可分组自动精细投切的电容器装置。对于单相负荷占比大的配电变压器，宜采取三相共补与分相补偿相结合的方式。

变电站无功补偿装置单组容量应根据相关计算确定，按任一单组补偿装置投切引起所在母线的电压波动均不应超过所在母线电压额定值的 2.5%进行校核。

变电站中、低压侧出线布设大量电缆线路时，应在变电站设置并联电抗补偿装置补偿电缆充电功率。应对长期存在过剩无功功率的 220kV 输电线路配置高压并联电抗器。

对于供电距离长、末端电压不合格的 10kV 架空线路，可以安装线路用并联补偿电容器，其补偿容量和安装位置经计算确定。

4.4.2 无功补偿装置运行与改造

1. 无功补偿装置运行管理要求

无功补偿装置投运后的功率因数应合格。对于变电站变压器，高峰负荷时一次侧功率因数不低于 0.95，低谷负荷时不高于 0.95；对于配电变压器，高峰负荷时低压侧功率因数应达到 0.95 以上，高压侧功率因数不宜低于 0.90。由于电力网中存在异步电动机、变压器、输电线路的电抗等，需要电网系统提供无功功率，这样系统功率因数就会降低，使线损率增大；功率因数为0.7时，无功功率和有功功率基本相当，电网中可变损耗有一半是无功功率引起的，因此保持无功补偿装置完好和可靠，是实现无功补偿较好效果的关键。

分布式电源接入电网应符合电能质量合格技术要求，实施无功就地平衡，实现电网侧功率因数不低于0.95，用户侧功率因数不低于0.9。

对于配电网，开展无功补偿装置分组自动投切、无功优化或电容器组合理分配，减少系统无功输送，保障功率因数不低于0.95。

应指导、引导用户采用集中补偿和分散补偿相结合的方式，选用自动投切无功补偿装置，提高无功补偿设备的补偿效果，且用户侧无功不应向系统倒送。电压损失方面，35kV及以上用户供电电压正负偏差绝对值之和不超过标称系统电压的10%。功率因数方面，10kV及以上额定负荷不小于100kVA的用户变压器，高峰负荷时高压侧功率因数不宜低于0.95；其他电力用户，高峰负荷时表计功率因数不宜低于0.90。

应对35kV及以上电网实施无功电压优化在线协调控制，宜对10kV配电变压器无功补偿自动投切实施在线监控，实现无功电力的就地平衡，减少系统无功功率输送。

2. 无功补偿装置技术改造

对于变电站无功补偿装置因未分组或单组容量过大而影响设备使用效率的，应列入技术改造项目，进行无功补偿装置分组改造。分组容量选择应根据变电站无功负荷需求计算确定。对于投切后出现过补偿或欠补偿、且功率因数低于0.90的无功补偿装置，应纳入技术改造项目，实施分组精细投切改造。

参　考　文　献

1. 牛迎水．电力网降损节能技术应用与案例分析．北京：中国电力出版社，2013.
2. 牛迎水．配电网能效评估与降损节能手册．北京：中国电力出版社，2015.
3. 刘丽萍，牛迎水．电力变压器运行损耗与节能．北京：中国电力出版社，2018.
4. 刘丽萍，牛迎水，杨东俊，等．电网电能损耗计算与实例分析．北京：中国电力出版社，2019.
5. 冯凯．同期线损管理系统应用指南．北京：中国电力出版社，2019.
6. 国家电网有限公司营销部．台区同期线损异常处置手册．北京：中国电力出版社，2018.
7. 国网浙江省电力有限公司．县级供电企业同期线损管理案例集．北京：中国电力出版社，2021.